作って学べる Unity VR アプリ開発入門

大嶋剛直／松島寛樹／河野修弘 ［共著］

技術評論社

ご注意

ご購入・ご利用の前に必ずお読みください。

●本書に記載された内容は、情報の提供のみを目的としております。したがって、本書を用いた運用は、必ずお客様ご自身の責任と判断によって行ってください。これらの情報の運用結果について、著者および技術評論社はいかなる責任も負いません。あらかじめ、ご了承ください。

●本書の記載内容は、2018年8月末日現在のものを掲載しておりますので、ご利用時には変更されている場合もあります。また、ソフトウェアはバージョンアップされる場合があり、本書での説明と機能内容や画面図などが異なってしまうこともありえます。本書ご購入の前に、必ずバージョンをご確認ください。

●本書掲載のプログラムは下記の環境で動作検証を行っております。

OS	macOS/Windows 10
Unity	Personal（無料版）2018.1.0f2
JDK (Java Development Kit)	1.8.0_161(8u161)
Visual Studio	Visual Studio Community 2017
Android Studio	3.1.2

　上記以外の環境をお使いの場合、操作方法、画面図、プログラムの動作などが本書内の表記と異なる場合があります。あらかじめご了承ください。

●本書のサポート情報およびサンプルファイルは下記のサイトで公開しております。
　https://gihyo.jp/book/2018/978-4-297-10105-3/support

※Microsoft、Windowsは、米国Microsoft Corporationの米国およびその他の国における商標または登録商標です。
※Unityおよび関連の製品名は、Unity Technologies、またはその子会社の商標です。
※その他、本書に記載されている会社名、製品名は各社の登録商標または商標です。
※本文中では特に、®、™は明記しておりません。

はじめに

　本書を手に取っていただき、ありがとうございます。

　近年、VR（Virtual Reality、仮想現実）という言葉をよく耳にするようになりました。ゲームやエンターテイメントではもちろん、それ以外にも医療や観光、建築など様々な分野で使われ始めている注目の技術です。

　本書はUnityというゲームエンジンを用いて、スマートフォン向けのVRゲームやアプリ開発について学べる入門書です。実際にゲームやアプリを作りながら、Unityの使い方やゲームの作り方などを学びつつ、VRにも対応してしまおうという欲張りな内容になっています。

　本書では、Unityの基礎や使い方について説明した後、実際に開発していく中で、出てくる用語や知識、知っておくべき概念などについて説明していきます。その後、開発したものをVRに対応させるための方法についても紹介していきます。

　Unityやゲーム開発について学びたい方、VRに興味のある方にぜひ読んでいただきたい内容となっています。

謝　辞

　本書の出版にあたり、「Unreal Engine&Unityエンジニア養成読本［イマドキのゲーム開発最前線！］」に続き、執筆機会をいただいた技術評論社の原田様、本書内イラストをお手伝いいただいたちか様、そしてサポートしてもらった、株式会社ITAKOのメンバー、大変ありがとうございました。

　この場を借りてお礼申し上げます。

2018年8月　大嶋 剛直

CONTENTS

Chapter 1 VR（バーチャルリアリティ）とゲームエンジンUnity

1-1 VR（バーチャルリアリティ）とは　　10
- 1-1-1 VRの仕組み
- 1-1-2 VRの映像処理
- 1-1-3 VRゴーグルの紹介
- 1-1-4 VRを活用している事例
- 1-1-5 VRの注意点

1-2 Unityとは　　26
- 1-2-1 Unityの歴史
- 1-2-2 ゲーム作りに必要なこと
- 1-2-3 Unityの特徴1　高機能
- 1-2-4 Unityの特徴2　アセットストア
- 1-2-5 Unityの特徴3　豊富なサービス
- 1-2-6 Unityの特徴4　マルチプラットフォームサポート
- 1-2-7 Unityの特徴5　数多くの採用実績

Chapter 2 Unityを導入してみよう

2-1 開発環境を整理しよう　　34
- 2-1-1 Unityを導入するために必要なもの
- 2-1-2 Android開発で必要なもの
- 2-1-3 iOS開発で必要なもの

2-2 Unityをインストールしてみよう　　36
- 2-2-1 Unityをダウンロードしてみよう
- 2-2-2 Unityインストール（macOS）
- 2-2-3 Unityインストール（Windows）
- 2-2-4 Unityアカウントを準備しよう

2-3 Android開発の準備をしよう　　47
- 2-3-1 Android開発の準備をしよう
- 2-3-2 macOS編
- 2-3-3 Windows編

2-4 iOS開発の準備をしよう　　67
- 2-4-1 Apple IDの作成
- 2-4-2 Xcodeのインストール

Chapter 3 Unityに触れてみよう

3-1 プロジェクトを作成してみよう　　72
- 3-1-1 Unityの起動とプロジェクトの作成
- 3-1-2 ゲームの舞台となる「シーン（Scene）」
- 3-1-3 Unity上で扱う素材「アセット（Asset）」

3-2 Unityのインターフェースを見てみよう　　78
- 3-2-1 Unityの画面構成
- 3-2-2 ウインドウレイアウトの変更

3-3　シーンにモノを配置してみよう　　　　　　　　　　　　　　　　　　　　　85

- 3-3-1　モノをシーン上に作成してみよう
- 3-3-2　シーンビュー上での視点操作
- 3-3-3　シーンビュー上でモノを動かしてみよう
- 3-3-4　インスペクターウィンドウからモノを操作する
- 3-3-5　ヒエラルキーウィンドウで操作してみよう

3-4　Unityにおけるモノの表現について学ぼう　　　　　　　　　　　　　　　94

- 3-4-1　モノを表現する「ゲームオブジェクト（GameObject）」
- 3-4-2　モノの機能、性質、状態等を表現する「コンポーネント（Component）」
- 3-4-3　コンポーネントを追加してみよう
- 3-4-4　代表的なコンポーネント

3-5　シーンを実行してみよう　　　　　　　　　　　　　　　　　　　　　　105

- 3-5-1　シーンの実行と停止
- 3-5-2　実行中の確認と編集
- 3-5-3　ゲームビューとカメラの設定

Chapter 4　スマートフォンを使ってVRで見てみよう

4-1　スマートフォンにインストールしてみよう（Android編）　　　　　　110

- 4-1-1　ビルドするための設定
- 4-1-2　Android端末の接続
- 4-1-3　インストールして確認してみよう

4-2　スマートフォンにインストールしてみよう（iOS編）　　　　　　　　119

- 4-2-1　UnityでビルドしてXcodeプロジェクトを生成する
- 4-2-2　Xcodeでビルドしてインストールしよう

4-3　スマートフォンを使ってVRで確認してみよう　　　　　　　　　　　129

- 4-3-1　VRゴーグルの調整
- 4-3-2　VRゴーグルで確認してみよう

Chapter 5　ゲーム開発を始めよう

5-1　ゲームの企画を考えてみよう　　　　　　　　　　　　　　　　　　　132

- 5-1-1　VRの特徴とそれを活かしたゲームについて考える
- 5-1-2　ゲームを構成する要素

5-2　プロジェクトの作成と準備をしてみよう　　　　　　　　　　　　　　135

- 5-2-1　プロジェクトを作成してみよう
- 5-2-2　シーンを保存してみよう
- 5-2-3　アセットストアを使ってみよう
- 5-2-4　インポートしたアセットの中身を見てみよう
- 5-2-5　アセットをシーンに配置してみよう

CONTENTS

5-3 スクリプトを書いてみよう — 147
- 5-3-1 コンポーネントを作成するためのスクリプト
- 5-3-2 スクリプトを書いてみよう
- 5-3-3 スクリプトについて学ぼう
- 5-3-4 Unityによって提供されるクラス

5-4 スクリプトでオブジェクトを動かそう — 159
- 5-4-1 3Dの数学
- 5-4-2 Unityのスクリプトにおける3Dの扱い
- 5-4-3 カメラを回転させてみよう

Chapter 6 弾を撃って敵を倒そう

6-1 弾を発射できるようにしよう — 172
- 6-1-1 弾を作成してみよう
- 6-1-2 弾をプレハブ化してみよう
- 6-1-3 スクリプトで弾を生成してみよう
- 6-1-4 物理エンジンで弾を飛ばそう
- 6-1-5 不要な弾を破棄してみよう

6-2 敵を倒せるようにしてみよう — 187
- 6-2-1 敵を配置してみよう
- 6-2-2 敵に当たり判定をつけよう
- 6-2-3 衝突時の処理を実装してみよう
- 6-2-4 衝突時の処理を実装してみよう

6-3 敵をランダムに出現させてみよう — 204
- 6-3-1 敵を出現させる仕組みを考えよう
- 6-3-2 敵の出現を制御するSpawnControllerを作ろう

6-4 パーティクル演出を入れてみよう — 212
- 6-4-1 Unityのパーティクルシステムについて知ろう
- 6-4-2 発射エフェクトを入れてみよう
- 6-4-3 着弾エフェクトを入れてみよう

6-5 音を入れてみよう — 221
- 6-5-1 Unityにおけるオーディオ
- 6-5-2 射撃時の効果音を入れてみよう
- 6-5-3 敵に関する効果音を入れてみよう

Chapter 7 ゲームのルールを作ろう

7-1 UIを表示してみよう — 234
- 7-1-1 UnityでのUIについて
- 7-1-2 UnityにおけるUIの基礎
- 7-1-3 UIのレイアウト
- 7-1-4 代表的なUIコンポーネント

7-2 制限時間を作ってみよう — 254
- 7-2-1 制限時間を表示してみよう
- 7-2-2 残り時間をカウントしてみよう

7-3	スコアを導入してみよう		260
	7-3-1 スコアを表示してみよう		
7-4	スタートと結果の表示を作ってみよう		267
	7-4-1 ゲームの進行管理		
	7-4-2 ゲームの準備・開始・終了の表示を作ってみよう		
	7-4-3 リザルト表示を作ってみよう	7-4-4 ゲームの進行管理を作ってみよう	

Chapter 8　VRに対応しよう

8-1	VRで確認してみよう		294
	8-1-1 VRゴーグルで見てみよう	8-1-2 VRでの操作を考えてみよう	
8-2	VRで操作できるようにしてみよう		299
	8-2-1 ポインタを表示してみよう	8-2-2 弾を自動で発射するようにしてみよう	
	8-2-3 ボタンを押せるようにしてみよう	8-2-4 動作確認をしてみよう	
8-3	VRの設定をしてみよう		314
	8-3-1 UnityのVR設定	8-3-2 Unityの挙動の変化	
	8-3-3 スクリプトでVR設定を取得する		

Chapter 9　ゲームのコンテンツを増やそう

9-1	アニメーションをつけてみよう		318
	9-1-1 敵キャラクターにアニメーションを付けてみよう		
	9-1-2 UIを動かしてみよう	9-1-3 「DOTween」の拡張関数	
9-2	タイトルとステージ選択の表示を作ってみよう		330
	9-2-1 複数のステージを選択できるようにしてみよう		
	9-2-2 タイトル画面を作ってみよう	9-2-3 ステージ選択画面を作ってみよう	
	9-2-4 リザルト表示にステージ終了ボタンを追加してみよう		
	9-2-5 シーンを登録してみよう		
9-3	敵の種類を増やしてみよう		352
	9-3-1 敵キャラクターを増やしてみよう	9-3-2 ナビゲーションシステム	
	9-3-3 出現する敵をランダムにしてみよう	9-3-4 ステージを増やしてみよう	
	9-3-5 ステージ選択に登録してみよう	9-3-6 動作確認をしてみよう	

CONTENTS

9-4 シーンを装飾してみよう ... 375
- 9-4-1 壁をおいてみよう
- 9-4-2 UIのカメラを追加してみよう
- 9-4-3 文字に影をつけてみよう
- 9-4-4 得点を表示してみよう
- 9-4-5 動作確認をしてみよう

Chapter 10 全天球プラネタリウムを作ろう

10-1 全天球プラネタリウムを考えてみよう ... 390
- 10-1-1 プラネタリウムについて
- 10-1-2 どのようなアプリにするか考えてみよう

10-2 必要なデータをあつめてみよう ... 392
- 10-2-1 星のデータを集めてみよう
- 10-2-2 星のデータを見てみよう

10-3 星をおいてみよう ... 398
- 10-3-1 プロジェクトを作ってみよう
- 10-3-2 ダウンロードしたデータをインポートしてみよう
- 10-3-3 星のプレハブを作ってみよう

10-4 星座を表示してみよう ... 407
- 10-4-1 CSVデータを読み込んでみよう
- 10-4-2 星座のデータを整理してみよう
- 10-4-3 星座を描画してみよう
- 10-4-4 動作を確認してみよう

10-5 スマートフォンへインストールして見てみよう ... 431
- 10-5-1 ビルドの設定をしよう
- 10-5-2 黄道・天の赤道を描いてみよう
- 10-5-3 目の前の星座だけ星座線を描いてみよう
- 10-5-4 スマートフォンで実行してみよう

Chapter 11 360度動画を再生してみよう

11-1 360度動画再生を考えてみよう ... 444
- 11-1-1 360度動画を見てみよう
- 11-1-2 360度動画の撮影方法
- 11-1-3 360度動画再生を考えてみよう

11-2 動画を再生してみよう ... 449
- 11-2-1 プロジェクトを作ってみよう
- 11-2-2 スクリーンを作ってみよう
- 11-2-3 動画を再生してみよう
- 11-2-4 スクリーンを反転させてみよう
- 11-2-5 VRで見てみよう

VR（バーチャルリアリティ）とゲームエンジンUnity

　この章ではバーチャルリアリティと呼ばれる技術がどういうものかを簡単に説明します。また、VRにはどのような機材があるのか、それを使った活用例を紹介します。
　その後、この本で使用するUnityについてどういうものなのかを説明します。

この章で学ぶことまとめ
・バーチャルリアリティの仕組み
・VRの活用事例
・Unityとはどういうものか
・Unityの機能

VR（バーチャルリアリティ）とは

ここでは本書で皆さんに作成していただくスマートフォン向けのVRアプリが、どのような技術で表現されているのかを見てみましょう。

1-1-1 VRの仕組み

VRとは、英語では「Virtual Reality」、日本語では「仮想現実」または「人工現実感」と呼ばれるもので、コンピュータグラフィックス（CG）や実写映像によって作り出された人工的な環境を、没入感をもたせることによって現実であるかのように人間に知覚させる技術のことを指します。似たような技術として、ARやMRと呼ばれるものがあります。現実世界の対象物に対して何らかの情報を付加提示するような場合は、拡張現実（Augmented Reality）や複合現実（Mixed Reality）と呼ばれます。

言葉的には難しい説明になりますが、SF小説、映画、漫画、アニメなどではよく用いられていて身近に感じられているのではないでしょうか？

映画『マトリックス』のネオや小説・アニメ『ソードアート・オンライン』のキリトやアスナのような体験ができる日がくるかもしれません。そこに至るまでには、依然として多くの技術的に解決しないといけない問題がたくさんがありますが、その過程の技術を皆さんに体験していただきたいと思います。

● 人間はどうして物を立体に見えるのか？

まず、自分の目がどこについているかを考えてみてください。一般的に人間の目は、顔を正面から見た場合、中心線を挟んで左右に約3cmぐらい離れた場所についています（図1.1）。この左右の位置の違いが重要で、普段気にしていませんが、左目と右目が見ている映像は微妙に違った角度の映像を見ています。

図1.1 ▶ 人間の目の位置

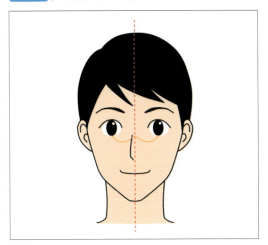

　ここで少し実験をしてみましょう。両目を開けたまま、人差し指で何か遠くの目印になる物を指さしてください。
　左目を閉じて、右目だけでその目印を見てください。今度は逆に右目を閉じて、左目だけでその目印を見てください。
　どうでしょうか？左目だけで見た映像と右目だけで見た映像は違っていませんか？先ほど話した通り、左目と右目が見ている映像が違うことが実際におわかりいただけたと思います（図1.2）。

図1.2 ▶ 左目と右目の映像の違い

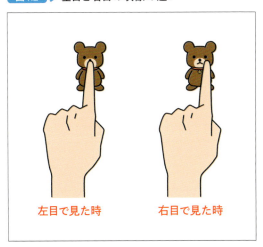

　次に、鼻の前に人差し指を立ててそれを両目で見てください。その人差し指を徐々に遠くへ

離してください(図1.3)。指が鼻に近い場合は左右の目の瞳は内側により、遠い場合は正面を向くようになります(図1.4)。

このように、物を見る場合の注視点の位置により目の角度が変わることがわかります。

図1.3 ▶ 人差し指の位置関係

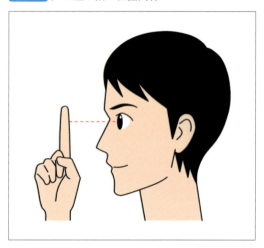

図1.4 ▶ 近い場合と遠い場合の両目の注視点の位置

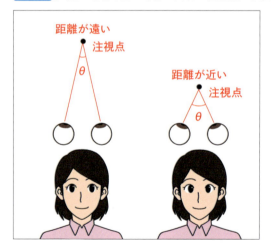

最後に、車や電車など乗り物に乗っているときの外の景色を想像してください。車が道路を走っているときに窓の外の遠くの景色を見ると、車のすぐ近くにある看板やガードレールなどは速く動いているように見え、遠くの山や建物などはゆっくり動いているように見えます(図1.5)。

また視線を移動させたとき、近くにある標識やガードレールは見え方が大きく変化しますが、

遠くにある山や建物などはそれほど見え方が変化しません。
　このように、近くのものと遠くのものの動く速さや視線移動による対象物の見え方で、遠近を判断することができます。

図1.5 ▶ 移動しているときの物の見え方

　この3つのことは専門的な用語で、「両眼視差」・「輻輳（ふくそう）」・「運動視差」と呼ばれ、映像が立体的に見える仕組みに大きく関わってきます。そして人間の目から入力される上記3つの情報に加え、以下のような情報を元に脳が処理を行うことによって立体を認識しています。

・焦点調節　物を見るときに目のレンズを調整して焦点を合わせる
・重なり　　2つの物が重なっている場合、奥にある物が手前にある物に隠されていると認識する
・大きさ　　大きさを知っている物は、近い場合は大きく、遠い場合は小さく見える
・その他　　陰影・高低・遠近など日常的な経験則に基づいた情報

1-1-2 VRの映像処理

　突然ですが、皆さんは、図1.6のような画像を見たことはないでしょうか？　この画像は、VRを立体的にみるために必要な処理が行われた画像になります。この画像をよく見てみてください。2つの画像は少し線の位置や向きがずれていて、全体的に歪んでいることに気づいたでしょうか？　VRの映像表現のために、この歪んだ画像が重要な意味を持っています。
　これは、レンズのついたゴーグル型の装置をかぶることで、人間が正常に見ることができるようになる処理を施された画像になっています。そして、この「レンズのついたゴーグル型の装置」はVRゴーグルと呼ばれて、VRコンテンツを楽しむために必要な機材になっています。

図1.6 ▶ VRレンダリング画像

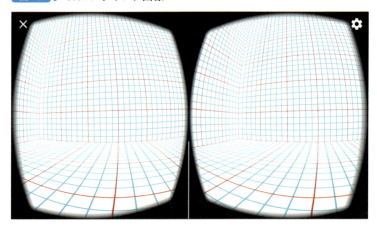

それではまず、VRゴーグルというものがどういうものであるかを見てみましょう。

一般的なVRゴーグルは、図1.7のような形状になっています。大きく分けて、レンズ部分・ヘッドバンド部分・スマートフォンを固定する部分になります。持っているスマートフォンを固定する部分にセットして、ゴーグルをかぶり、頭を動かしてもゴーグルがずれないようにヘッドバンドを調整します。また、自分に合ったレンズの焦点距離や瞳孔間距離の距離を調整することができます。

このVRゴーグルを使用して、先ほどの映像を見ると立体的なコンテンツとして見ることができます。

図1.7 ▶ VRゴーグル構成図

次に、図1.6の画像の方を見ていきましょう。

勘がいい方は、気付いているかもしれませんが、2つの画像が少し違っているのは、左目で見る映像と右目で見る画像になっているからです。

先にも述べたように、人間が立体的に物を見るために必要な情報である「両眼視差」の情報を与えるために、それぞれの目が見る画像を用意しています。このことにより、VRコンテンツを立体的に見ることができるのです。

そして、なぜ歪んでいる画像が用いられているのかですが、それはVRゴーグルなどでレンズを通して画像を拡大してみることを前提にしているからです。

このレンズは、一般的なレンズと異なっていて、非球面レンズと呼ばれる光学的にゆがみの少ない性質を持ったレンズが使用されています（図1.8）。

図1.6の歪んだ画像は、非球面レンズを通して見ることによって歪みのない画像に補正されて見えるようになっています。

このようにレンズを通して拡大し、視界いっぱいに画像を表示する事によって、より臨場感が高まります。

なぜこのような画像を補正するような形になっているのかというと、VRゴーグルの作成費用に大きく関わってきます。次の章で紹介するVRゴーグルは、安いものになると約1000～3000円で手に入れることができます。しかし、この補正を入れて画像を見せる前の「レンズのみで拡大表示させるVRゴーグル」では、何枚ものレンズを使用して光学的にゆがみをなくすように拡大して見せる必要があります。そのような機器はレンズにかかる費用が高額になるため、一般に普及することはありませんでした。一方VRゴーグルでは画像を高額な何枚ものレンズで拡大補正する方式ではなく、元の画像を補正することで1枚のレンズで拡大表示する方式にすることにより、一般に手に入れやすい価格になりました。

図1.8 ▶ 球面レンズと非球面レンズ

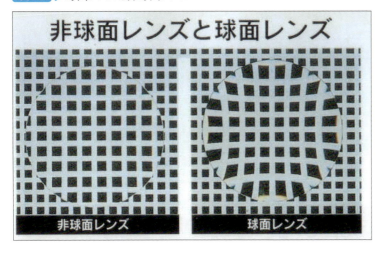

図1.9 ▶ 画像の補正

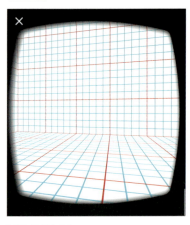
画像前の補正

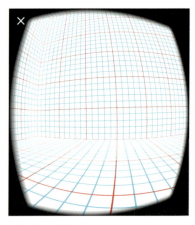
画像後の補正

臨場感や没入感を感じさせるためのもう一つ重要な点があります。

それは、3Dテレビのように固定された画面を見るだけではなく、自分の頭の動きに対応して、見える画像が変わり、あたかもその世界に入っている間隔を得ることができます。

これは、スマートフォンの磁気センサーやジャイロセンサーや加速度センサーによってスマートフォンがどこを向いているかを検出して、その方向にあった画像を表示することにより実現しています（図1.10）。

図1.10 ▶ 見ている方向により表示される物が変わる

ここまでの説明で難しく思うかもしれませんが、VRアプリを作る前に、このような技術の上でVRアプリを作っていることを頭の片隅にでも入れておいていただければと思います。

1-1-3 VRゴーグルの紹介

　スマートフォン向けのVRは、ヘッドマウントディスプレイ (Head Mounted Display 略称HMD) としてスマートフォンを用いることによりVRを楽しむことができます。その際、補助的にVRゴーグル (または、VRヘッドセット) と呼ばれる頭に装着できる装置を用いてVRを体験します。

　VRゴーグルは、各社からたくさんの種類が発売されていますので、価格や機能を比べた上で購入を検討いただきたいと思います。それ以外にも、VR向けの専用ハードとして市販化されているゴーグル型のヘッドセットがありますので、いくつか紹介したいと思います。

● Galaxy Gear VR

　SAMSUNG社とOculus社が提携して開発され、SAMSUNG社のスマートフォンで使用できるヘッドセットです (図1.11)。2014年9月に国際コンシューマ・エレクトロニクス展 (Internationale Funkausstellung) で対応端末であるGalaxy Note 4と一緒に発表され、2014年12月に開発者向けとして発売されました。その後、対応端末が追加され、本体とヘッドセットを接続することができる機能が増えるなどの機能改善を行いながら、いくつかのモデルが発売されています。販売価格は、約12,000円前後 (2018年6月現在) で発売されています。

　また、VR環境としては、Galaxy S8/S8+などのSAMSUNG製の対応端末が必須で、iPhoneやその他Android端末では動作しません。

図1.11 ▶ Galaxy Gear VR (http://www.galaxymobile.jp/gear-vr/)

● Vox+ Z3

　PPLM社により開発・製造され、多くのスマートフォンで使用できるヘッドセットです (図1.12)。先ほど紹介した「Galaxy Gear VR」のように対応したスマートフォンを用意する必要がなく、ゴーグルに入るサイズのiPhoneやAndroidであれば、どのようなスマートフォンでも使用可能です。イヤホンを装着したモデルもあり、臨場感を高めます。価格も約1700円

Chapter 1 　VR(バーチャルリアリティ)とゲームエンジン Unity

(2018年8月現在)と比較的に安く、お手軽に試すことができます。

図1.12 ▶ Vox+ Z3（http://www.vox-vr.com/index.html）

● Google Cardboard

　Google社により開発され、スマートフォンと段ボール製の本体を組み合わせて使用するヘッドセットです（図1.13）。2014年6月のGoogle I/Oで発表され、参加した人にお土産として配られました。

　作り方は、Webページで公開されていて、誰でも作成することができるようになっています。また、組み立てるだけで作れるキットも販売されています。

　VR環境としては、Android4.4以上のスマートフォンまたは、iOS 9.0以上のiPhoneが必須です。そして、今回紹介する中で一番安価なVR環境になりますので、VRを手軽に楽しみたい方にお勧めです。

図1.13 ▶ Google Cardboard（https://vr.google.com/intl/ja_jp/cardboard/）

● Oculus Rift

　Oculus社が開発・販売しているHMD型VRデバイスです（図1.14）。2012年6月のElectronic Entertainment Expo（E3）で開発版が発表され、大きな注目を浴びました。いくつかの開発キットを公開し、ユーザーからのフィードバックを受けて、2016年3月に製品版としてリリースされました。2018年8月現在では、Oculus Touchというコントローラ等が付属して50,000円で販売されています。

　また、VR環境としては、外部接続するPCが必須で、動作条件はかなりの高性能PCを要求されます。そのほか、スタンドアロンでVRを体験できる「Oculus Go」が発売されています。

図1.14 ▶ Oculus Rift（https://www.oculus.com/rift/）

● HTC Vive

　HTC社とValve社により共同開発され、HTC社が販売しているHMD型VRデバイスです（図1.15）。2014年1月にSteam Dev DaysでVRのデモを披露し、2015年2月にGame Developers Conferenceで公表を行いました。

　2016年1月のConsumer Electronics Showで製品版に近い、HTC Vive Preと呼ばれるプロトタイプを公開し、2016年4月に製品版としてリリースされました。2018年8月現在では、コントローラ等の機器が付属して64,250円で販売されています。

　また、VR環境としては、Oculus Rift同様、外部接続するPCが必須で、動作条件はかなりの高性能PCを要求されます。そのほか、スタンドアロンでVRを体験できる「Vive Focus」やディスプレイの解像度やヘッドフォンを標準装備した「Vive Pro」が発売されています。

図1.15 ▶ HTC Vive (https://www.vive.com/jp/)

● PlayStation VR

　ソニー・インタラクティブエンタテインメント社が開発・販売しているPlayStation4用のHMD型VRデバイスです（図1.16）。2014年3月のにGamse Developers Conferenceで「Project Morpheus（プロジェクト・モーフィアス）」として公表が行われ、プロトタイプが披露されました。2016年10月に製品版がリリースされますが、瞬く間に売り切れになりました。2018年8月現在でも、品薄が続いており、手に入れるのが難しい状況が続いています。

　2018年8月現在では、カメラ同梱版が34,980円で販売されています。またVR環境としてはPlayStation4が必須ですが、すでにPlayStation4を持っている人にとっては、Oculus RiftやHTC Viveより低価格でVR環境がそろえられます。

図1.16 ▶ PlayStation VR (http://www.jp.playstation.com/psvr/)

1-1-4 VRを活用している事例

　ここでは、VRを活用しているいくつかの事例を紹介します。ゲームや動画などのエンターテインメントだけでなく、多くの分野で活用されはじめています。

　すべてを紹介することはできませんが、皆さんの身近で体験できそうな活用事例をご紹介します。

　また、今回は紹介しきれませんが、医療・教育・建築などの多くの分野でVRの技術は活用されています。

● ゲーム

　VRを一番活用している分野は、やはりゲームの分野です。プレイをしたことがない方でも、どこかで耳にしたことがあるタイトルがあると思います（図1.17）。PlayStation VRに対応している「BIOHAZARD 7 resident evil」（カプコン）や「サマーレッスン」（バンダイナムコエンターテイメント）、HTC ViveやOculus Riftに対応している「Batman: Arkham VR」（Warner Bros. Interactive Entertainment）や「Rez Infinite」（Enhance Games）などのゲームがすでに発売されていいます。また、今後、多くのゲームが発売される予定になっています。

図1.17 ▶ VRを活用したゲーム

BIOHAZARD 7　　　　　　　　Batman　　　　　　　　Rez Infinite

● アミューズメントパーク

　VRを手軽に体験したい場合には、VRアクティビティを設置しているアミューズメントパークへ出かけてみると良いでしょう。

　アミューズメントパークでは、大型筐体や特殊な機材などを使用するアクティビティが多く、家庭でVRを体験する以上の臨場感やリアル感を味わうことができますので、是非、機会があれば体験することをお勧めします。

　2016年にお台場で公開され、2017年に新たに新宿で公開されている「VR Zone」（バンダイナムコエンターテイメント）や秋葉原のゲームセンター（クラブセガ 秋葉原新館）内に設置されている「SEGA VR AREA AKIHABARA」（セガエンタテインメント）、また、長崎県佐世保市にあるハウステンボス内で公開されているいろいろなVRアトラクションなどたくさんの施設があります。

●動画

2015年にYoutubeが360度の動画に対応を行い、CardboardなどのVRゴーグルを使用して、VR体験ができるようになりました。

スカイダイビングや高層ビルの上を歩いている動画を見ているだけですが、360度の奥行きがある映像を見ることで、まるで自分がその場で体験しているような臨場感が得られます。

VR動画を見る方法は、スマートフォンにYouTubeの公式アプリをダウンロードを行い、「360動画」や「VR動画」などを検索して、動画を再生します。動画再生中に、メニューを表示すると図1.18のようなVRゴーグルアイコンが出ますので、そのボタンを押し、CardboardなどのVRゴーグルにスマートフォンをセットすることにより視聴することができます。

図1.18 ▶ YouTubeのVRゴーグルアイコン VRアイコン

●不動産

新築マンションの購入や賃貸物件を借りる時に何軒も物件を回った経験がある人もいると思います。しかし、今後、お店に行くだけで部屋の状況を見ることができるようになるかもしれません。

不動産・住宅情報サイトのLIFULL Home'SやSUUMOなどが、新築マンションや賃貸マンションをVRで確認できるサービスを開始しています。現地に赴くことなく、その物件の環境や間取りの状態などを確認できることにより、短時間でたくさんの物件を見ることができます。

また、まだ建築されていない物件など、今まではモデルルーム会場へ足を運び、一部の部屋を確認するだけで、共用部や外観は見ることができませんでした。しかし、VRで確認することができるようになると、周りの環境や部屋からの展望などを自由に確認できるようになり、他の物件と差別化が図れることを期待されています。このように、不動産の分野では、VRを広告の一環として活用し始められています。

●ショッピング

お店で商品を見るのではなく、VRで商品を見て購入を考えることができるようになることが、遠くない未来に実現されるかもしれません。

家具量販店の「IKEA」が、2016年、Steamに「IKEA VR Experience」[注1]をリリースしました。このソフトは、VR上のキッチンを歩くことができ、キッチンの色や材質を変更して、自分の好みに合わせたキッチンを作ることができます。また、2017年3月に期間限定ですが「パルコ」[注2]がバーチャル店舗を試験的にオープンしました。そこでは、VR上で店内を見ながらショッピングが行えます。

その他、伊勢丹やeBayなどが期間や地域を限定して、試験的に導入を行っています。まだ、どのソフトも実験段階であり、かなり制限がありますが、今後、ECサイトでのショッピングのあり方が変わっていくかもしれません。

注1　http://store.steampowered.com/app/447270/IKEA_VR_Experience/
注2　https://vr-parco.jp/

図1.19 ▶ IKEA VR Experience

1-1-5 VRの注意点

ここでは、VRを楽しむに当たって、いくつかの注意すべき点を説明します。

● 視界について

VRゴーグルは、臨場感や没入感を出すために、基本的にゴーグルをつけると映像に集中できるよう外の状況を完全にシャットアウトします。

これは、VRを楽しむためには大変重要ではありますが、現実世界の状況がわからないために、腕や足を何かにぶつけてたり、何かにぶつかって転倒したりと、けがや事故につながる可能性があります。そのため、VRを楽しむ場合には、広いスペースを確保したり、座った状態で行うなど、十分に安全を確保した状態で楽しむことが必要です。

図1.20 ▶ VRのプレイ状態

酔いについて

　車や船などの乗り物に乗ったときなどに起こる「酔い」がVRでも、起こる可能性があります。これは乗り物酔いと同様で、起こる人と起こらない人があり、その症状の程度にも個人差があります。またコンテンツによって酔いやすいものと酔いにくいものがあるなど千差万別で、どのような状況が酔いにつながるのかはまだ正確にわかっていません。しかし、いろいろな研究・調査により、酔いが発生しづらいコンテンツ作成の手法が徐々に提案されてきています。

　例えばGoogleやOculusからも開発者向けのVR開発におけるベストプラクティスが提案されており、コンテンツ作成において参考になるかもしれません。

・Daydream Elements (Google)
　https://developers.google.com/vr/elements/overview
・VR Best Practices (Oculus)
　https://developer.oculus.com/design/latest/concepts/book-bp/

　一般的に、以下のような条件で作成されたコンテンツでは酔いが発生しにくいと言われています。

・移動速度は一定速度を保つ。または、瞬間移動を行う
・移動する時は視界を狭くする
・回転するときは、スムーズに回転させるより、ある程度の角度（約10〜20度）づつ回転させる
・頭の動きとカメラの動きを合わせる
・推奨フレームレートを維持する

・映像の感覚と現実の感覚を合わせる

　皆さんがVRコンテンツを作成する際にもこれらの点を考慮すると酔いにくくすることができるかもしれません。

　また、VRコンテンツをプレイする場合、適度に休憩を取るようにして、もし気分が悪くなった場合には、すぐにプレイを中止しましょう。

● 年齢制限について

　ほとんどのVRヘッドセットには、11歳または12歳以下の子供は使用禁止という強い注意書きが書かれています。

　なぜこのような年齢制限が設けられているかというと、医学的な理由があるからです。

　一つ目の理由として、斜視と呼ばれる「対象物を見たときに片方の目は正しい方向を向いているが、もう片方の目が上下または内外など、別の方向を向いている状態」になるリスクがあるためです。大人の場合は問題になることは少ないですが、成長途中の子供の場合、ものを立体的に捉える力が低下したり、最悪の場合手術が必要になる可能性もあるため注意が必要です。VRヘッドセットだけでなく、3DテレビやNintendo3DSなど、擬似的に立体に見せる技術を使用している機器には、年齢制限が設けられています。

　二つ目の理由として、空間認知の発達に影響を及ぼすリスクがあるためです。VRの仕組みでも述べたように、左目と右目が見ている映像が違う映像を見ていますが、これは、左右の黒目の距離が重要で、この距離が離れていることにより、違った映像を見ることができます。また物を見る場合、その物と目の位置関係により目の角度を調整しています。人間の空間知覚において、この「両眼視差」や「輻輳」などの視覚からの情報を脳へ伝え、視覚以外のその他の情報を脳が併せることにより、空間を認識することができます。これらは子供が成長する過程で徐々に変化、発達するもので、黒目の距離は10歳ぐらいまで、目の角度を調整する機能は12歳ぐらいまで掛けて発達するといわれています。

　このような理由により、VRヘッドセットの多くは、11歳または12歳以下の子供に対して使用禁止しています。

　ただし、この年齢制限は、複眼レンズ式VRヘッドセットにおいてであり、レンズのないものや単眼式など、子供の安全を考慮したものがありますので、各VRヘッドセットの使用上の注意をよく読んで、VRを楽しむようにしてください。

1-2 Unity とは

白猫プロジェクトや、スーパーマリオラン。社会現象にもなったポケモンGO。この本を読んでいる方も、一度は遊んだことがあるゲームではないでしょうか。これらのゲームは、Unityを使って作られています。

1-2-1 Unityの歴史

Unityは2005年に米Unity Technologies社より「ゲーム制作の大衆化」を目指しゲームの統合開発環境（ゲームエンジン）として登場しました。これまでのゲーム開発は、機材やツールなどの開発環境の構築、プログラムやグラフィックなど、ゲームを作る上で多くの知識やスキルを必要とし、誰でも気軽に開発できる環境ではありませんでした。そのような中で、誰でも・手軽に・無料（一部有料ライセンス有）で使えるUnityというゲームエンジンが登場したことによって、ゲーム開発の敷居は下がり、既存のゲーム開発者もクオリティと開発スピードの向上という恩恵を受けられるようになりました。

1-2-2 ゲーム作りに必要なこと

「ゲーム作りに必要なこと」には何があるのでしょう。

まず、開発するにはプログラミングの知識が必要ということは、思い浮かぶと思います。しかし、プログラミング言語にはC++やC#など、様々なものがあり、環境に合わせて使い分ける必要がある場合もあります。そして、プログラムだけ覚えればすぐにゲームが作れるかというと、そうではありません。

ゲームでは、キャラクターや武器、アイテムなどの絵を表示するためには、グラフィックの知識や、行列計算など、数学知識が必要になります。ゲーム中の効果音やBGMを鳴らす方法や、爆発や炎などのエフェクト表示、メニュー画面などの、UI（ユーザーインターフェース）構築、ゲームパッド／スマートフォンからの入力制御、最近では、他のユーザーと対戦・協力するマルチプレイヤーのゲームも増え、ネットワークやサーバーの知識なども必要になってきます。

自分が作りたいゲームを作るために、これだけの知識を全て一から身につけるには、学習やコスト面でも敷居が高く、この時点でゲームを作ることを諦めてしまう人もいるかもしれません。

そんなゲーム開発の難しい部分を、わかりやすく・使いやすくまとめたのが、Unityなどのゲー

ムエンジンです。複雑なことはゲームエンジンがサポートしてくれることにより、開発者は自分が作りたいゲーム部分だけを中心に考えることができるようになりました。

Unityの何がすごいのか。Unityは何をしてくれるのか。

ここでは、Unityが提供するたくさんの機能やサービスの一部を紹介していきます。

1-2-3 Unityの特徴1　高機能

　Unityエディターには非常に多くの機能があり、開発者はこれらの機能を利用、カスタマイズすることにより、より早く、高クオリティの作品を作れるようになりました。ここでは、数多くある機能のうち、使う機会が多いものをいくつかご紹介します。

● スクリプト

　UnityではC#、JavaScript（UnityScript）を利用してスクリプトを記述することができるほか、独自のShaderも記述することができ幅広い表現が可能です（図1.21）。

図1.21 ▶ スクリプト

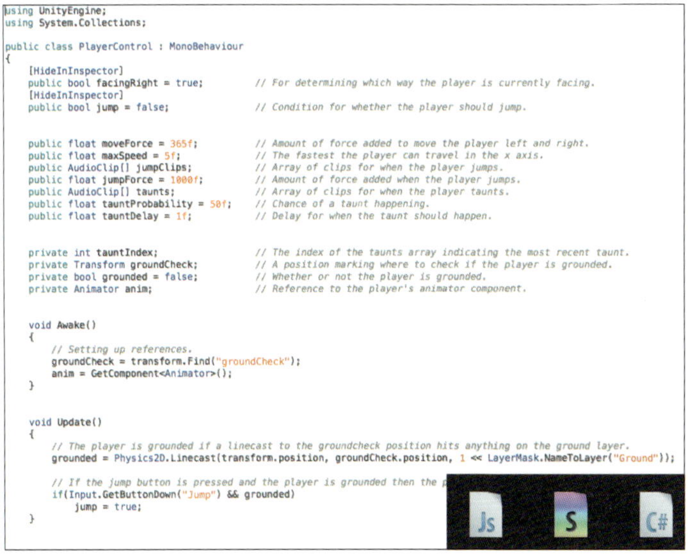

● アニメーションシステム（Mecanim）

　ヒューマン／ノンヒューマンの3Dキャラクターのアニメーションを制御するシステムです（図1.22）。リターゲット機能や状態を制御するブレンドツリーとステートマシン機能、IKにより、壁や地面に自然に手や足を設置したりなど、よりリアルな動きの制御が可能です。

図1.22 ▶ アニメーションシステム

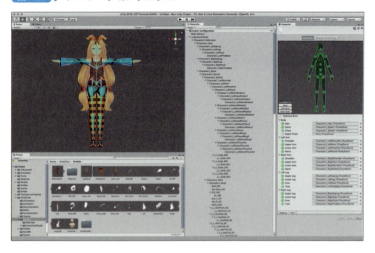

● 2D描画システム（Unity2D）

　Unityはもともと3D向けのゲームエンジンとして開発されたものですが、Unity4.3で2Dシステムがサポートされて以降、2Dのゲーム開発にも多く利用されています。2Dに特化したスプライトシステムです（図1.23）。複数のスプライトからアニメーションを自動生成したり、2D専用の物理演算システムもあります。

図1.23 ▶ 2Dシステム

● エフェクト（Shuriken）

　炎や爆発、竜巻といった粒子（パーティクル）を使用したエフェクトをエディタ上でパラメータを調整するだけで作成できます（図1.24）。

図1.24 ▶ パーティクルシステム

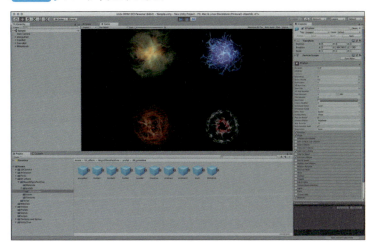

● UI（ユーザーインターフェース）
　メニュー画面や、アイテムリストなどでよく使われます。ボタンやリスト、スライドバーなど、UIの機能が初めから多く用意されていま（図1.25）。

図1.25 ▶ UI

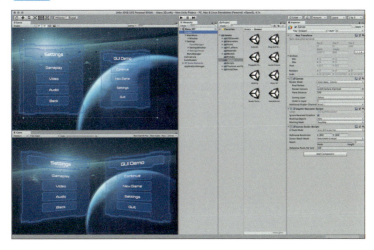

● 美しいグラフィック
　リアルタイムグローバルイルミネーションと物理ベースシェーダにより、自然でリアルなグラフィック表現が可能になります（図1.26）。

図1.26 ▶ 美しいライティング表現

1-2-4 Unityの特徴2　アセットストア

　3Dモデルやアニメーション、機能スクリプトやマテリアル（シェーダ）など、Unityのアセットストアには、有料・無料のアセットが何千という数がリリースされており、開発者は、ストアから購入することですぐに自分のゲームで利用することができます（図1.27）。

　ゲームを作ってみたいが、絵が描けない、BGM・効果音などの音が欲しい、または、簡単なプロトタイプ用にすぐアセットを用意したい場合などアセットストアを利用することにより、ゲームのクオリティと開発速度の向上させることができます。

　また、自身で作ったアセットをアセットストアで販売することもできます。

図1.27 ▶ AssetStore

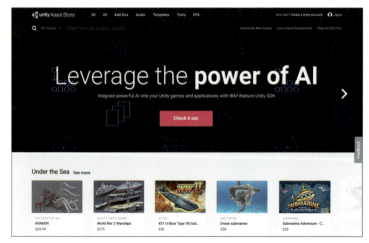

1-2-5 Unityの特徴3　豊富なサービス

　Unityはゲームエンジンだけではなく、収益化や生産性の向上など、開発者をサポートするサービスも多くあります。例えば、ゲームの収益をサポートする、広告表示サービスの「Unity Ads」、アプリ内の課金サービスを簡単に実装できる「Unity IAP」アプリのビルドをクラウド上で行い、共有することができる「Unity Cloud Build」など、豊富なサービスを利用することにより、さらに開発効率を高めることができます（表1.1）。

表1.1 ▶ 様々なサービス

サービス	説明
Unity Ads	ゲーム内に動画広告などを表示
Unity Analytics	継続率やプレイヤー行動などを解析
Unity Certification	Unity認定試験
Unity Cloud Build	クラウド上でアプリをビルドし共有できる
Unity Everyplay	ゲーム動画を録画・シェア
Unity IAP	アプリ内課金
Unity Multiplayer	マルチプレイ機能
Unity Performance Reporting	アプリケーションエラーを収集・表示

1-2-6 Unityの特徴4　マルチプラットフォームサポート

　「PC向けに作った作品を、別のゲーム機でも遊べるようにしたい。」・「iPhoneとAndroid両方で出したい。」など作ったコンテンツを、他のプラットフォームでも出したいと思うことがあるでしょう。

　Unityでは非常に多くのプラットフォームに対応しており、一つ作れば、設定を変えるだけで簡単に他のプラットフォーム用のアプリを作ることができます。

　VRデバイスや家庭用ゲーム機が新しく出た場合でも、Unityがサポートを行うことにより、エンジンのバージョンアップをするだけで、簡単に対応できます（表1.2）。

表1.2 ▶ 数多くのプラットフォームをサポート（一部紹介）

カテゴリー	プラットフォーム
モバイル	iOS、Android、Windows Phone、FireOS
VR／AR	Oculus Rift、SteamVR、PlayStation VR、GearVR、Microsoft HoloLens、Daydream
家庭用ゲーム機	PlayStation4、PlayStation Vita、XBOX ONE、Nintendo 3DS、Nintendo Switch

　上記以外にも、Windows/MacOSなどのPCプラットフォームのサポートもあります。

1-2-7 Unityの特徴5　数多くの採用実績

　冒頭でも紹介した、白猫プロジェクトやポケモンGOなどUnityはプロのゲーム開発現場でも多く採用され、Unityによってつくられたゲームも数多くリリースされています。

　開発者の今を伝えるページ、Made with Unityでは、Unityを使って開発されたタイトルの紹介や開発者のインタビューなどが載っています。普段プレイしているゲームがUnityで作られていた！という発見があるかもしれません。

　Unityというと、モバイル分野での採用が多いイメージですが、最近ではPlayStation4などのハイエンドな家庭用ゲーム機やOculus RiftやHTC ViveなどVR/AR分野でも使われています。

・Made with Unity：https://madewithunity.jp/

● 可愛いユニティちゃん

　「ユニティちゃん」は、Unity Technologies Japanが提供する開発者のための公式オリジナルキャラクターです（図1.28）。開発者は利用規約に準じる形でユニティちゃんの3Dモデルデータや2Dデータ、多数のボイスデータなどを無料で利用することができます。ユニティちゃんとコラボしたゲームやグッズなども数多くリリースされています。Unityプロジェクトデータもあるので、中を見て学習するのも良いでしょう。

・unity-chan OFFICIAL WEBSITE：http://unity-chan.com/

図1.28 ▶ ユニティちゃんライブステージ(Candy Rock Star)

　いかがでしょう？

　Unityはゲームエンジンの機能だけでなく、アセットストアやサービスなど、ゲームを作る上でほしいものがたくさん用意されています。

Chapter 2

Unityを導入してみよう

この章では前章で紹介したUnityを使ったゲーム開発の準備を行っていきます。開発を行うWindows／macOSのパソコンの種類ごとにインストール方法を説明します。ここでしっかりと準備を行い、後の章で困らないようにしましょう。

この章で学ぶことまとめ
・Unityの開発準備（Windows／macOS）
・Androidの開発準備（Windows／macOS）
・iOSの開発準備（macOS）

Chapter 2　Unityを導入してみよう

開発環境を整理しよう

この章では、Unityのインストールと、スマートフォンで開発するために必要なツールなどの準備をします。ここでは、Windows/macOSのそれぞれのOSで必要なものを説明していきます。

2-1-1 Unityを導入するために必要なもの

それではUnityをインストールする前に、PCの準備をしてみましょう。

お使いのパソコンがWindows/macOSにより、インストール手順が少し違う箇所もありますが、Unityはどちらの環境でも使うことができ、基本的な機能に違いはありません。

ただし、実際のスマートフォンを使って開発する場合、WindowsとmacOSでは、iOS開発の部分で違いがあります。iOS向けの開発では、iPhoneなどの端末にアプリをビルドしてインストールするには、Apple社が提供している「Xcode」というツールが必要になります。

「Xcode」は現状macOS版しか提供されていないため、iOS向けにアプリをビルドするには、必然的にmacOSのパソコンが必要ということになってしまいます。そのため、すでにお持ちの端末がiPhone等の場合は注意が必要です。

macOSのパソコンがない場合、iPhoneなどの携帯端末での確認はできませんが、Windows上でもUnityを使いiOS向けのアプリを開発することはできます。

第1章で紹介した「Unity Cloud」などのサービスを利用すれば、クラウド環境でアプリをビルドすることも可能です。

Unity上でAndoird/iOSのプラットフォーム切り替えもできますので、まずはAndroid開発から始め、環境が整ったらiOS向けのビルドも試す、という進め方もよいかもしれません。Androidの場合は、Windows/macOS両方で開発することができます。

具体的な動作環境は表2.1になります。

表2.1 ▶ プラットフォームごとのAndroid/iOSの開発

プラットフォーム	Unity	Android開発（携帯端末での動作）	iOS開発（携帯端末での動作）
macOS	○	○	○
Windows	○	○	×

次項では、まずUnityのインストール[注1]を解説し、その後、Android開発環境の準備と、

iOS開発環境の準備を解説していきます。

手順はWindows/macOS両環境でそれぞれ説明していますので、お使いの環境に合った手順を読み進めていってください。

注1　本書で使用しているUnityのバージョンは Unity2018.1.0f2になります。

2-1-2 Android開発で必要なもの

Androidデバイス向けに、Unityで作ったアプリをビルドするには、以下のツールが必要です。

● Android Studio

Google社が提供するAndroidの統合開発環境です。Unityを使用せず、Android Studioを使ってAndroid向けのアプリを開発することもできます。Android Studioを使用することで、開発で使用するSDKやツールなどをインストールすることができます。

● JDK（Java Development Kit）

Java Development Kitと呼ばれる、Javaの開発向けツールです。Android SDKを動かすために必要です。

本書で使用している各ツール類のバージョンは表2.2になります。

表2.2 ▶ 本書で仕様しているバージョン

名称	本書で使用しているバージョン
JDK(Java Development Kit)	1.8.0_161(8u161)
Android Studio	3.1.2

2-1-3 iOS開発で必要なもの

iOSデバイス向けにアプリをビルドするには、冒頭で紹介した「Xcode」と呼ばれるツールが必要です。「Xcode」はApple社が提供しているソフトウェアです。

iPhone、iPad、Mac向けのアプリケーション開発、デバッグ、ビルドなどができます。Unityで作ったアプリをiPhoneなどで動かすには、最終的に「Xcode」を使いビルドしてアプリにインストールします。

「Xcode」は現在Mac版のみ提供されているため、iPhoneなどのiOS端末で確認するにはmacOSのパソコンが必要になります。

本書で使用している「Xcode」のバージョンは9.3（9E145）になります。

Chapter 2　Unityを導入してみよう

Unityをインストールしてみよう

ここでは、Unityのダウンロードの仕方とインストール方法について説明していきます。Windows/macOSそれぞれ、自分の環境にあった説明を読み進め、Unityを起動してみましょう。

2-2-1 Unityをダウンロードしてみよう

　Unityは公式サイトにインストーラーが用意されていますので、それを使用してUnityをインストールしていきます。

https://unity3d.com/jp/get-unity/download

　ブラウザで図2.1のようにダウンロードページを開き、「Unityを選択 - ダウンロード」から使用するプラン選択画面で「Personal」を選択します（図2.2）。利用規約を確認して同意にチェックを行い（図2.3）インストーラーダウンロード画面へと進みます。

図2.1 ▶ Unityダウンロードページ

36

図2.2 ▶ 使用するプランは Personal

図2.3 ▶ インストーラーをダウンロード

　本書の説明で使用しているUnityは、Personal（無料版）のバージョン2018.1.0f2です。最初にmacOS版でのインストール方法を説明し、次にWindows版でのインストール方法を説明していきます。

インストール時の画面の違いはありますが、基本的にはどちらも同じですので、macOSの方は 2-2-2 から、Windowsの方は 2-2-3 から読み進めてください。

> **コラム　過去のバージョンとパッチについて**
>
> Unity は機能追加や、不具合の修正など、リリース後のエンジンバージョンアップのスピードも早く、本書を手に取られた時点での、最新バージョンと本書で使用しているバージョンが合わない場合があります。
>
> 基本的には最新のバージョンを使用していただければ問題ありませんが、Unity は過去のバージョンや不具合修正のパッチが適用されたパッチリリースバージョンもインストールすることができます。
>
> ・過去のバージョンのUnity
> https://unity3d.com/jp/get-unity/download/archive
> ・パッチリリース
> https://unity3d.com/jp/unity/qa/patch-releases
>
> 本書と同じUnityバージョンを使用したい、不具合修正が入ったバージョンを使いたい場合などは、上記のURLからバージョンを指定してダウンロードすることもできます。

2-2-2 Unity インストール(macOS)

ここではmacOSでのインストール手順を説明します。

1　ダウンロードしたインストーラーを起動する

ダウンロードした「UnityDownload Assistant-XXXXX.dmg」(XXXXXはバージョン番号)を起動し、「Unity Download Assistant.app」を選択して、インストール画面を開きます(図2.4)。

図2.4　Unity Download Assistantを起動

2 インストーラー画面

「Continue」ボタンを押して次に進みます（図2.5）。

図2.5 ▶ Download ans Install画面

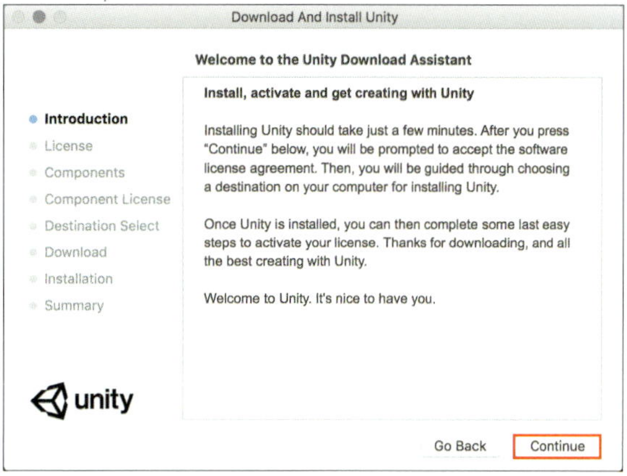

3 ライセンス確認

ライセンス文を確認後、「Continue」を押し「Agree」を押します（図2.6）。

図2.6 ▶ ライセンス確認

4 インストールするコンポーネント選択

Unityはインストール時に、エンジン本体以外に必要なコンポーネントも選んでインストールすることができます。開発するプラットフォームやOSに合わせて必要なコンポーネントを選択しましょう。今回はiOS/Androidのモバイルプラットフォームを対象としますので、リストの中から表2.3に示すものにチェックを付けます（図2.7）。

図2.7 ▶ インストールするコンポーネント選択

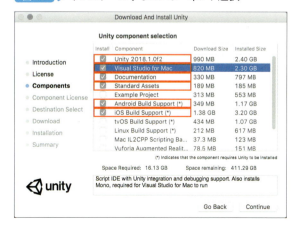

Chapter 2　Unityを導入してみよう

表2.3 ▶ チェック項目

Component名	説明
Unity 2018.1.0f2	Unityエンジン本体
Visual Studio for Mac	スクリプトを編集するエディター＆デバッグやブレークポイントの設定などができる総合開発環境
Documentation	Unityドキュメント一式
Standard Assets	Unityが提供する標準アセット一式
Android Build Support	Android向けにビルドする際に必要
iOS Build Support	iOS向けにビルドする際に必要

　macOSではiOSビルドで必要なコンポーネントもインストールしておきます。コンポーネントは後からインストールすることもできますので、必要になった場合に追加で入れていきましょう。

5　エンドユーザーライセンスの確認

「Visual Studio for Mac」と「Mono」のライセンスを確認します。確認が終わったら「Continue」を押し「Agree」を押します（図2.8）。

図2.8 ▶ エンドユーザーライセンスの確認

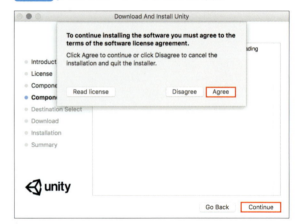

6　インストール先選択

「Continue」を押して進めます（図2.9）。HDD容量などでインストール先を変更したい場合は、「Advanced」から変更することもできます。

図2.9 ▶ インストール先選択

40

7 インストール完了

Unityに必要なファイルをダウンロードしてインストールします。図2.10の画面がでればUnityのインストール完了です。「/Applications/Unity/Unity.app」へインストールされています[注2]。

注2　Launch Unityにチェックが入っていると、「Close」を押すと同時にUnityアプリケーションが開きます。

図2.10 ▶ 完了画面

2-2-3 Unityインストール(Windows)

ここではWindowsでのUnityインストール手順を説明します。

1 ダウンロードしたインストーラーを起動する

ダウンロードした「UnityDownloadAssistant-XXXXX.exe」を起動し、「Next」を選択して次に進みます（図2.11）。

図2.11 ▶ Download Assistantを起動

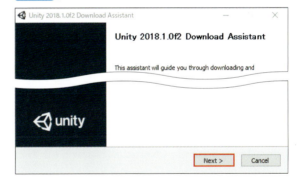

2 ライセンス確認

ライセンス文を確認し、「I accept the terms of the License Agreement」にチェックを入れて、「Next」を押します（図2.12）。

図2.12 ▶ ライセンス確認

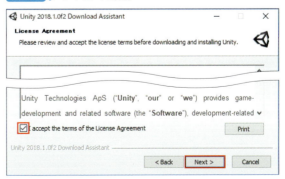

3 インストールするコンポーネント選択

Unityはインストール時に、エンジン本体以外に必要なコンポーネントも選んでインストールすることができます。開発するプラットフォームやOSに合わせて、必要なコンポーネントを選択します（図2.13）。

WindowsではAndroidでの開発がメインとなりますので、「Android Build Support」にチェックを入れます（表2.4）。Microsoft Visual StudioをUnityと連携させて使う場合は、「Microsoft Visual Studio Cummunity 2017」もインストールする必要があります。Visual StudioとUnityを連携すると、Visual Studioからデバッグやブレークポイントの設定などを行うことができるます[注3]。

図2.13 ▶ インストールするコンポーネント選択

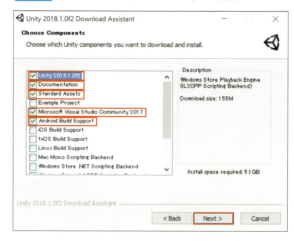

表2.4 ▶ チェック項目

Component 名	説明
Unity 2018.1.0f2	Unity エンジン本体
Documentation	Unity ドキュメント一式
Standard Assets	Unity が提供する標準アセット一式
Microsoft Visual Studio Cummunity 2017	スクリプトを編集するエディター＆デバッグやブレークポイントの設定などができる総合開発環境
Android Build Support	Android 向けにビルドする際に必要

　WindowsではAndroidでの開発がメインとなりますが、Unityエディタ上でiOSプラットフォームとして動作させたい場合は「iOS Build Support」も必要です。

注3　本書では、「Microsoft Visual Studio Cummunity 2017」も同時にインストールすることをおすすめします。すでに、「Microsoft Visual Studio 2017」がインストールされている場合、必要なコンポーネントのみがインストールされます。また、必要なコンポーネントがすでにインストールされている場合には、「Microsoft Visual Studio Cummunity 2017」の項目は表示されません。

4 インストール先選択

インストール先のフォルダを確認します（図2.14）。デフォルトのインストール先は「C:¥Program Files¥Unity 2018.1.0f2」になります。インストール場所を変更したい場合は、「Unity install folder」からインストール先を指定できます。

図2.14 ▶ インストール先選択

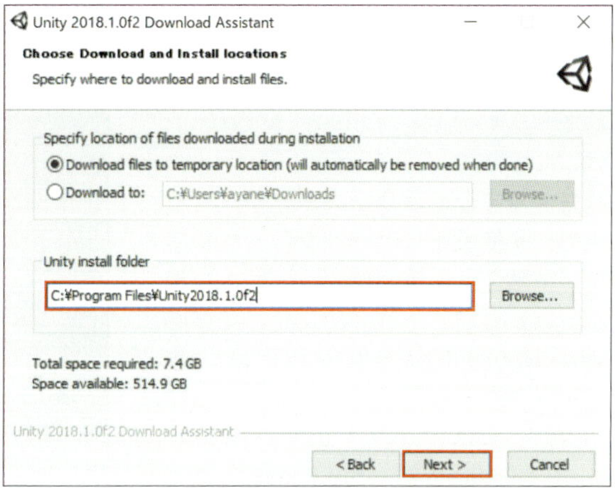

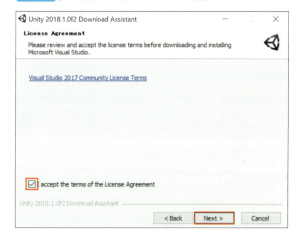

5 Visual Studioライセンス確認

コンポーネント選択で「Microsoft Visual Studio Cummunity 2017」にチェック入れた場合、Visual Studioのライセンス確認画面が表示されます。ライセンス文確認後、「I accept the terms of the License Agreement」にチェックを入れて、「Next」を押します（図2.15）。すでに、「Visual Studio」がインストールされていて変更が必要ない場合やコンポーネント選択でチェックを入れなかった場合には、この画面は表示されません。

図2.15 ▶ Visual Studioライセンス確認

6 「Microsoft Visual Studio Cummunity 2017」のインストール

コンポーネント選択で「Microsoft Visual Studio Cummunity 2017」にチェック入れた場合、自動的にインストールが始まります（図2.16）。

図2.16 ▶ Visual Studioのインストール中の画面

7 インストール完了

一度PCを再起動させてインストールを完了させましょう（図2.17）。再起動させない場合、Unityと「Microsoft Visual Studio Cummunity 2017」の連携ができない場合があります。また、すでに一度インストールを行っているなどの場合は、再起動を促されない場合があります。それでは、続いて、必要なSDKのインストールに進みましょう。

図2.17 ▶ 完了画面

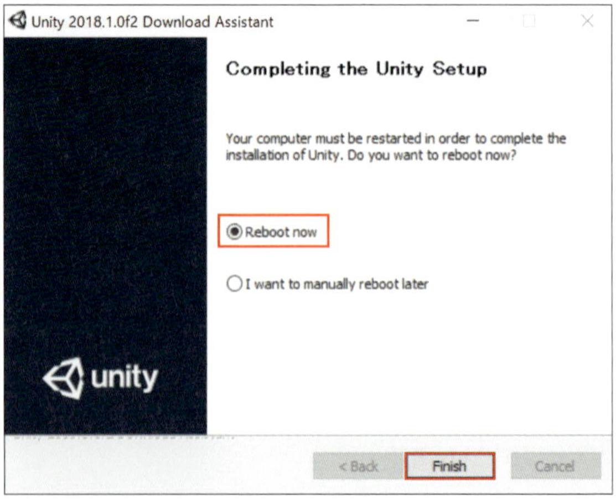

2-2-4 Unityアカウントを準備しよう

　Unityのインストールが完了したら、Unityを使うために必要なアカウント（Unity ID）の準備を行っていきます。Unityでは、このアカウントでいろいろなことができるようになっています。まずは、アカウントを作成してみましょう。

コラム Unity IDとは

　Unity IDは、Unityを使う人が持つユーザーアカウントです。Unityライセンスやアセットストアから購入したアセットなども、全てこのUnity IDで管理されています。Unity IDは個人はもちろん、企業やチームでUnityを使用する場合のグループ管理などでも利用されます。

　Unity IDは、Unityエディターを起動した画面から作成することができます。まずは、Unityを起動してみましょう（Macで説明を行っていますが、Windowsでも同じ手順で作成することができます）。

1 Unityの起動

Unityを起動し、「Sign into your Unity ID」の下のcreate oneをクリックします（図2.18）。

図2.18 ▶ Unityの起動画面

2 アカウント情報の登録

ユーザー情報登録する画面が表示されたら、表2.5に示すアカウント登録に必要な情報を入力して、「I agree to the Unity Terms of Use and Privacy Policy」をチェックして、[Create a Unity ID]ボタンを押します（図2.19）。

図2.19 ▶ ユーザー情報登録

表2.5 ▶ ユーザー登録に必要な情報

項目名	説明
Email	ログインや、Unityからのお知らせを受け取る
Password	ログイン時に使用するパスワード
Username	コミュニティ等で使用するユーザー名。他のユーザーと重複しない名前をつける必要があります。登録後は変更できません
Full Name	氏名

3 登録内容の確認

先ほど登録で使用したメールアドレスへUnityからメールが届いていますので、メールの[Link to confirm email]リンクを押してブラウザを開き（図2.20）、ログインを行って入力した情報に間違いがないか確認しておきましょう（図2.21）。

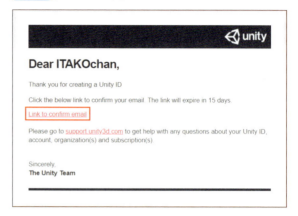

図2.20 ▶ メールの確認

図2.21 ▶ ログイン後の画面

4 ログイン

メールの確認が終わった後で、図2.22の[Continue]ボタンを押しましょう。また、自動でログインされない場合は、先ほど登録したメールアドレスとパスワードを図2.18の画面に入力を行いサインインします。

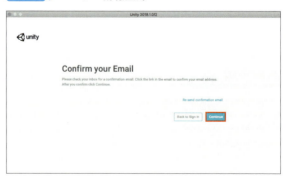

図2.22 ▶ ユーザー情報登録

これで、Unityを使用する準備が整いました。

2-3 Android開発の準備をしよう

ここでは、Windows/macOS環境のそれぞれのAndroid開発のための準備を説明します。自分の環境にあった説明を読み進み、必要なツールやSDKを実際にインストールしましょう。

2-3-1 Android開発の準備をしよう

　実際にAndroidの携帯端末で動かす作業は、「第4章 スマートフォンを使ってVRで見てみよう」で解説いたしますので、ここでは、その際に必要なアカウント情報やツールの準備をしておきましょう。

　Androidの開発には、「Android SDK」と呼ばれるAndroid開発に必要なツール類をインストールする必要があります。Android SDKにより、UnityからAndroid向けのアプリケーションを作成したり、Android OSのデバイスにアプリを入れて動かすことができます。

　SDKのインストール方法にはいくつかありますが、ここではGoogle社が提供する、Android StudioというAndroidの統合開発環境を使い、SDKなど開発に必要なツール類をインストールして行きます。また、Android SDKを動かすためには、JDK（Java Development Kit）というJavaの開発向けのツール類も必要ですので、こちらもインストールします。

　本章では、最初にmacOS環境での準備を説明し、次にWindows環境の説明をしていきます。Windows/macOSでインストールの手順は多少違うところがありますが、必要なツール類は同じですので、自分の環境に合ったインストール手順を読み進めてください。

　本書で使う各SDKのバージョンは表2.6になります。

表2.6 ▶ 本書で使う各SDKのバージョン

SDK	バージョン
JDK(Java Development Kit)	1.8.0_161(8u161)
Android Studio	3.1.2

2-3-2 macOS編

　macOSでAndroid開発の開発環境を整えるにはおおまかに以下の順にインストールして行

きます。

・JDK（Java Development Kit）のインストール
・Android Studioアプリケーションのインストール
・Android SDKのインストール

● JDKインストール

まずは、JDK（Java Development Kit）からインストールしていきます。

1 JDKをダウンロードする

JDKはORACLE社のサイトからインストールすることができます。

http://www.oracle.com/technetwork/java/javase/downloads/index.html

ブラウザから上記のURLを入力し、ダウンロードサイトを開きましょう（図2.23）。

右下の「JDK DOWNLOAD」から、ダウンロードページへ進みます。各OS向けにダウンロードパッケージが用意されていますので、ライセンス文確認後、「Accept License Agreement」を選択し、macOS版、「jdk-8u161-macosx-x64.dmg」をダウンロードします（図2.24）。

図2.23 ▶ JDKサイト

図2.24 ▶ JDK DOWNLOAD

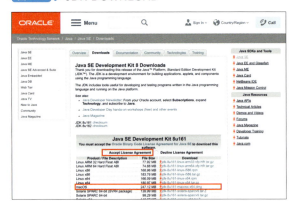

2 JDKをインストールする

ダウンロードした「jdk-8u131-macosx-x64.dmg」を開き、JDKのインストールウィンドウを開きます（図2.25）。「JDK 8 Update 161.pkg」のアイコンをダブルクリックしてインストールを始めましょう。

図2.25 ▶ JDKインストールウィザード

3 JDKインストーラー

pkgのアイコンをダブルクリックするとインストーラーが起動します。ここでは、「続ける」を選択し進みましょう（図2.26）。

図2.26 ▶ JDKインストーラー

4 インストール

［インストール］ボタンを押してインストールを開始します（図2.27）。インストール先は自動で"Macintosh HD"に選択されます。

図2.27 ▶ インストール

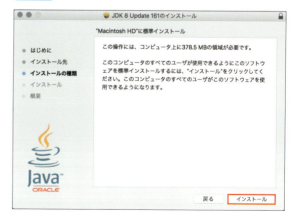

Chapter 2　Unityを導入してみよう

5 インストール完了

インストール処理は自動で進みますので、終わるまで待ちましょう。正常にインストールされたら [閉じる] ボタンを押してウィンドウを閉じてください (図2.28)。

図2.28 ▶ JDKのインストール完了

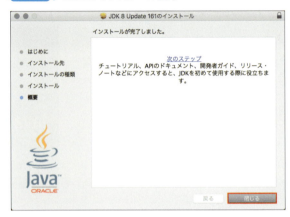

● Android Studioアプリケーションのインストール

　JDKのインストールが完了したら、続いてAndroid StudioとAndroid SDKをインストールしましょう。Android SDKはAndroid Studioを使ってインストールすることができます。

1 Android Studioをダウンロードする

ブラウザで以下のサイトにアクセスし、Android Studioのページを開きます。Android Studioのダウンロードボタンを押し、利用規約を確認後ダウンロードしましょう (図2.29)。

https://developer.android.com/studio/

図2.29 ▶ 利用規約確認

50

2 Android Studio.appを アプリケーションに追加する

ダウンロードしたファイル、「android-studio-ide-XXXXXXXX-mac.dmg」を開き、Android Studioアプリケーションを追加します（図2.30）。Android Studio.appのアイコンをApplicationsフォルダ内にドラッグして、アプリケーションを追加しましょう。アプリケーション内にAndroid Studio.appという、緑のコンパスのようなアイコンが追加されたら準備完了です。

図2.30 ▶ Android Studio.appの追加

● Android SDKのインストール

Android Studio.appを使ってAndroid SDKなどをインストールしていきます。

1 Android Studioのセットアップウィザード

アプリケーションから「Android Stuiod.app」を起動すると、Android Studioのセットアップウィザードが開きます（図2.31）。ここは「Next」を選択して、次に進みましょう。

図2.31 ▶ セットアップウィザード

コラム 古いバージョンのAndroid Studioがインストールされている場合

手順 1 の過程で、今までにAndroid Studioをインストールしたことがある場合、古いAndroid Studioでのインストール設定を使用するかの確認ダイアログが表示されます（図2.A）。

すでにPC内に古いバージョンのAndroid Studioがあり、インストールした時の設定が残っていれば、その設定を引き継いでインストールすることができます。ここでは、「I do not have a previous version of Studio or I do not want to import my settings」を選択して、引き継がずにインストールを進めましょう。

図2.A ▶ インストール設定の引継ぎ確認

2 インストールタイプの選択

Android Studioをインストールする際に、スタンダード設定では通常よく使うSDKやツール類が自動でインストールされます。カスタムを選択し、自分でインストールするものを選ぶこともできますが、足りないツール類は後からインストールすることもできますので、最初はスタンダードでインストールしましょう（図2.32）。

図2.32 ▶ インストールタイプの選択

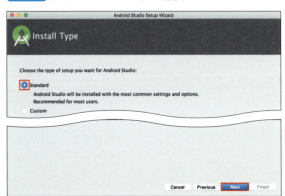

3 インストール内容の確認

ここでインストールされるSDK類が確認できます（図2.33）。「Finish」を選択すると、インストールが始まります。

図2.33 ▶ インストール内容の確認

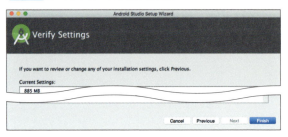

2-3 Android開発の準備をしよう

4 Android Studioメニューウィンドウ

インストールが完了すると、Android Studioのウィンドウが開きます（図2.34）。以降、追加でツールやSDKをインストールする場合もこの画面から始めます。

図2.34 ▶ メニューウィンドウ

5 インストール済みのAndroid SDK／ツールバージョンの確認

Android Studioウィンドウの右下、「Configure」から「SDK Manager」を選択します（図2.35）。

各種設定画面が開きます。左の「Android SDK」メニューからを表示し、中央のタブボタンから「SDK Platforms」を選択します（図2.36）。

図2.35 ▶ SDK Manager

図2.36 ▶ SDK Platforms

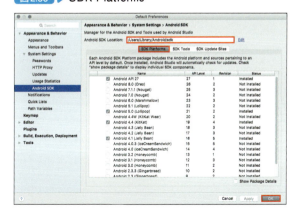

ここから、現在インストールされているAndroid SDKのインストール先や各ツールのバージョンを知ることができます。Status欄の「Installed」と表示されているものが、現在PCにインストールされているものです。通常、インストールタイプが「スタンダード」の場合は、最新のSDKがインストールされます。もし、古いバージョンのSDKが必要な場合は、ここから必要なバージョンにチェックを入れ、右下の「Apply」ボタンを押すことにより、そのバージョンのSDKもインストールすることができます。

また、「SDK Tools」のタブボタンでは、エミュレーターなどのツール類のバージョンも見ることができます (図2.37)。

SDK同様、新たに必要になったものはここからインストールすると良いでしょう。

図2.37 ▶ SDK Tools

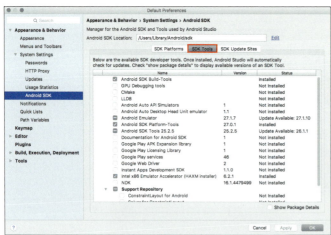

以上でmacOSでのAndroid開発環境準備は終了です。うまく行かない場合コラムを確認してください。

コラム 最新版のAndroid Studioを使用した場合の注意点

今回使用しているUnity2018.1.0.f2では、最新版のAndroid Studioを使用した場合では不具合があり、以下の対応が必要になります。

・Android build toolsのバージョンを戻す

次のURLからブラウザなどを使用してダウンロードしZIPを解凍します（バージョン25.2.5）。

https://dl.google.com/android/repository/tools_r25.2.5-macosx.zip

図2.37のAndroid SDKのインストール先を図2.BのようにFinderで開きます。「tools」フォルダの名前を「tools_new」など別の名前へ変更を行い、先ほど解凍したフォルダを移動させます（図2.C）。

これで、インストールはAndroid開発環境準備は完了です。今後のUnityのバージョンの更新で修正された場合は、この手順は不要です。

図2.B ▶ SDK Toolsのフォルダ

図2.C ▶ 「tools」のフォルダの移動

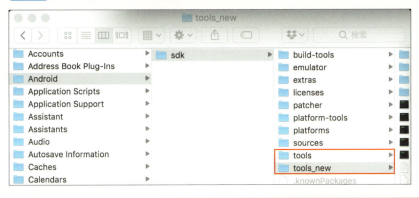

2-3-3 Windows編

WindowsでAndroid開発の開発環境を整えるにはおおまかに以下の順にインストールして行きます。

・JDK（Java Development Kit）のインストール
・Android Studioアプリケーションのインストール
・Android SDKのインストール

● JDKインストール

まずは、JDK（Java Development Kit）からインストールしていきます。

1 JDKをダウンロードする

JDKはORACLE社のサイトからインストールすることができます。

http://www.oracle.com/technetwork/java/javase/downloads/index.html

ブラウザから上記のURLを入力し、ダウンロードサイトを開きましょう（図2.38）。
右下の「JDK DOWNLOAD」から、ダウンロードページへ進みます。各OS向けにダウンロードパッケージが用意されていますので、ライセンス文確認後、「Accept License Agreement」を選択し、Windows 64bit版の「jdk-8u161-windows-x64.exe」をダウンロードします（図2.39）。

図2.38 ▶ JDKサイト

図2.39 ▶ JDK DOWNLOAD

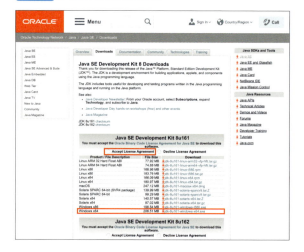

2 JDKをインストールする

ダウンロードした「jdk-8u161-windows-x64.exe」を開き、「次(N)>」を選択してインストールを進めます（図2.40）。

図2.40 ▶ JDKインストールウィザード

3 カスタムセットアップ設定

カスタムセットアップでは、インストールするオプション機能などを追加することができますが、ここでは、そのまま「次(N)>」を選択し進みましょう（図2.41）。インストール後は、コントロールパネルの「プログラムの追加と削除」から、機能の選択を変更できます。

図2.41 ▶ カスタムセットアップ

4 インストール先の選択

JDKをインストールする先を選択します（図2.42）。特に理由が無ければ、デフォルトの設定のままで良いでしょう。

図2.42 ▶ インストール先設定

5 インストール完了

インストール処理は自動で進みますので、終わるまで待ちましょう。正常にインストールされたら完了です（図2.43）。

図2.43 ▶ インストール完了

● Android Studioアプリケーションのインストール

JDKのインストールが完了したら、続いてAndroid StudioとAndroid SDKをインストールしましょう。Android SDKはAndroid Studioを使ってインストールすることができます。

1 Android Studioをダウンロードする

ブラウザで以下のサイトにアクセスし、Android Studioのページを開きましょう。Android Studioのダウンロードボタンを押し、利用規約を確認後ダウンロードしましょう（図2.44）。

https://developer.android.com/studio/

図2.44 ▶ 利用規約確認

58

2 Android Studioセットアップ

ダウンロードしたファイル、「android-studio-ide-XXXXXXX-windows.exe」を開き、Android Studioのセットアップウィザードが開きます（図2.45）。ここは「Next」を選択して、次に進みましょう。

図2.45 ▶ セットアップウィザード

コラム 古いバージョンのAndroid Studioがインストールされている場合

　Windowsにすでに古いバージョンのAndroid Studioがインストールされている場合は、図2.Dのような確認画面が表示されます。新しいバージョンをインストール時に古いバージョンをアンインストールする場合は、「Uninstall the previous version」にチェックを入れ「Next」を選択して進みましょう。

図2.D ▶ 古いバージョンの確認

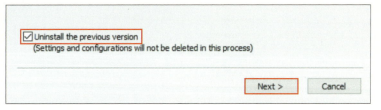

3 インストールコンポーネントの選択

インストールするコンポーネントを選択します。通常、初めからチェックマークがついていますので、確認して「Next」を選択して進みます（図2.46）。

図2.46 ▶ インストールコンポーネントの選択

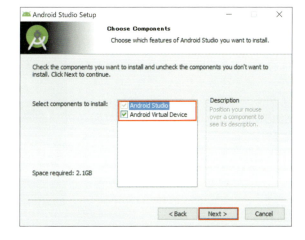

4 インストール先の設定

インストール先のフォルダを指定します（図2.47）。通常は、「C:\Program Files\Android\Android Studio」にインストールされます。

図2.47 ▶ インストール先の設定

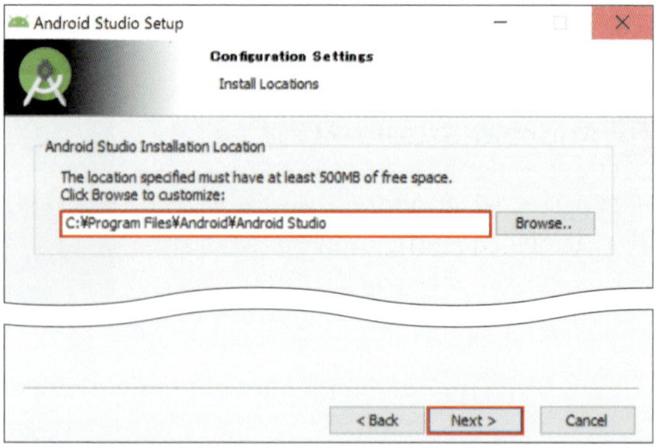

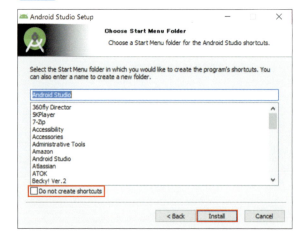

5 ショートカットの作成

Android Studioのショートカットを作成するか・作成しないかを指定します。作成しない場合は「Do not create shortcuts」にチェックを入れます。どちらかを選択して、「Install」を選択して進みます（図2.48）。

図2.48 ▶ ショートカットの作成

6 インストール完了

ショートカットの作成画面後、インストールが始まります。インストールには時間がかかる場合がありますので、終わるまで待ちましょう[注1]。完了ダイアログが表示されたら、Android Studioのインストール完了です（図2.49）。

注1　Start Android Studioにチェックが入っていると、「Finish」を押すと同時にAndroid Studioが開きます。

図2.49 ▶ インストール先設定

● Android SDKのインストール

先ほどインストールしたAndroid StudioからAndroid SDKをインストールしていきます。

1 Android Studioを起動

インストールしたAndroid Studioを起動します（図2.50）。Android Studioのセットアップウィザードが開いたら、「Next」を選択して、次に進みましょう。

図2.50 ▶ セットアップウィザード

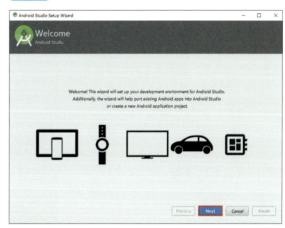

コラム 古いAndroid Studioがインストールされている場合

手順 1 の過程でもし、今までに、Android Studioをインストールしたことがある場合、古いAndroid Studioでのインストール設定を使用するかの確認ダイアログが表示されます（図2.E）。

すでにPC内に古いバージョンのAndroid Studioがあり、インストールした時の設定が残っていれば、その設定を引き継いでインストールすることができます。ここでは、「Do not import settings」を選択して、引き継がずにインストールを進めましょう。

図2.E ▶ 設定引き継ぎ確認ダイアログ

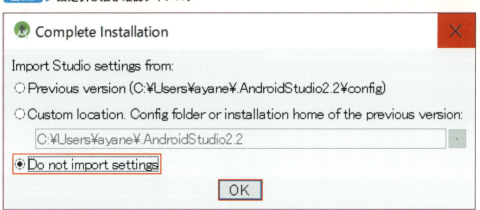

2 インストールタイプの選択

Android Studioをインストールする際に、スタンダード設定だと通常よく使うSDKやツール類が自動でインストールされます。カスタムを選択し、自分でインストールするものを選ぶこともできますが、足りないツール類は後からインストールすることもできますので、最初はスタンダードでインストールしましょう（図2.51）。

図2.51 ▶ インストールタイプの選択

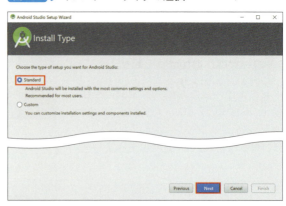

3 UI Themeの選択

UI Themeを選択します。ここでは、Android Studioのエディターの表示状態を選択することができます。白ベースか黒ベースかのどちらかお好みの方を選択して次へ進みます（図2.52）。

図2.52 ▶ UI Themeの選択

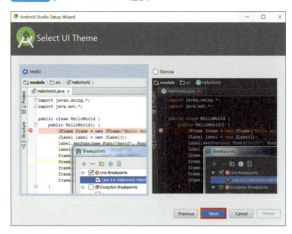

4 インストール内容の確認

インストールされるSDK類が確認できます（図2.53）。「Finish」を選択すると、インストールが始まります。

図2.53 ▶ インストール内容の確認

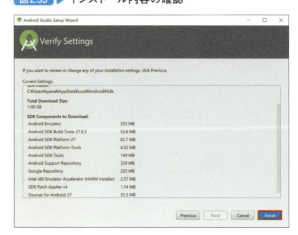

5 インストール完了

インストールが完了すると、Android Studioのウィンドウが開きます（図2.54）。以降、追加でツールやSDKをインストールする場合も、この画面から始めます。

図2.54 ▶ Android Studioの起動画面

6 SDK Managerを表示する

WindowsでAndroid開発を行う場合、さらにAndroidデバイスを認識するためのUSBドライバをインストールする必要があります。Android Studioウィンドウの右下、「Configure」から「SDK Manager」を選択します（図2.55）。

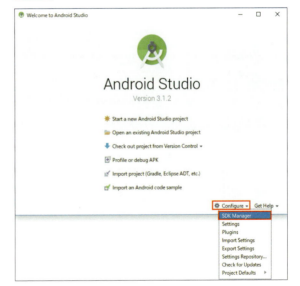

図2.55 ▶ SDK Manager

Chapter 2　Unityを導入してみよう

7 Google USB Driverのインストール

左の「Android SDK」メニューを表示し、中央のタブから「SDK Tools」を選択します。ここから、インストールされているツール類が確認できます。Statusで「Installed」と表示されているものが、現在PCにインストールされているツールです。AndroidデバイスをPCと接続するためには「Google USB Driver」というドライバを追加でインストール必要があります。「SDK Tools」のリストから「Google USB Driver」探し、チェックを付けて、右下の「Apply」ボタンを押してインストールをします（図2.56）。

これでGoogle USB Driverのインストールが完了です。インストール後は先ほどの「SDK Tools」の一覧より、「Google USB Driver」のStatusが「Installed」になっているか確認しましょう。

図2.56 ▶ Google USB Driver

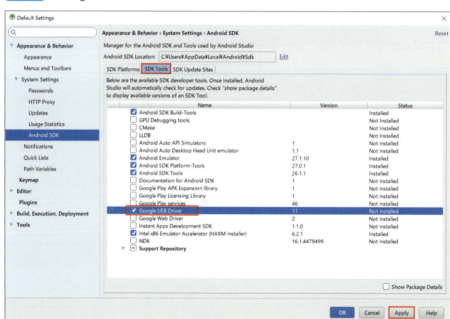

コラム インストール確認ダイアログが表示された場合

手順 7 の過程で、インストール確認ダイアログが開いた場合、OKボタンを押して、次に進みます。その後、ライセンスを確認して「Accept」をチェックし、「Next」を押すとインストールが自動で進みます（図2.F）。

図2.F ▶ Google USB Driver

8 インストール済みのSDK・ツールバージョンの確認

ツールの他に、インストール済みのAndroid SDKのバージョンも確認することができます。中央のタブボタンから「SDK Platforms」を選択します（図2.57）。

図2.57 ▶ SDK Platforms

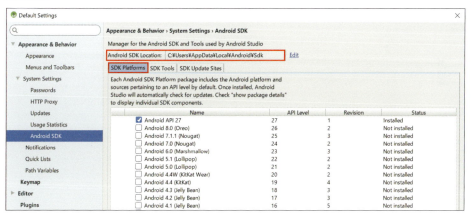

ここから、現在インストールされているAndroid SDKのインストール先や各ツールのバージョンを知ることができます。Status欄の「Installed」と表示されているものが、現在PCにインストールされているものです。通常、インストールタイプが「スタンダード」の場合は、最新のSDKがインストールされますので、もし、古いバージョンのSDKが必要な場合は、ここから必要なバージョンにチェックを入れて、右下の「Apply」ボタンを押すことにより、そのバージョンのSDKもインストールすることができます。

コラム 最新版のAndroid Studioを使用した場合の注意点

今回使用しているUnity2018.1.0.f2では、最新版のAndroid Studioを使用した場合では不具合があり、以下の対応が必要になります。

・Android build toolsのバージョンを戻す
　次のURLからブラウザなどを使用してダウンロードしZIPを解凍します（バージョン25.2.5）。

https://dl.google.com/android/repository/tools_r25.2.5-macosx.zip

　図2.57のAndroid SDKのインストール先を図2.Gのように Finderで開きます。「tools」フォルダの名前を「tools_new」など別の名前へ変更を行い、先ほど解凍したフォルダを移動させます（図2.H）。
　これで、インストールはAndroid開発環境準備は完了です。今後のUnityのバージョンの更新で修正された場合は、この手順は不要です。

図2.G ▶ SDK Toolsのフォルダ

図2.H ▶「tools」のフォルダの移動

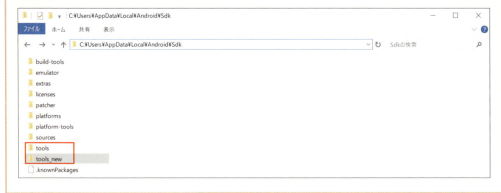

2-4 iOS 開発の準備をしよう

macOS 環境にて、iOS 開発のための準備を説明します。実際に iPhone の携帯端末で動かす作業は、「4章 スマートフォンを使って VR で見てみよう」で説明します。ここでは、その際に必要なアカウント情報やツールの準備をしておきましょう。

2-4-1 Apple ID の作成

　まだ Apple ID を持っていない、または新しく開発用に Apple ID を取得したい方は、次の「Apple ID の作成手順」に従い、新規にアカウントを作成しましょう。作ったアプリを AppStore などで配信する際は、Apple Developer に登録する必要がありますが、手元で開発するだけなら、無料の Apple ID のみで進めることができます。開発に慣れ、実際にアプリを配信したくなった段階で、Apple Developer への登録を検討しましょう。

　また、すでに iPhone や iPad を使用されている方であれば、アプリのダウンロード等で Apple ID をお持ちの方もいらっしゃると思います。すでに持っている Apple ID を使用し、新たにアカウント作成が不要な場合は、この手順を飛ばして、次の「2-4-2 Xcode のインストール」に進みましょう。

1 Apple ID 作成のページをブラウザで開く

Apple ID は Apple 社の公式ホームページから作成することができます（図 2.58）。

https://appleid.apple.com/

ブラウザに上記の URL を入力し、Apple ID サイトを開きましょう。Apple ID の作成は、右上の「Apple ID を作成」のボタンから始めます。

図 2.58 ▶ Apple ID サイト

Chapter 2　Unityを導入してみよう

2 Apple ID作成に必要な情報を入力する

Apple IDを作成するには、表2.7の情報を登録する必要があります。
ここで入力したメールアドレスがApple IDになります。また、Appleからのお知らせや、リリース情報などもこのメールアドレス宛に届きますので、メールを受け取りたい場合は、「お知らせ」の項目にもチェックを付けておきましょう。入力ができたら、次に進みます（図2.59）。

図2.59 ▶ Apple ID作成の情報入力

表2.7 ▶ Apple ID作成に必要な情報一覧

項目名	説明
姓名	ご自身の氏名
国	アカウントを使用する国
生年月日	yyyy年mm月dd日の形式
メールアドレス	メールアドレスがApple IDになります
パスワード	8文字以上・英大小文字含む・数字含む
セキュリティ質問	本人確認・パスワード紛失時の復旧で使います

3 メールアドレス認証を済まし登録を完了する

入力したメールアドレス宛に、Appleより認証用のメールが届きます。メール内に確認用コードがありますので、その値を入力しましょう（図2.60）。正しく認証されると、マイページに遷移します。これでApple IDの作成が完了です。Apple IDはiOSで開発する際に必要ですので忘れないようにしましょう。

図2.60 ▶ メールアドレス認証

2-4-2 Xcodeのインストール

開発で使用するMacPCに「Xcode」をインストールします。「Xcode」とはApple社が提供している開発ツールで、「Xcode」を使いiPhoneやMac向けのアプリケーション開発や携帯端末でのデバッグなどを行うことができます（図2.61）。

図2.61 ▶「Xcode」

Unityで開発する場合でも、iPhoneなどの携帯端末で動作確認する際に「Xcode」が必要ですので、あらかじめインストールしておきましょう。AppStoreからアプリをインストールするには、Apple IDが必要になります。本書で使用している「Xcode」のバージョンは9.2(9C40b)になります。

1 App Storeアプリケーションを起動する

「Xcode」のインストールは、MacPC内の「App Store」アプリケーションからインストールできます。
AppStoreアプリケーションを起動すると、Macで使える様々なアプリケーションのストア画面が開きます（図2.62）。右上の検索ボックスに「Xcode」と入力し、アプリケーションを探しましょう。

図2.62 ▶ App Store画面

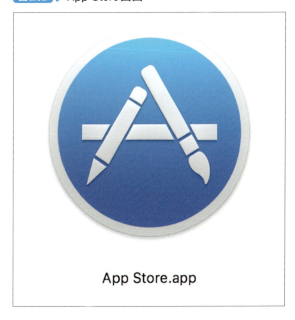

Chapter 2　Unityを導入してみよう

2　「Xcode」をインストールする

アプリケーション一覧から、「Xcode」を見つけ、「入手」ボタンを押してインストールをします（図2.63）。インストールには少し時間がかかる場合がありますが、自動で進みますので待ちましょう。

図2.63 ▶「Xcode」を入手

　インストールが完了すると、MacPCのアプリケーション内に「Xcode」のアプリケーションが追加されます。これでUnityでiOS向けの開発をする準備が整いました。具体的なiOSデバイスでの動かし方は、「**4章 スマートフォンを使ってVRで見てみよう**」で解説します。

Chapter 3

Unityに触れてみよう

　本章ではUnityを起動することから始め、まずUnityの基本操作とインターフェースについて説明します。その後、簡単なシーンを作成しながらUnityにおけるモノ（オブジェクト）の表現や考え方について説明します。作成したシーンを実行しながら3Dゲームを作る上で重要となるカメラの概念についても触れていきます。

この章で学ぶことまとめ
・Unityのプロジェクトとシーンの作成方法
・Unityの基本的なインターフェースについての理解と使い方
・シーン上にモノを配置する方法
・Unityにおけるモノの表現と考え方
・3Dゲームの考え方とカメラ

Chapter 3　Unityに触れてみよう

3-1　プロジェクトを作成してみよう

Unityでアプリ開発を行う場合、プロジェクトを作成して管理することになります。ここではプロジェクトの作成方法とその構成を見ながら、Unityでのアプリ開発に必要な準備をしていきます。

3-1-1　Unityの起動とプロジェクトの作成

まずは、インストールしたUnityを起動してみましょう。

起動すると初めにサインインを要求する画面が表示されます。2章で登録したメールアドレスとパスワードを入力してサインインしてみましょう（図3.1）。

図3.1 ▶ サインイン

サインインを行うとサンプルプロジェクトが並んだ、ウインドウが表示されます（図3.2）。また、今までに、プロジェクトを作成したことがある場合は、プロジェクト選択ウインドウが表示されます（図3.3）。ここでは新規プロジェクトを作成するために、右上のNEWを選択します。

図3.2 ▶ サンプルプロジェクトウインドウ

図3.3 ▶ プロジェクト選択ウインドウ

　これから作成するプロジェクトの情報を入力する画面が表示されますので、ここではProject Nameへ「VRTraining」と入力してみましょう。また、Locationは、このプロジェクトの保存場所を指定することができます。今回は、自分の好きなフォルダを指定してください。3Dにチェックを入れ、Enable Unity AnalyticsをOFFにして、Create Projectボタンを押して、プロジェクトを作成しましょう（図3.4）。

図3.4 ▶ プロジェクトの作成ウインドウ

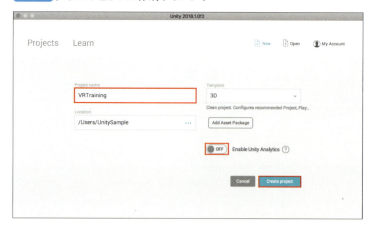

　これでプロジェクトが皆さんが指定したフォルダーに作成され、図3.5のようなUnityのエディタ画面が表示されます。
　今後はこのエディタを使い、VRシューティングゲームを開発していくことになります。

図3.5 ▶ Unityエディタ画面

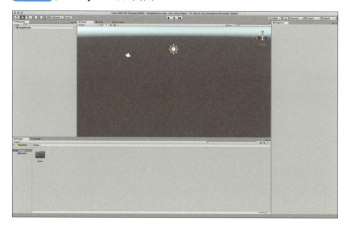

3-1-2 ゲームの舞台となる「シーン (Scene)」

　Unityのプロジェクトを作成すると、エディタが開くと同時にシーンが表示されます。エディタの真ん中に表示されている何もない空間が「シーン (Scene)」です。Unityでは、この何もないシーン上に山や地面などの背景データ、プレイヤーや敵などのキャラクターデータ、煙や爆発などのエフェクトデータなどをいろいろと配置していくことで、様々なゲームの舞台 (Scene) を作ることができます。

まずは、プロジェクトのシーンを保存してみましょう。新しくプロジェクトを作成した場合、「SampleScene」が作成されます。この「SampleScene」シーンを元にして、今回使用するシーンを保存します。

メニューから [File] → [Save Scenes as] を選択してください。保存先のフォルダ選択画面が表示され、プロジェクト下の「Assets」というフォルダが選択されていると思います。この下にフォルダを作成して、「Assets/VRTraining/Scenes/VRTrainingScene」という名前で保存しましょう（図3.6）。

図3.6 ▶ シーンの保存

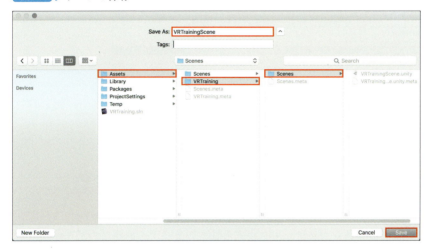

ちなみに「Command + S」（Windowsでは「Ctrl + S」）のショートカットでもシーンの保存を行うことができます。また、Unityが突然落ちてしまったり、フリーズしたりすることがあっても大丈夫なように、シーンの編集を行った場合、こまめに保存を行うようにすることをお勧めします。

3-1-3 Unity上で扱う素材「アセット（Asset）」

Unity上でゲームを作っていくうえで画像、サウンド、3Dモデルなど様々な素材が必要となります。Unityではこのような素材をまとめて「アセット（Asset）」と呼びます。

このアセットは、Unity上で作成したり、外部のツールを用いて作成したり、後ほど紹介する「Asset Store」からインポートするなど、いろいろな手段でUnityへもってくることができます。

● プロジェクトフォルダ内の構成

Unityでは、プロジェクトを作成すると必ず作成されるフォルダがあります。このフォルダーは、Unityを動かすために必要なフォルダ構成で、変更を行うと動かなくなったりします。まずは、実際にエディタを使ってアプリ制作を始める前に、プロジェクトフォルダ内の構成について確認しておきましょう。Finder（Windowsではエクスプローラー）でプロジェクトのフォルダを開くと図3.7のような構成になっています。

図3.7 ▶ プロジェクトフォルダ内の構成

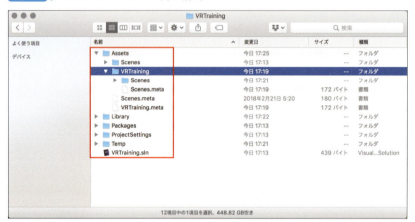

プロジェクトフォルダにはいくつかフォルダが作られていますが、重要なのがAssetsフォルダです。Unity上で扱うあらゆるアセットは、このようにAssetsフォルダ以下に配置します。

Assetsフォルダを見ていくと、先ほど保存したシーンが「Assets/VRTraining/Scenes/VRTrainingScene.unity」として保存されていることがわかります。Assets以下のフォルダ構成について細かいルールはありませんが[注1]、わかりやすい構成を行っておくことをお勧めします。本書では、このように「Assets/[プロジェクト名]/[ファイルのタイプ]/...」のような構成でフォルダを作成していきます。その他のフォルダーの説明は、表3.1を参照してください。Unityのプロジェクトで必要なフォルダーは、AssetsフォルダとProjectSettingsで、これ以外のフォルダは、フォルダがない場合、エディタを起動した時に再作成されます。

注1　ただし一部の特殊なフォルダ名に関してはUnityが特別扱いをするものがあります。
　　・特殊なフォルダー名
　　　https://docs.unity3d.com/jp/current/Manual/SpecialFolders.html

表3.1 ▶ Unityの新しいプロジェクトの作成時のフォルダ構成

フォルダー名	説明
Assets	Unityで管理を行うアセットを置くフォルダ
ProjectSettings	Unityのプロジェクトごとの設定が保存されているフォルダ。使用しているUnityのバージョンなどもここに保存されています
Packages	Unityのシステムが管理を行っているフォルダ。パッケージの追加を行った場合、ここのmanifest.jsonへパッケージ情報が保存されます
Library	Unityのシステムが管理を行っているフォルダ。Assetsフォルダに置かれたデータをUnityですぐに使用できる内部データに変換されたデータが保存されています
Temp	エディタが起動しているときにつくられる一時フォルダで、エディタを終了すると削除されます

● metaファイルについて

　Assetsフォルダ以下に配置したフォルダやファイルは、同じフォルダ階層に.metaという拡張子を持つファイルが自動的に作成されます。これはUnityがファイルをアセットとして管理下に置いた際に、アセットを識別するためのID（GUID）やエディタ上の設定などアセットに必要な情報を格納した特別なファイルです。このmetaファイルが変更されたり削除されたりすると、Unity上でのアセットの扱いが変わってしまうことになるため、直接触らないようにしましょう。

　もし、アセットを別のフォルダに移動したい場合には、metaファイルも一緒に移動させる必要があります。そうしないとUnityは、metaファイルを自動的に再作成を行い、エディタ上で行った設定やアセットの参照関係をすべて初期化し、今まで設定を行っていたデータがなくなってしまいます。アセットの移動等の操作は、エディタ上のプロジェクトウインドウ（後述）で安全に行うことができるため、そちらを使うようにして、Finderやエクスプローラーなどのエディタ外でのファイル操作では極力行わない方が良いでしょう。

Chapter 3　Unity に触れてみよう

Unity のインターフェースを見てみよう

Unity のエディタ画面は複数のウインドウで構成されています。ここでは Unity において比較的よく使うウィンドウに関して、その役割や操作方法について説明します。

3-2-1 Unity の画面構成

　図3.8に示すようにUnityのエディタは複数のウインドウから構成されており、それぞれ操作する対象や役割が異なります。以下では、よく使うウインドウに関して簡単に説明していきます。

図3.8 ▶ Unityエディタを構成するウインドウ

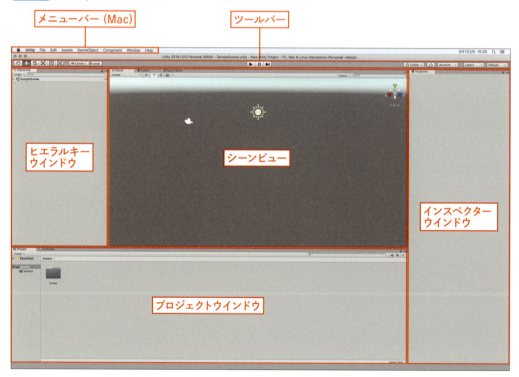

● プロジェクトウインドウ

　プロジェクトウインドウでは、Assets フォルダ以下のフォルダ構造と選択したフォルダ内のアセットが確認できます。ここでアセットを検索してシーンに配置したり、アセットの作成や外部からインポートする際にも使用します。プロジェクトウインドウの機能を図 3.9 に示します。

図3.9 ▶ プロジェクトウインドウ

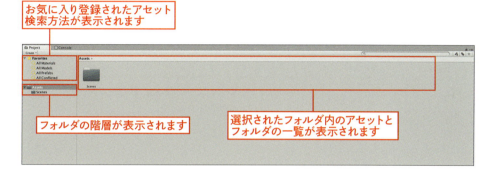

● ヒエラルキーウインドウ

　ヒエラルキーウインドウでは、シーン内に配置されたオブジェクトの階層構造が確認できます。ここでシーン内にオブジェクトを配置したり、配置されているオブジェクトを編集することができます。ヒエラルキーウインドウの機能を図 3.10 に示します。

図3.10 ▶ ヒエラルキーウインドウ

● インスペクターウインドウ

　インスペクターウインドウでは、プロジェクトウインドウやヒエラルキーウインドウで選択したアセットやオブジェクトのプロパティを確認できます。試しにヒエラルキーウインドウで「Main Camera」を選択してみると、その位置や向きに関する情報やカメラの設定などを確認、編集することができます。選択したものによって表示される内容は異なるため、ここで詳細ま

では説明しませんが、「Main Camera」を選択した場合のインスペクターウインドウの見方について図3.11に示します。

図3.11 ▶ インスペクターウインドウ

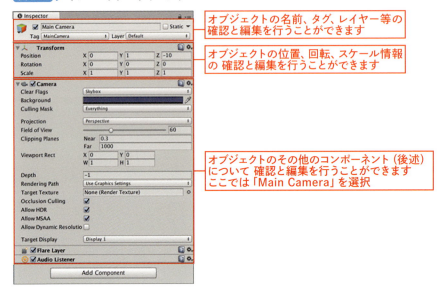

● シーンビュー

シーンビューには現在のシーンの状態が表示され、オブジェクトの位置や向き等をグラフィカルに編集できます。試しにシーンビュー上でカメラのアイコンをクリックしてみると、ギズモというインターフェースが表示され、これを使ってオブジェクトを操作できます（図3.12）。

図3.12 ▶ シーンビュー

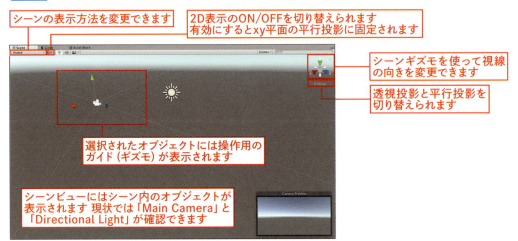

● ゲームビュー

　シーンビューの上にあるタブを切り替えることでゲームビューに切り替えることができます。ゲームビューではシーン内に配置されたカメラを通して見た状態が表示されます（図3.13）。これが実際にゲームを実行した際に画面に表示される内容となります。あくまで確認用のウィンドウであり、シーンビューのように編集はできません。

図3.13 ▶ ゲームビュー

● ツールバー

　画面上部にはツールバーがあり、よく使う機能やエディタの機能に関するボタンが置かれています。左側にシーンビューの操作に関するボタン、中央部にはゲームの実行に関するボタン、右側にはアカウントやエディタの設定に関するボタンが配置されています（図3.14）。

図3.14 ▶ ツールバー

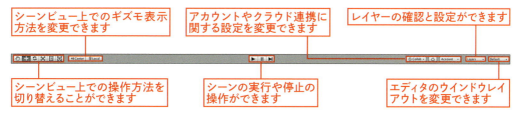

● メニューバー

メニューバーはMacならば画面の最上部、Windowsならばエディタのウインドウ上部に表示されています（図3.15、図3.16）。各項目で行える操作の種類について表3.2に示します。

図3.15 ▶ メニューバー（Mac版）

図3.16 ▶ メニューバー（Windows版）

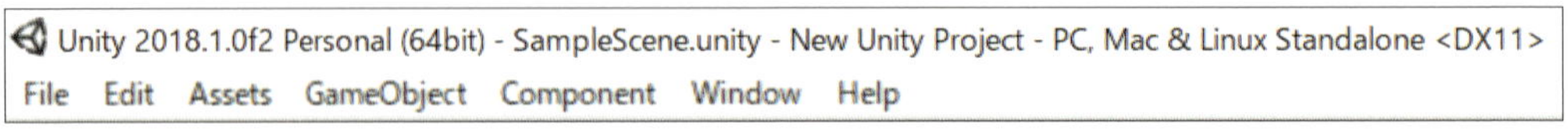

表3.2 ▶ メニューバーで行える操作

アクション	操作方法
Unity	Unityに関する設定等を行えます（Macのみ）。WindowsではEditやHelpメニュー内に同様の操作が含まれています
File	シーンやプロジェクトの作成や保存を行えます
Edit	シーンの編集や実行、プロジェクトの設定変更等を行えます
Assets	アセットの作成やインポートを行えます
GameObject	ゲームオブジェクト（後述）の作成や編集を行えます
Component	コンポーネント（後述）の追加を行えます
Window	エディタのウインドウ表示やレイアウトの設定を変更できます
Help	Unityのヘルプメニューです

● その他のウインドウ

ここで説明した以外にも多数の種類のウインドウがあり、それらはメニューバーの「Window」メニューから表示することができます（図3.17）。本書でゲームを作っていく中で出てくるものについては、必要に応じて説明していきます。

図3.17 ▶ 各種ウインドウの表示方法

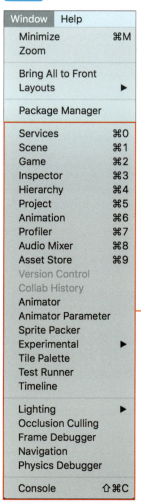

エディタの各種ウインドウを表示できます

3-2-2 ウインドウレイアウトの変更

　ここまでのウインドウの説明はデフォルトの配置を前提としたものでしたが、ウインドウのレイアウトは変更したりカスタマイズすることもできます。

　メニューバーから[Window]→[Layouts]→[2 by 3]を選択してみましょう（図3.18）。

　ウインドウの配置が変わってシーンビューとゲームビューが縦に並び、他のウインドウの位置も変更されています（図3.19）。

Chapter 3　Unityに触れてみよう

図3.18 ▶ レイアウトを「2 by 3」に変更

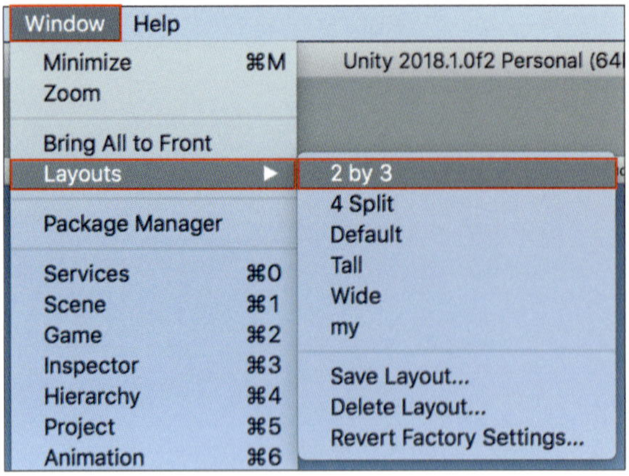

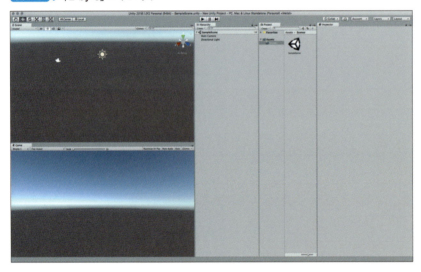

図3.19 ▶「2 by 3」レイアウト

　さらにウインドウのタブをドラッグ＆ドロップして直接移動させることで、より自由にレイアウトを変更することができます。自分なりにカスタマイズしたレイアウトは、メニューバーから [Window] → [Layouts] → [Save Layout] で名前を付けて保存することもできます。ただし既存レイアウトと同じ名前で保存すると上書きされることに注意してください。

　レイアウトに関しては自分なりに使いやすいものを見つけてみてください。本書ではこれ以降「2 by 3」のレイアウトを元に説明していきます。

3-3 シーンにモノを配置してみよう

Unityでは、エディタ上でシーンにモノを配置していくことによってゲーム画面を構築していくことになります。ここでは実際にUnityを操作しながら、シーンを作る際に必要な機能や操作方法について説明します。

3-3-1 モノをシーン上に作成してみよう

まずは、実際に操作を行って、何かシーンにモノをおいてみましょう。Unityでは、メニューバーから基本的な立体（プリミティブ）を簡単に作れるようになっています。それでは、図3.20を参考に、以下の手順でPlane（平面）とCube（立方体）を配置してみましょう。

1 平面の作成

メニューバーから [GameObject] → [3D Object] → [Plane] を選択します。

2 立方体の作成

メニューバーから [GameObject] → [3D Object] → [Cube] を選択します。

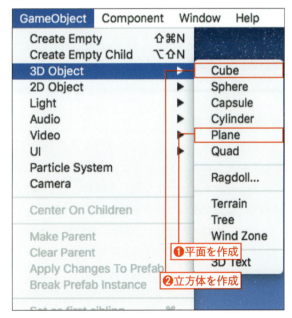

図3.20 ▶ PlaneとCubeの配置

❶平面を作成
❷立方体を作成

これで、シーンビュー上に平面と球が表示され、ヒエラルキー上にも「Plane」と「Cube」が追加されました（図3.21）。

図3.21 ▶ PlaneとCubeが配置されたシーン

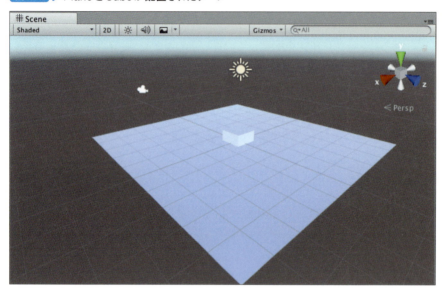

3-3-2 シーンビュー上での視点操作

● 視点の基本操作

ここでシーンビュー上での基本的な視点の操作方法について説明します。3Dのシーンを作成していくにあたって、いろいろな位置や角度からモノを見ることが必要になってきます。そのため、シーンビュー上で視点を移動したり、見る角度を変えるといった操作が必要になりますので、ここで慣れておきましょう。

まずは、マウスを使った「移動」「回転」「拡大縮小」の視点操作を表3.3に示します。

表3.3 ▶ シーンビュー上での視点操作

アクション	操作方法
移動	3ボタンマウスの真ん中ボタンを押しながらドラッグ、もしくはキーボードの Alt + command キー（Windowsでは Alt + Ctrl キー）を押しながらクリック＆ドラッグ
回転	Alt キーを押しながらクリック＆ドラッグ
拡大縮小	スクロール操作

また、マウスがない場合でも、トラックパッドとキーボードでシーンビューの視点を変えることができます。その場合の視点操作を表3.4に示します。

表3.4 ▶ マウス以外でのシーンビュー上での視点操作

アクション	操作方法
移動	キーボードの上下左右キー、もしくは、Alt + command キーを押しながらトラックパッドをクリック＆ドラッグ
回転	Alt キーを押しながらトラックパッドをクリック＆ドラッグ
拡大縮小	2本の指でスワイプしてスクロールイン / アウト、もしくは、Alt + Ctrl キーを押しながらトラックパッドをクリック＆ドラッグ

● シーンギズモ

シーンビューの右上にはシーンギズモと呼ばれる表示があり、シーンビューで3D空間のどのような状態で表示が行われているかを表しています。これは、X（赤）・Y（緑）・Z（青）の3つの軸が、現在のシーンビュー上でその方向を向いているかを表しています（図3.22）。シーンギズモから出ている各軸をクリックすることで、その軸方向から見た視点に素早く切り替えることができます。

シーンギズモの下に「Persp」という文字が表示されていますが、これをクリックすることでシーンビューの投影方法を切り替えることができます。「Persp」は透視投影（遠くのものほど小さく見える投影方法：Perspective）、「Iso」は平行投影（距離によらず同じ大きさに見える投影方法：Isometric）を表しています。

図3.22 ▶ シーンギズモ

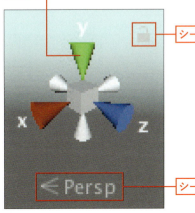

3-3-3 シーンビュー上でモノを動かしてみよう

今度はシーン上のモノを操作してみましょう。

シーンビュー上で「Cube」をクリックして選択すると、図3.23のようなギズモという操作用のガイドが表示されます。シーンビュー上でモノを動かす場合は、このようなギズモを使って操作します。

ギズモには「移動」「回転」「拡大縮小」の操作モードがあり、ツールバーのボタンによって切り替えることができます。また、すべての操作モードを一度に扱える「全操作モード」もあります。このモードは、キーボードのそれぞれ「W」「E」「R」「Y」キーを押すことでも切り替えられます。キーボードのキーの並びとツールバーのボタンの並びが対応しているので覚えやすいです。

図3.23に各モードとギズモと操作方法について示します。実際に「Cube」をぐりぐり動かしてみて操作に慣れておきましょう。

図3.23 ▶ 操作モードの切り替えとギズモ

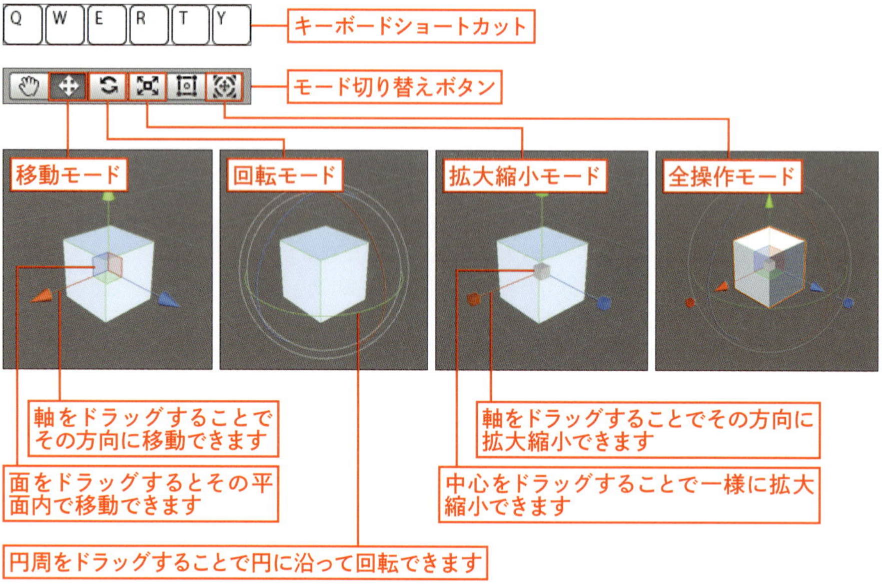

キーボードショートカット

モード切り替えボタン

移動モード
軸をドラッグすることでその方向に移動できます
面をドラッグするとその平面内で移動できます

回転モード
円周をドラッグすることで円に沿って回転できます

拡大縮小モード
軸をドラッグすることでその方向に拡大縮小できます
中心をドラッグすることで一様に拡大縮小できます

全操作モード

3-3-4 インスペクターウィンドウからモノを操作する

先ほどはシーンビュー上でモノを操作しましたが、インスペクターウィンドウから数値を直接指定してモノを動かすこともできます。

シーンビューまたは、ヒエラルキーウィンドウで「Cube」を選択した状態でインスペクター

ウィンドウを見てみると、「Transform」のグループの中に「Position」「Rotation」「Scale」という表示があります（図3.24）。これが「移動」「回転（zxyのオイラー角）」「拡大縮小」に対応した値になっており、数値を直接指定して書き換えることができます。

図3.24 ▶ インスペクターウィンドウによる操作

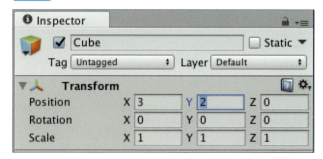

3-3-5 ヒエラルキーウィンドウで操作してみよう

ヒエラルキーウィンドウ上ではモノの名前を変更したり、ドラッグ＆ドロップでモノの階層構造を操作することができます。またマウスの右クリックメニューからモノの作成、削除、コピー＆ペーストといった操作を行うこともできます。

実際に操作をしながらモノの階層構造について詳しく見てみましょう。以下の手順に従って、シーン上に雪だるまを作成してみます。

1 空オブジェクトの作成

ヒエラルキーウインドウ上で何も選択していない状態で、右クリックメニューから [Create Empty] を選択して空オブジェクトを作成します（図3.25）。

図3.25 ▶ 空オブジェクトの作成

Chapter 3　Unityに触れてみよう

2 球の作成

ヒエラルキーウインドウ上で何も選択していない状態で、右クリックメニューから [3D Object] → [Sphere] を選択して球を作成します（図3.26）。

3 2つ目の球の作成

ヒエラルキーウインドウ上で何も選択していない状態で、右クリックメニューから [3D Object] → [Sphere] を選択して、もう一つ球を作成します。

図3.26 ▶ [Sphere]の作成

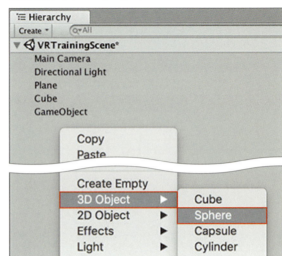

4 名前の変更

1～3で作成したオブジェクトの名前をそれぞれ「Snowman」「Head」「Body」と変更します（図3.27）。ヒエラルキーウインドウ上でオブジェクトを選択してもう一度クリックすると名前を変更できます。

図3.27 ▶ オブジェクトの名前を変更

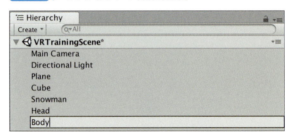

5 オブジェクトの位置の変更

「Head」と「Body」を「Snowman」に向かってドラッグ＆ドロップすることで、「Snowman」の下の階層に「Head」と「Body」を配置します（図3.28）。

図3.28 ▶ オブジェクトの移動

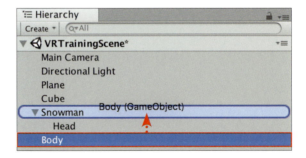

6 Snowmanの位置の変更

ヒエラルキーウインドウ上で「Snowman」を選択し、インスペクターウィンドウでPositionを「0, 0, 0」に設定します。

7 Headの位置とスケールの変更

ヒエラルキーウインドウ上で「Head」を選択し、インスペクターウィンドウでPositionを「0, 1.2, 0」、Scaleを「0.7, 0.7, 0.7」に設定します。

8 Bodyの位置の変更

ヒエラルキーウインドウ上で「Body」を選択し、インスペクターウィンドウでPositionを「0, 0.5, 0」に設定します。

9 Planeの位置の変更

ヒエラルキーウインドウ上で「Plane」を選択し、インスペクターウィンドウでPositionを「0, 0, 0」に設定します。

10 Main Cameraの位置の変更

ヒエラルキーウインドウ上で「Main Camera」を選択し、インスペクターウィンドウでPositionを「0, 3, -10」に設定します。

作成した雪だるまのヒエラルキーウインドウの状態とインスペクターウインドウの値は図3.29のようになります。シーンビュー／ゲームビュー上では図3.30、図3.31のような雪だるまが確認できます。

図3.29 ▶ 雪だるまのヒエラルキーとインスペクター

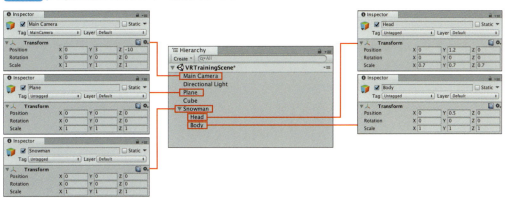

図3.30 ▶ 雪だるま(シーンビュー)

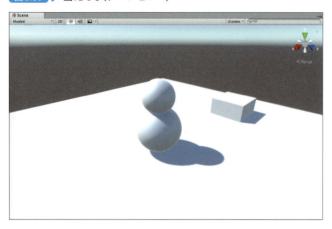

図3.31 ▶ 雪だるま(ゲームビュー)

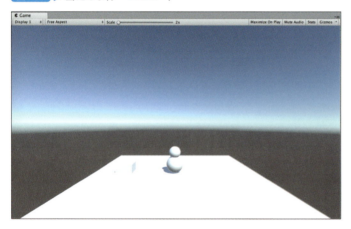

● ヒエラルキーの階層構造と２つの座標系

　ここでは「Snowman」という空の入れモノを作って、その下に「Head」と「Body」というモノを作成しました。このように空(Empty)の入れモノを使って階層構造を作ることによって、モノをグループ化して扱うことができます。試しにシーンビュー上で「Snowman」を選択して移動させてみると、雪だるま(「Head」と「Body」)ごと移動することがわかります。

　移動させた後にインスペクターウインドウ上で再度Positionを確認してみると、「Snowman」のPositionは変化していますが、「Head」と「Body」のPositionは変化していません。これは、「Snowman」の子供である「Head」と「Body」のPositionの値が、「Snowman」のPositionを基準とした相対位置で表されているためです。このように、ある親の座標を基準として、自分の座標を相対的に表すことをローカル座標と呼ばれています。また、これとは反対に、シーンに対して絶対的な位置を表すことをグローバル座標と呼ばれています。

図3.32では「Snowman」のPositionを「-2, 0, 3」に移動してみた場合の例を用いて、グローバル座標とローカル座標の違いを示しています。

図3.32 ▶ グローバル座標とローカル座標

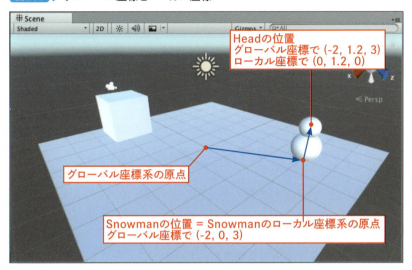

より複雑な構造のものであっても、その構造を階層的に表現することによって扱いが比較的容易になります。

Chapter 3　Unity に触れてみよう

3-4 Unity におけるモノの表現について学ぼう

Unity におけるゲーム上の「モノ」は「ゲームオブジェクト」として表現され、そこに様々な「コンポーネント」が付与されることによって機能や性質が与えられます。ここでは Unity を理解する上で重要となる「ゲームオブジェクト」と「コンポーネント」について説明します。

3-4-1 モノを表現する「ゲームオブジェクト（GameObject）」

　ここまででシーン上に配置された立体などを表す際に「モノ」という表現を何度か使用してきましたが、Unityではそれらを「ゲームオブジェクト（GameObject）」と呼びます。ヒエラルキーウィンドウ上で表示されているもの一つ一つが個々のゲームオブジェクトです。例として前節で作成したシーンのヒエラルキーウィンドウを図3.33に示します。

図3.33 ▶ ヒエラルキーウィンドウ上のゲームオブジェクト

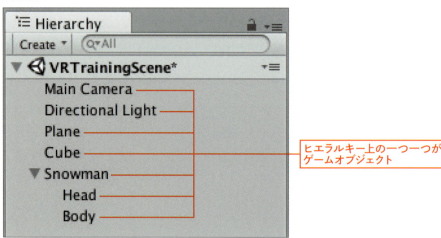

　雪だるまの「Head」や「Body」はそれぞれゲームオブジェクトであり、その親にあたる「Snowman」も別のゲームオブジェクトです。さらにシーンに最初から配置されていた「Main Camera」や「Directional Light」などもすべてゲームオブジェクトです。
　ゲームオブジェクトは図3.34に示すように名前、タグ、レイヤーといった情報を持っています。名前やタグはゲームオブジェクトを識別したり検索する時などに使用することができま

す。また、レイヤーは衝突判定の有無などの物理処理や表示のON/OFFなどの描画処理をグループとしてどのような処理を行うかを管理することができます。　ゲームオブジェクトは、このように、名前・タグ・レイヤーの情報を持っているだけで機能を持っていません。

図3.34 ▶ ゲームオブジェクトの持つプロパティ

3-4-2 モノの機能、性質、状態等を表現する「コンポーネント（Component）」

　ゲームオブジェクトそれ自体だけでは機能を持たない代わりに、ゲームオブジェクトには複数の「コンポーネント（Component）」を付けることができます。コンポーネントには様々な種類があり、付与したコンポーネントが機能、性質、状態等を提供します。ゲームオブジェクトに付与されたコンポーネントの例を図3.35に示します。

図3.35 ▶ ゲームオブジェクトに付与されたコンポーネント

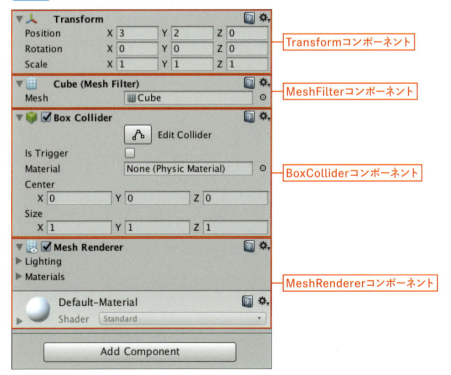

図3.35の例ではゲームオブジェクトは以下のコンポーネントを持っています。

・Transformコンポーネント
・MeshFilterコンポーネント
・BoxColliderコンポーネント
・MeshRendererコンポーネント

　Transformコンポーネントは位置、回転、大きさ等を表現するコンポーネントです。MeshFilterとMeshRendererコンポーネントは形状とその見え方を表現するコンポーネントです。BoxColliderコンポーネントは直方体の当たり判定を表現するコンポーネントです。
　このようにゲームオブジェクトの位置や姿勢、形状やその見え方もコンポーネントによって付与された性質ということになります。

3-4-3 コンポーネントを追加してみよう

実際にコンポーネントを追加することによってゲームオブジェクトに性質を付与してみましょう。まずは先ほどのシーンにカプセル型のオブジェクトを配置してみます。

1 カプセルの作成

ヒエラルキーウインドウ上で何も選択していない状態で、右クリックメニューから [3D Object] → [Capsule] を選択します。

2 カプセルの位置と回転の変更

作成したCapsuleを選択して、インスペクターウインドウ上でPositionを「0, 3, 0」、Rotationを「0, 0, 45」に設定します。

　図3.36のように、斜めになったカプセルが空中に浮いている状態になっていれば準備完了です。

3-4　Unityにおけるモノの表現について学ぼう

図3.36 ▶ カプセルの配置

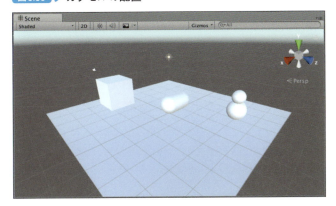

　この状態で試しにシーンを実行してみましょう。エディタ画面上部の再生ボタンを押すことでシーンが実行されます（図3.37）。ただし、この状態では実行しても特に何も変化はありません。

　もう一度再生ボタンを押して実行を止めましょう。

図3.37 ▶ シーンの実行

　それではカプセルにコンポーネントを追加して物理的な性質を追加してみます。図3.38を参考に、以下の手順で「Rigidbody」コンポーネントを追加します。

1 コンポーネントの追加

Capsuleを選択したうえで、インスペクターウインドウ上で[Add Component]ボタンをクリックします。

2 コンポーネントの検索

検索欄に「rigid」と入力します。

3 コンポーネントの選択

候補に出てくる「Rigidbody」を選択します。

図3.38 ▶ Rigidbodyコンポーネントの追加

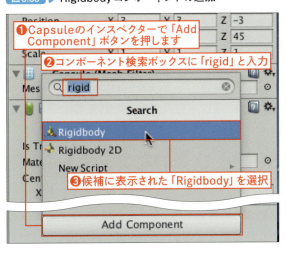

97

インスペクターウインドウ上でRigidbodyコンポーネントが追加されていれば成功です。いくつか設定できるプロパティがありますが、とりあえずこのまま再生ボタンを押して実行してみましょう。

先ほどは動かなかったカプセルが重力を受けて落ち、地面と衝突して倒れるようになりました（図3.39）。これはRigidbodyコンポーネントを追加することで物理的な性質を持つようになり、重力や衝突による力の影響を受けて動くようになったことを表しています。

図3.39 ▶ 物理的な性質を持ったカプセル

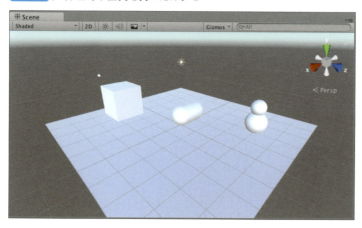

さらにインスペクターウインドウ上でRigidbodyコンポーネントの「Drag」の値を「10」などに設定して実行してみてください。「Drag」は空気抵抗の大きさを表わすプロパティであり、この値を大きくしていくと（まるで水の中にあるかのように）ゆっくりとカプセルが落ちるようになります。

このようにインスペクターウインドウ上でコンポーネントの持つプロパティを編集して、その性質を変えたりすることができます。

今回はわかりやすい例としてRigidbodyコンポーネントを追加してみました。このように、付与するコンポーネントによってゲームオブジェクトに様々な機能や性質を持たせたり、そのコンポーネントのプロパティを設定・変更することによりその挙動をカスタマイズできることがわかっていただけたでしょうか。

3-4-4 代表的なコンポーネント

Unityには様々な種類のコンポーネントが用意されており、それを組み合わせることで多くの機能を実現することができます。ここまでに出てきたコンポーネントの中で重要なものとそれに関連するコンポーネントについて紹介していきます。

● Transformコンポーネント

　Transformコンポーネントはすでに何度か見てきましたが、最も重要なコンポーネントの一つです。Transformはシーン上での位置、回転、スケールの状態を表現しており、それらを操作することがオブジェクトの状態を変更することになります。さらにヒエラルキーウインドウ上で表現されるようなオブジェクトの階層構造（オブジェクト間の親子関係）もこのTransformによって提供される性質です。

　Transformコンポーネントは特殊なコンポーネントで、すべてのゲームオブジェクトは必ず一つのTransformコンポーネントを持つことになります（図3.40）。

図3.40 ▶ Transformコンポーネント

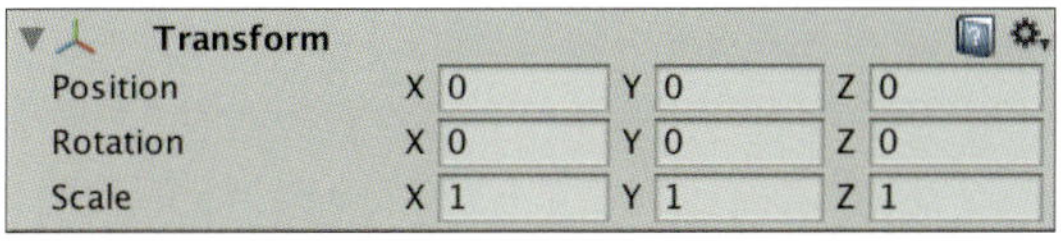

● Rigidbodyコンポーネント

　Rigidbodyコンポーネントは3Dの物理挙動を追加するコンポーネントです。Rigidbodyによって、ゲームオブジェクトは体積と質量を持ち、物理挙動に従うようになります。

　これは物理エンジンが重力やその他の外力、衝突等をシミュレートし、速度やTransformの状態に反映させていることになります。物理挙動を扱わない場合でも、物理エンジンを利用した当たり判定の検出等を行う場合にも必要となります（図3.41）。

図3.41 ▶ Rigidbodyコンポーネント

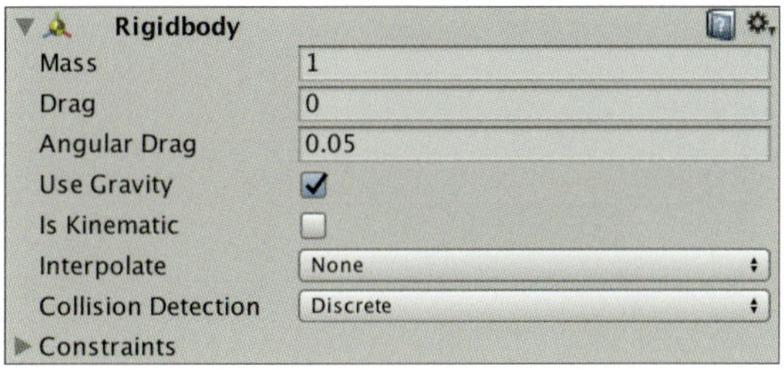

● Colliderコンポーネント

　Colliderコンポーネントはゲームオブジェクトの物理的な形を表現するコンポーネントです。立方体であればBoxCollider、球であればSphereCollider、より複雑な形状を表現するMeshCollider等の種類があります。物理エンジンはColliderによって立体形状を認識するため、Rigidbodyにより衝突などを扱う場合などに必要になります（図3.42）。

　Unity上でプリミティブな立体を作成すると、適切なColliderが設定された状態でゲームオ

ブジェクトが作成されます。

図3.42 ▶ SphereColliderコンポーネント

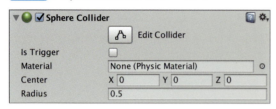

● MeshFilterコンポーネント

MeshFilterコンポーネントはゲームオブジェクトの見た目の形状を表現するコンポーネントです。一般的に3Dにおける見た目の形状は、「ポリゴン」と呼ばれる三角形を複数並べた「メッシュ」によって表現されます。例として図3.43にSphereのメッシュを示します。MeshFilterはこのメッシュ情報を保持することで見た目の形状を表現しています。

図3.43 ▶ Sphereのメッシュ例

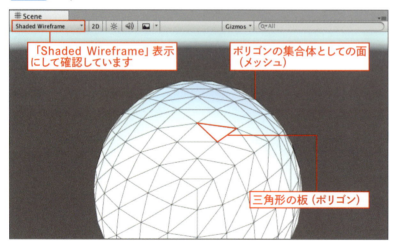

先ほどのColliderが物理的な立体形状を表すのに対して、メッシュは見た目上の物体の表面形状を表すものです。MeshFilterに設定されているメッシュをインスペクタ上で差し替えれば、当たり判定は球なのに見た目は立方体というオブジェクトを作ることもできます。

Unity上でプリミティブな立体を作成すると、適切なMeshFilterが設定された状態でゲームオブジェクトが作成されます（図3.44）。

図3.44 ▶ MeshFilter コンポーネント

● Renderer／MeshRenderer コンポーネント

　Renderer コンポーネントは見た目を描画（レンダリングと言います）する機能を持つコンポーネントです。いくつか種類がありますが、よく登場するものとしてメッシュを描画するためのMeshRenderer コンポーネントがあります。

　MeshRenderer はMeshFilter の持っているメッシュ情報を使って描画を行います。MeshFilter は表面形状を保持しているのに対して、MeshRenderer はその表面の色や材質、光の影響をどのように反映させるかなどのレンダリング方法を保持しており、それに従ってメッシュを表示することができます。つまりMeshFilter と MeshRenderer の両方がそろうことでメッシュが画面上に表示されます（図3.45）。

図3.45 ▶ MeshRenderer コンポーネント

● Camera コンポーネント

　Camera コンポーネントは3D空間をディスプレイなどに投影するためのコンポーネントです（図3.46）。以降、Camera コンポーネントの付いたゲームオブジェクトを単純に「カメラ」と呼ぶことにします。3D空間上のカメラはプレイヤーの目に相当すると言えます。

　カメラを複数置くことで、描画結果を重ね合わせて表示したり、カメラを素速く切り替えて演出として使うようなこともできます。

　VRにおいては一つのカメラで両目を描画することもできますが、片目ごとに見せ方を変えたい場合には二つのカメラで各目を描画することもできます。

　カメラが一つもないとゲームビューには何も表示されないため、Unityでシーンを作成した際には最初からカメラが一つ配置されています。メニューバーから[GameObject] → [Camera] を選択することでカメラを作成することができます。

図3.46 ▶ Cameraコンポーネント

● Lightコンポーネント

　Lightコンポーネントは3D空間を照らす光源の機能を持ったコンポーネントです（図3.47）。以降、Lightコンポーネントの付いたゲームオブジェクトを単純に「ライト」と呼ぶことにします。

　カメラによってものを写すとは言ったものの、光がなければ真っ暗で何も見えません。ライトによってシーンを照らすことで画面が明るく描画され、明暗や影が表現されます。実際にはライト以外にも環境全体にわたる光が存在しているため、ライトが無くても真っ暗にはなりませんが、通常は一つ以上のライトを配置します。

　ライトの設定によってスポットライトやエリアライトなどの特殊な光源も作成できます。Unityでシーンを作成した際には最初からライトが一つ配置されています。メニューバーから[GameObject] → [Light] 以下からライトを作成することもできます。

図3.47 ▶ Lightコンポーネント

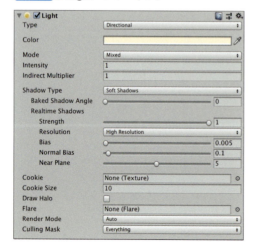

● AudioListener コンポーネント

　AudioListener コンポーネントはシーン内の音を拾ってスピーカーで再生する機能を持ったコンポーネントです。シーン内の AudioSource からの入力に基づいて、3D 空間における位置関係などをシミュレートした音声が再生されます。つまり、3D 空間上にある耳に相当するコンポーネントです（図3.48）。

　AudioListener はシーン上に1つまでという制約があります（複数おいても1つしか適切に機能しません）。メニューバーなどからカメラを作成すると、AudioListener が付いた状態になっています。

図3.48 ▶ AudioListener コンポーネント

● AudioSource コンポーネント

　AudioSource コンポーネントはシーン内の音源としての機能を持つコンポーネントです（図3.49）。Unity に音声ファイルをインポートすると AudioClip というアセットとして扱われます。AudioSource は AudioClip を再生し、AudioListener に伝わることで実際に聞こえる音声となります。

図3.49 ▶ AudioSource コンポーネント

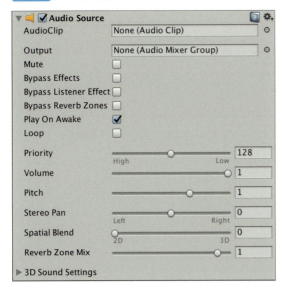

● Scriptコンポーネント（自作コンポーネント）

　C#もしくはJavaScriptによりスクリプトを記述することで、独自の機能をコンポーネントとして作成することができます。作成したコンポーネントはUnityに用意されている他のコンポーネントと同様にゲームオブジェクトに追加できます。具体的な使い方は第5章以降で説明していきます。

　ここで紹介したコンポーネントについて表3.5にまとめておきます。

表3.5 ▶ コンポーネント早見表

コンポーネント	説明
Transform	位置、回転、スケールと階層構造を表現するためのコンポーネント。すべてのゲームオブジェクトは必ず一つのTransformコンポーネントを持ちます
Rigidbody	物理的な性質を付与するコンポーネント
Collider	衝突時の当たり判定等に用いる形状を表現するコンポーネント
MeshFilter	見た目などに用いる表面形状を表現するコンポーネント
Renderer	ものを描画する機能を持つコンポーネント
Camera	3D空間を2Dのディスプレイ等に投影するカメラの機能を持つコンポーネント
Light	シーンを照らすライトの機能を持つコンポーネント
AudioListener	音源から音を受け取ってスピーカーに再生するためのコンポーネント
AudioSource	音源を表すコンポーネント

3-5 シーンを実行してみよう

Unityのアプリ開発の利点として、作成しているシーンをエディタ上で実行して簡単に確認できるという点があげられます。ここではエディタ上でのシーン実行時の操作、シーンビューとゲームビューの関係などについて説明します。

3-5-1 シーンの実行と停止

シーンの実行はツールバー上部のプレイモードのボタンから行います（図3.50）。

図3.50 ▶ プレイモード操作ボタン

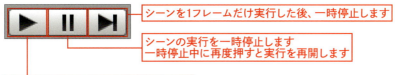

再生ボタンを押すとシーンが実行され、ゲームが動き出します。実行中にもう一度再生ボタンを押すと停止され、シーンは開始前の状態に戻ります。

実行中に一時停止ボタンを押すことで、一時的にゲームを止めることができます。ステップ実行ボタンを押すと、1フレームだけ再生して一時停止されます。

3-5-2 実行中の確認と編集

シーンの実行中にもシーンビュー、ヒエラルキーウィンドウ、インスペクターウィンドウなどでシーン上のゲームオブジェクトの状態を確認・編集することができます。ただし、実行を停止するとシーンは実行開始前の状態に戻るため、実行中のシーンの編集内容も失われてしまいます。そのため、動かしながら配置を試行錯誤したり、デバッグ等の用途には便利ですが、シーンを編集する際にはシーンが実行中かどうかをよく見て作業する必要があります。

デフォルト設定の場合、実行中はエディタの色が少し暗くなりますが、以下の手順で実行中のエディタ色を変更することもできます（図3.51）。必要に応じて設定してみてください。

1 Unityの設定を開く

メニューバーから[Unity]→[Preferences]を選択します（Windowsの場合、[Edit]→[Preferences]）。

2 実行中の色の変更

開いたウインドウで[Colors]→[Playmode tint]にて、実行中の色を設定します。

図3.51 ▶ 実行中のエディタ色変更方法

 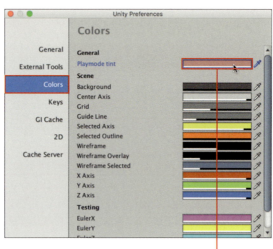

❶Macの場合、[Unity]->[Preferences]を選択
　Windowsの場合、[Edit]->[Preferences]を選択

❷Preferencesウインドウにて、
　[Colors]->[Playmode tint]から色を変更

3-5-3 ゲームビューとカメラの設定

　実行時の実際のゲーム画面はゲームビュー上で確認できます。これはシーン中のカメラによって描画されているものなので、カメラの位置や設定を変えることで表示される画面は変化します。3Dゲームにおいてカメラを理解しておくことは重要なので、ここでもう少し詳しく見てみましょう。

● カメラの投影方法

　カメラによって3D空間を2Dのディスプレイに投影する方法として、透視投影（Perspective）と平行投影（Orthographic）があります。
　透視投影は遠くのものほど小さく表示される投影方法です。Cameraコンポーネントの「Projection」プロパティがPerspectiveに設定されている状態でカメラを選択すると、シーン

ビュー上にカメラを頂点とした四角錐台(視錐台と言います)が表示されます(図3.52)。これが透視投影によって投影される領域です。通常3Dの表示には透視投影を使います。
　Cameraコンポーネントの「Field of View」で視錐台の(縦方向の)視野角を設定できます。Cameraコンポーネントの「Clipping Planes」で視錐台の手前と奥の平面までの距離を設定できます。

図3.52 ▶ 透視投影における描画領域(視錐台)

　平行投影は距離に関係なく同じ大きさに見える投影方法です。Cameraコンポーネントの「Projection」プロパティをOrthographicを設定してカメラを選択すると、シーンビュー上に直方体が表示されます(図3.53)。これが平行投影によって投影される領域です。2Dの表示等に使います。
　Cameraコンポーネントの「Size」で描画領域の高さを設定できます。Cameraコンポーネントの「Clipping Planes」で描画領域の手前と奥の平面までの距離を設定できます。

図3.53 ▶ 平行投影の描画領域

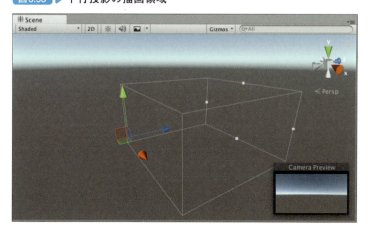

Chapter 3　Unityに触れてみよう

● Cameraコンポーネントの設定

Cameraコンポーネントを図3.54に、基本的なプロパティについての説明を表3.6に示します。

図3.54 ▶ Cameraコンポーネント

表3.6 ▶ Cameraコンポーネントのプロパティ

プロパティ	説明
Clear Flags	「Skybox」ではワールド全体を覆うSkyboxというテクスチャによって背景を描画します。「SolidColor」はBackgroundで指定した色で背景を描画します。他の項目は複数のカメラを重ね合わせる場合に使用します
Background	背景色の指定
Culling Mask	レイヤー単位での表示／非表示の設定
Projection	投影方法の設定
Field of View	透視投影の縦方向の視野角（ProjectionがPerspectiveの場合のみ）
Size	平行投影の描画領域の縦方向の大きさ（ProjectionがOrthographicの場合のみ）
Clipping Planes	描画領域の手前の平面と奥の平面までの距離
Viewport Rect	ディスプレイのどの範囲に描画するかを0-1の範囲で指定します
Depth	カメラを複数置いた際の描画順（小さい方から順に描画）

108

スマートフォンを使って
VRで見てみよう

　前章では簡単なシーンの作成と実行を通してUnityの基本的な操作や考え方について学びました。この章では作成したシーンをVRアプリ化して、AndroidやiOSの携帯端末にインストールして確認する方法について説明します。

この章で学ぶことまとめ
・UnityでVRを有効にするための設定方法
・Android端末へのアプリインストール方法
・iOS端末へのアプリインストール方法
・VRゴーグル／Cardboardビューアでの調整と確認方法

Chapter 4　スマートフォンを使ってVRで見てみよう

4-1 スマートフォンにインストールしてみよう（Android編）

Android端末を持っていれば、作成したアプリをインストールして確認することができます。ここでは前章で作成したシーンを、VRアプリとしてAndroid向けにビルドを行い、インストールするまでの手順について説明します。

4-1-1 ビルドするための設定

● Player Settings

まずはVR対応のAndroidアプリとしてビルドするために必要な設定をしていきましょう。

メニューバーから [Edit] → [Project Settings] → [Player] を選択します（図4.1）。インスペクターに「Player Settings」が表示されるので、以下の手順に従って設定してください。

図4.1 ▶ Player Settingsの開き方

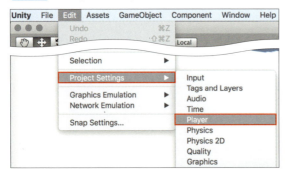

1 PlayerSettingsの設定

「Player Settings」のAndroidのタブから、[Other Settings] の項目を選択し、[Package Name]、[Minimum API Level]、[Target API Level] をそれぞれ、「com.example.vr.training」、「Android 5.0 'Lollipop' (API level 21)」、「Android 5.0 'Lollipop' (API level 21)」に変更します（図4.2）。

2 VRの設定

[XR Settings] の項目を選択し、[Virtual Reality Supported] にチェックを入れます。[Virtual Reality SDKs] という項目が現れるので、[+] を押して「Cardboard」を追加します（図4.3）。

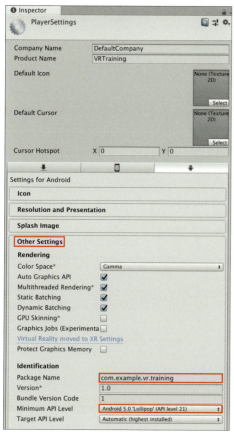

図4.2 ▶ Other Settings

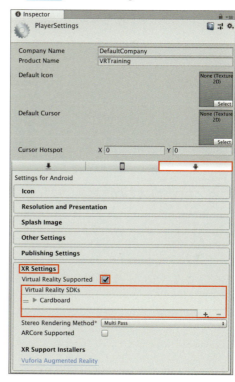

図4.3 ▶ XR Settings

　設定した項目について説明していきます。

　[Virtual Reality Supported]を有効にすることでVRでの表示が可能になります。[Virtual Reality SDKs]には使用するVRのSDKとして「Cardboard」を指定しています。Cardboard SDKを使用したアプリはAndroid 5.0以降のスマートフォンにインストールして確認することができます。

　[Package Name]はAndroidのアプリを識別するための識別子です。デフォルトのままではビルドできないため、今回は「com.example.vr.training」という名前でビルドすることにします。

　[Minimum API Level]と[Target API Level]では、Androidのバージョンに対応したAPIレベルを指定します。Android 5.0以降のスマートフォンで動作するアプリとするため「Android 5.0 'Lollipop' (API level 21)」設定しています。ビルドの際には、Android SDKにおいて、対応するAPIレベルのプラットフォームがインストールされている必要があります（インストールについては2章を参照してください）。

SDKの設定

次に以下の手順に従ってAndroidビルドのためのSDKを設定します。設定手順は以下のとおりです。

1 Unityの設定

メニューバーから[Unity]→[Preferences]を開きます（Windowsでは[Edit]→[Preferences]）。

2 JDK／SDKのパスの設定

Preferencesウインドウで[External Tools]タブを選択し、Androidのセクションで[SDK]と[JDK]にAndroid SDKのパスとJDKのパスを設定します（図4.4）。

図4.4 ▶ SDKとJDKの設定

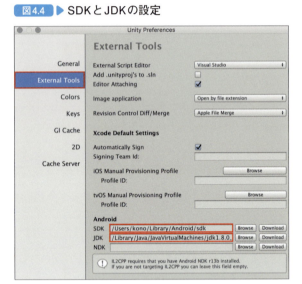

　Android SDKのパスはAndroid Studio上で確認できます。Android Studioを起動して[Configure]→[SDK Manager]を選択して、表示されるウインドウの上部に表示されています（図4.5）。デフォルトの場合、Macでは「/Users/[ユーザ名]/Library/Android/sdk」、Windowsでは「C:¥Users¥[ユーザ名]¥AppData¥Local¥Android¥Sdk」というパスにインストールされます（図4.6）。

図4.5 ▶ Android StudioのSDK Managerを開く

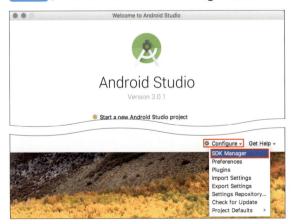

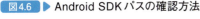

図4.6 ▶ Android SDKパスの確認方法

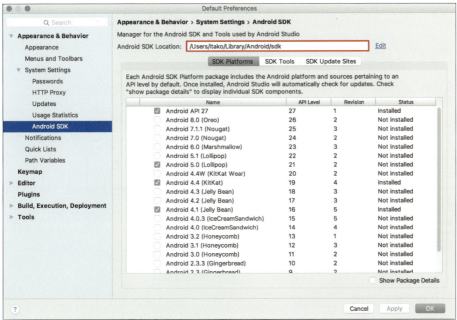

　JDKはデフォルトの場合、Macでは「/Library/Java/JavaVirtualMachines/jdk[バージョン].jdk/Contents/Home」、Windowsでは「C:\Program Files\Java\jdk[バージョン].jdk」というパスを指定します。

4-1-2 Android端末の接続

　ビルドの準備はできたので、インストールするためにAndroid端末を接続してみましょう。自分でビルドしたアプリをAndroid端末にインストールするためには、先に端末での設定が必要です。

● 提供元不明アプリのインストール有効化

　公式のストア以外からのアプリインストールを有効化します。図4.7を参考にAndroid端末で[設定]→[ロック画面とセキュリティ]→[提供元不明のアプリ]を有効化してください。

Chapter 4　スマートフォンを使ってVRで見てみよう

図4.7　提供元不明のアプリインストールを有効化

● USBデバッグの有効化

　Unityからアプリをビルドしてインストールするためにはこの設定が必要です。［設定］→［開発者向けオプション］という項目から設定するのですが、最近の端末ではこのメニューは隠しメニューとなっています。

　以下の手順に従って開発者向けオプションの有効化とUSBデバッグの有効化を行ってください。

1　開発者向けオプションの設定

図4.8を参考に、［設定］→［端末情報］→［ソフトウェア情報］→［ビルド番号］のメニューを連続して（7回ほど）タップします（デベロッパーになりましたといった表示が出れば成功です）。

図4.8　開発者向けオプションを有効化する

114

2 USBデバッグの有効化

図4.9を参考に、[設定] → [開発者向けオプション] を選択して有効化し、[USBデバッグ] の項目を有効化します。

図4.9 ▶ USBデバッグを有効化する

上記はGalaxy S6 edge（Android 7.0）における場合のものです。機種やOSのバージョンによってメニューの表示や階層が異なる可能性があるため、その場合は [設定] の中で同様の項目を探してみてください。

● Android端末をPCに接続しましょう

USBケーブルを使ってPCと接続します。接続した際に端末で許可を求められる場合には許可してください。

4-1-3 インストールして確認してみよう

これで準備が整ったので、Unityに戻ってAndroid向けにビルドしてインストールしてみましょう。

● ビルドとインストール

Android端末が接続されている状態で、以下の手順に従ってインストールを行います。

Chapter 4　スマートフォンを使ってVRで見てみよう

1 Build Settingの設定

[File] → [Build Settings] を選択してビルドウインドウを開きます（図4.10）。

図4.10 ▶ ビルドウインドウの開き方

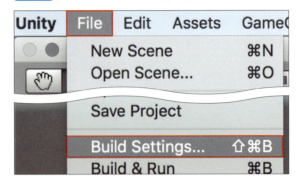

2 Platformの変更

[Platform] から「Android」を選択し、[Switch Platform] ボタンを押します（図4.11）。

図4.11 ▶ ビルドウインドウ

3 ビルドと実行

プラットフォームが切り替わった後、[Build And Run] を選択し、図4.12のようにビルドされたファイル（apkファイル）の置き場所を選択するウインドウが出るので、任意の名前で保存します（ここではVRTraining直下にvr-training.apkという名前で保存）。

図4.12 ▶ vr-training.apkの出力先指定

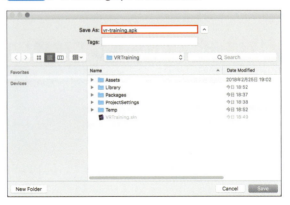

設定等が正しければ、ビルド後にインストールが行われアプリが自動的に起動します。

● 携帯端末での確認

アプリが最初に起動する際に図4.13のように「Google VR サービス」のインストールを促されるのでインストールしましょう。「Google VR サービス」は後で行うCardboardのプロファイル設定等で必要になります。

「Google VR サービス」インストール後、アプリを起動して図4.14のようにシーンが表示されれば成功です。

図4.13 ▶ Google VR サービスのインストールを促す表示

図4.14 ▶ Android端末でのアプリ実行画面

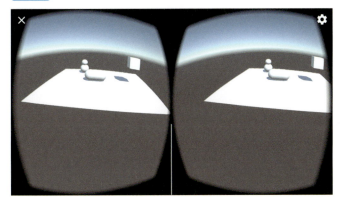

コラム 設定がうまくいかない場合のチェックポイント

　もし途中でエラーが出てしまったりインストールできない場合には以下を参考にして手順を見直してみてください。

● Unityのインストール時に「Android Build Support」を有効にしているか

　Unityをインストールする際に「Android Build Support」にチェックをつけていないと、Android向けにビルドができません（ビルド用の設定項目が表示されません）。その場合はUnityのインストーラを立ち上げて、2章を参考に「Android Build Support」にチェックを入れてインストールしてください。

● SDKのインストールと設定

　「Android Studio」と「JDK」が正しくインストールされている必要があります。また本節のSDKの設定でパスが正しく指定されているかを確認してください。

● Android API Levelの指定は正しいか

　「Player Settings」で指定しているAPI Levelを確認してください。またそのAPI Levelに相当するプラットフォームビルド環境がインストールされていることを確認してください（Android StudioのSDK Managerで確認できます）。

● 接続した端末が認識されているか

　インストール時に端末が見つからない場合は正しく認識されていない可能性があります。Android端末側での設定を確認し、ケーブルを挿し直してみてください。また接続時に許可を求められる場合には許可するよう選択してください。
　以下の手順でデバイスが認識されているかを確認できます。

　ターミナル（Windowsならばコマンドプロンプト）を開き、以下のように入力します（[Android SDKへのパス]はUnityで設定したものと同じです）。

```
1  cd [Android SDKへのパス]
2  cd platform-tools
3  adb devices
```

　結果、以下のようにList of devices attachedの下に[シリアル番号] device という行が表示されていれば認識されていることになります

```
List of devices attached
[シリアル番号] device
```

4-2 スマートフォンにインストールしてみよう（iOS編）

スマートフォンにインストールしてみよう（iOS編）

iOS端末を持っていれば、作成したアプリをインストールして確認することができます。ここでは前章で作成したシーンを、VRアプリとしてiOS向けにビルドを行い、インストールするまでの手順について説明します。

4-2-1 UnityでビルドしてXcodeプロジェクトを生成する

iOS向けのアプリはUnityから直接ビルドすることはできないため、Xcode用のプロジェクトを生成し、Xcode上でビルドするという2段階のステップでビルドを行うことになります。まずはUnityでビルドしてXcodeプロジェクトを生成する手順を説明します。

● PlayerSettings

VR対応のiOSアプリとしてビルドするために必要なUnityの設定をしていきましょう。

メニューバーから [Edit] → [Project Settings] → [Player] を選択します（図4.15）。インスペクターに「Player Settings」が表示されるので以下の手順に従って設定してください。

図4.15 ▶ Player Settingsの開き方

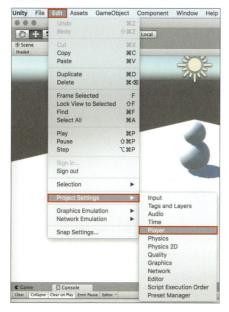

119

1 PlayerSettingsの設定

「Player Settings」のiOSタブから[Other Settings]の項目を選択し、[Bundle Identifier]を他と重複しない名前に変更します（図4.16）。

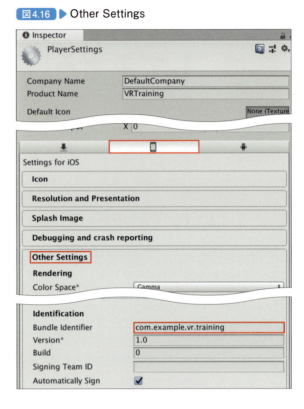

図4.16 ▶ Other Settings

2 VRの設定

[XR Settings]の項目を選択し、[Virtual Reality Supported]にチェックを入れます。[Virtual Reality SDKs]という項目が現れるので、[+]を押して「Cardboard」を追加します（図4.17）。

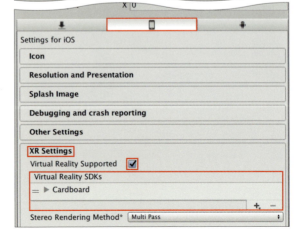

図4.17 ▶ XR Settings

設定した項目について説明していきます。

[Virtual Reality Supported]を有効にすることでVRでの表示が可能になります。[Virtual Reality SDKs]に「Cardboard」を指定することで、Cardboardに対応したiOS実機で確認することができます。

[Bundle Identifier]はiOSのアプリを識別するための識別子です。この値はすべてのiOSアプリにおいて一意な値を設定する必要があります。また、この後Xcodeでビルドする際にも変更できますので、そちらで設定することもできます。

● UnityでビルドしてXcodeプロジェクトを生成する

以下の手順でUnityからXcodeのプロジェクトを生成します。

1 Build Settingsの設定

[File]→[Build Settings]を選択してビルドウインドウを開きます（図4.18）。

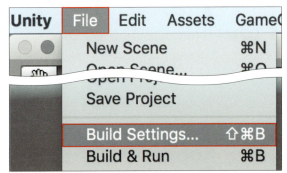

図4.18 ▶ ビルドウインドウの開き方

2 Platformの変更

[Platform]から「iOS」を選択し、[Switch Platform]ボタンを押し、プラットフォームが切り替わった後、[Build And Run]を選択します（図4.19）。

図4.19 ▶ ビルドウインドウ

3 Xcodeプロジェクトの出力

ビルドされたファイル（Xcodeプロジェクト用のファイル群が入ったフォルダ）の置き場所を選択するウインドウが出ますので、図4.20のように任意の名前で保存する（ここではVRTraining直下にvr-trainingという名前で保存します）。

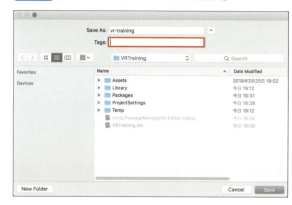

図4.20 ▶ Xcodeプロジェクトの出力先指定

設定等が正しければ、ビルド後に生成されたXcodeプロジェクトが立ち上がります。

● iOS端末をMacに接続しましょう

USBケーブルを使ってiOS端末をMacに接続します。iOS側で接続されたコンピュータを信頼するか確認される場合は、信頼を選択してください。Mac側でも接続されたiOS端末をこのMacで使用するか確認を求められる場合は、使用するを選択してください。

4-2-2 Xcodeでビルドしてインストールしよう

ここではUnityによって生成されたXcodeプロジェクトからXcodeを用いてアプリをビルドし、iOS端末へインストールするまでの手順と必要な設定について説明していきます。Xcodeは、MacやiOS向けのアプリの開発環境で、今回のようなUnityを用いたアプリ開発でもアプリのビルドに使用します。

● インストールするiOS端末の選択

Unityによって生成されたXcodeプロジェクトが開いていない場合、まずはプロジェクトを開きましょう。先ほどUnityでビルドしたフォルダ内にあるvr-training/Unity-iPhone.xcworkspaceを開いてください（図4.21）。Xcodeでプロジェクトが開かれた画面を図4.22に示します。

4-2　スマートフォンにインストールしてみよう（iOS編）

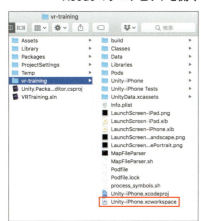

図4.21 ▶ Unityによって生成された Xcodeのプロジェクトを開く

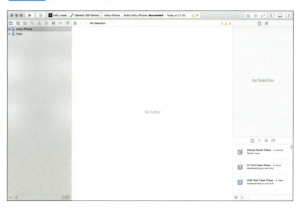

図4.22 ▶ Xcode画面

次に図4.23を参考に上部のボタンからインストール対象のiOS端末を選択します。接続された端末が候補に表示されない場合には正しく認識されていない可能性があります。

図4.23 ▶ インストールするiOS端末を選択

● プロビジョニングプロファイルの作成とインストール

　iOS端末へのインストールにはプロビジョニングプロファイルが必要になります。これは、開発者とアプリやデバイスなどの情報を紐付けることにより、不正なアプリを配布することを防止するためにあります。開発用のプロビジョニングプロファイルの設定はXcode上で自動的に作成できるため、以下にその手順を説明します。

■ Apple IDでサインイン

　まずは下記手順を参考に、Xcode上でApple IDを使ってアカウントにサインインします。

123

1 Xcodeの設定

メニューバーから[Xcode] → [Preferences]を選択します(図4.24)。

図4.24 ▶ Preferencesの開き方

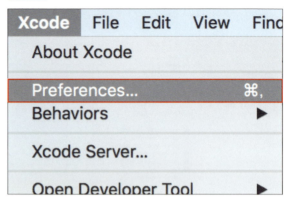

2 Accountsの設定

開いたウインドウでAccountsタブを選択します(図4.25)。

図4.25 ▶ 新しいアカウントの追加

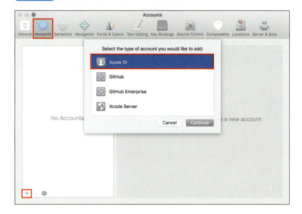

3 Apple IDの入力

左下の[+] → [Add Apple ID]を選択し、Apple IDとパスワードを入力してサインインします(図4.26)。

図4.26 ▶ Apple IDを使ってサインイン

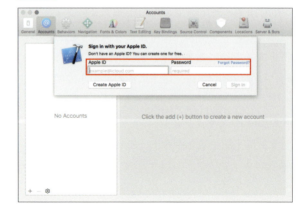

■ プロビジョニングプロファイルの設定

次に以下の手順で証明書とプロビジョニングプロファイルの設定を行います。

1 プロジェクトの選択

画面左のナビゲーションから「Unity-iPhone」プロジェクトを選択する（図4.27）。

図4.27 ▶ Xcode上で証明書とプロビジョニングプロファイルを作成①

2 証明書の設定

[Signing] の [Automatically manage signing] にチェックが入っていることを確認し、[Signing] の [Team] にて、自分のアカウント名 (Personal Team) を選択する（図4.28）。

図4.28 ▶ Xcode上で証明書とプロビジョニングプロファイルを作成②

3 エラーが出た場合

手順2の [Signing] 下部にエラー表示が出ている場合は、[Identity] の [Bundle Identifier] が既に使われている可能性があるため、一意な名前になるよう変更する（図4.29）。

図4.29 ▶ Xcode上でエラーが出ている状態

[Signing]下部のエラーがなくなれば、自動的に証明書とプロビジョニングプロファイルの設定がされて、ビルドとインストールが可能な状態になります。

● 端末での確認

設定が完了していればXcode上部の図4.30の実行ボタンを押すことでビルドが行われ、iOS端末にアプリがインストールされます（図4.31）。インストール中にキーチェーンアクセスへの許可を求められる場合は許可してください。

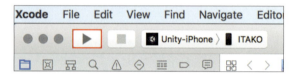

図4.30 ▶ ビルドと実行

図4.31 ▶ iPhoneへのインストール

ただし、アプリアイコンをタップしてアプリを起動しようとしてもそのままでは起動できません。図4.32を参考に、以下の手順でiOS端末側でこのアプリ（の開発者）を信頼するよう設定することによってアプリを起動できるようになります。

1 設定を開く

[設定]を開く。

2 デバイス管理を開く

[一般] → [デバイス管理] → [デベロッパAPP] → [開発者のApple ID]を選択します。

3 開発者の信頼

[開発者のApple IDを信頼]を選択します。

図4.32 ▶ アプリの開発者を信頼

　設定後、アプリアイコンをタップすることでアプリが起動され、図4.33のようにシーンが表示されれば成功です。

図4.33 ▶ iOS端末でのアプリ実行画面

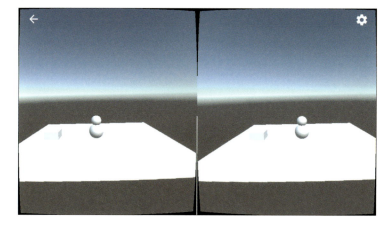

コラム 設定がうまくいかない場合のチェックポイント

　もし途中でエラーが出てしまったりインストールできない場合には以下を参考にして手順を見直してみてください。

● Unityのインストール時に「iOS Build Support」を有効にしているか

　Unityをインストールする際に「iOS Build Support」にチェックをつけていないと、iOS向けにビルドができません。（ビルド用の設定項目が表示されません）その場合は、Unityのインストーラを立ち上げて、2章を参考に「iOS Build Support」にチェックを入れてインストールしてください。

● XcodeのバージョンとiOSのバージョン

　XcodeやiOSのバージョンによっては設定項目やメニューの名前が少し異なる場合があります。ここでの説明は以下のバージョンに基づいた記載となっています。
・Xcodeバージョン：9.2 (9C40b)
・iOSバージョン：11.2.5 (15D60)

● Bundle Identifierが一意な値になっているか

　Xcodeの[Signing]に以下のようなエラーが出る場合には、既に使われているBundle Identifierと重複していることになります。Bundle Identifierを一意な値になるよう変更してみてください。

```
1  The app ID "[Bundle Identifier]" cannot be registered to your
2  development team. Change your bundle identifier to a unique string
3  to try again.
```

● Xcode上で一度Cleanしてからビルドしてみる

　まれにXcodeでのビルドの中間データに不整合が発生してビルドができなくなるケースがあります。メニューバーから[Product]→[Clean]をしてから再度ビルドを実行すると成功する場合があります。

● 接続した端末が認識されているか

　Xcode上でiOS端末の選択候補が表示されない場合、接続された端末が正しく認識されていない可能性があります。一度ケーブルを挿し直して認識されないか確認してみてください。また接続時に許可を求められる場合には許可するよう選択してください。

4-3 スマートフォンを使ってVRで確認してみよう

VR向けにビルドしたアプリはVRゴーグルなどのレンズを通して見ることによって、VR空間内を見渡すことができるようになります。ここではVRゴーグルやCardboardビューアを用いて確認する際の調整方法について説明します。

4-3-1 VRゴーグルの調整

　VRゴーグルの中でもCardboardに対応しているものは、Cardboardビューアと呼ばれ、図4.34のようなQRコードが記載されている場合があります。

図4.34 ▶ Cardboardビューアのプロファイル設定QRコード例

　これはビューアに応じたプロファイルの設定をするためのものです。画面右上にある設定ボタンのメニューからビューアの設定用QRコードを読み込むためのカメラを起動して読み込むことができます（図4.35）。

図4.35 ▶ Cardboardビューアプロファイルの設定

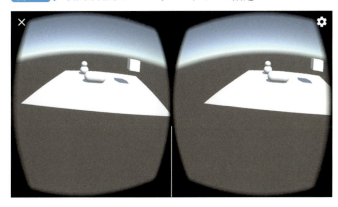

また、Cardboard向けのプロファイル設定用QRコードがないVRゴーグルであっても、種類によってはレンズ間の距離やスクリーンまでの距離などを調整できる機構を持っているものがありますので、そちらで調整してみましょう。

4-3-2 VRゴーグルで確認してみよう

　VRゴーグルには様々な種類があるため、マニュアルなどを参考にして取り付けてください。

　VRゴーグルへの取り付けができたら、早速装着して見てみましょう。Unity上で作成したシーンが立体的に見え、頭の向きを変えるとシーン内の様々な方向を見渡すことができます。

　立体的に見えるのは、左右の視差による立体視によるものです。左右の画面には両眼の視差を反映した画面が描画されることで、両眼で見た際に立体的に見えるようになっています。また視野角を広くするためにレンズを通していますが、それによる歪みの補正も計算された表示となっています。

　頭を動かすことによってシーン内を見渡すことができるのはジャイロセンサーなどを用いたヘッドトラッキングによるものです。頭の動きを検出し、それをシーン内のカメラの動きに反映させることで、あたかも自分がシーン内にいるかのような画面表示を実現しています。

　このように簡単な設定だけでVRアプリを作成できてしまうのが、Unityの大きな強みと言えるでしょう。

Chapter 5

ゲーム開発を始めよう

本章からはVRによる視点移動を用いたシューティングゲームを実際に作成しながら、Unityでのゲーム作りやVRの表現方法について解説していきます。

ここでは、まず作成するゲームの概要について説明した後、導入として実際にアセットを入れてみたり、簡単なスクリプトを書いて動かしてみるところまで説明していきます。

この章で学ぶことまとめ
・これから作成するVRシューティングゲームの企画内容の説明
・VRシューティングゲーム作成の準備
・アセットストアからアセットをダウンロードして使う方法
・スクリプトの概念と書き方について
・3Dゲームを開発するにあたって知っておくべき数学の基本事項

ゲームの企画を考えてみよう

ゲームを実際に作成していくためには、まず企画内容を具体的にして、さらに必要な機能の単位に落とし込む必要があります。ここでは「VRの特徴を活かした一人称シューティングゲーム」というテーマで、もう少し具体的な要素について考えてみましょう。

5-1-1 VRの特徴とそれを活かしたゲームについて考える

まずはVRゴーグルを用いたVRの特徴について整理します。

一番の特徴は、プレイヤーの頭の向きを検知してそれをゲーム内のシーンに反映させることで、自由にゲーム内の空間を見渡すことができることです。一方で、頭の移動量を検出することはできません。つまり、いくらプレイヤーが移動したとしても、ゲーム内の空間を動き回ることはできません。

入力に関しては、Cardboardビューアであれば画面のタップ操作に相当する機能を持つゴーグルもありますが、今回はより一般的に入力操作を持たないVRゴーグルを想定したゲームを考えることにします。

VRのゲームでは頭の向きに応じて視界が変わることでプレイヤーがあたかもゲーム内の世界にいるかのように感じられます。これはプレイヤーがゲーム内の主人公になりきるような一人称のゲームと相性が良さそうです。

一方で、入力操作がないことや移動量は反映されないことを考えると、ゲーム内の位置は動かない方が良いかもしれません。頭の動き以外の要因で視界を動かすことはVR酔いの原因にもなります。

上記の特徴を踏まえて、ここで作るゲームは以下のような方針で進めることにします。

・一人称視点で自由にあたりを見渡すことができる3Dシューティングゲーム（FPS[注1]）
・空間内を移動することはできないものとする
・タップなどの入力操作はないものとする

注1　一人称シューティングゲームをFPS（First Person Shooter）と省略して表記することがあります。

5-1-2 ゲームを構成する要素

　方針は決まりましたが、実際にゲームを作るにはより具体的な要素に分解して機能を洗い出す必要があります。

● シューティングゲームの要素

　シューティングゲームのコアとなる要素について考えてみましょう。
　一般的なシューティングゲームとは、自分のキャラクターを操作し、弾を発射して敵に当てることで敵を倒すようなジャンルのゲームです。シューティングゲームの機能を以下にまとめておきます。

・自分のキャラクターを操作できる
・自分のキャラクターから弾を発射できる
・(特定のルールに従って)敵が出現する
・弾が敵に当たると敵にダメージを与えて倒すことができる

　多くのシューティングゲームでは敵も同様に弾を撃って攻撃してきます。しかし今回はゲームの空間内を移動できないという制約があるため、敵は攻撃してこないようなゲームを考えることにします。

● ゲームのルールについて考えてみる

　出現する敵をただ撃って倒し続けるだけでは、すぐに飽きて単調な作業になってしまうでしょう。多くのゲームは、決められた制約(ルール)の中で以下にうまくできるかを試行錯誤したり競い合ったりすることがゲームとしての面白さにつながります。
　今回の作成するシューティングゲームでは、制限時間内に出現する敵をたくさん倒して点数を稼ぐというわかりやすいルールを導入することにします。
　一人称のVRなので、敵は様々な方向から出現させるようにしてみましょう。それだけでは出現場所のヒントが全くないので、出現時に音を出すことで、イヤホンをしていれば敵の方向がだいたいわかるようにもしてみましょう。
　以下に機能をまとめておきます。

・ゲームには制限時間がある
・敵を倒すことで点数が入る
・敵はランダムに様々な方向から出現する
・音で敵が出現した方向を把握できる

Chapter 5　ゲーム開発を始めよう

● 操作と表示（UI）について考えてみる

　ゲームの中身については概ね見えてきましたが、実際にゲームとしてプレイする場合、どのように操作するか、スコアや残り時間はどのように表示するのかなども決める必要があります。このようにゲームとプレイヤーの間の情報受け渡しの表示、操作等をUI（ユーザーインターフェース）と言います。

　今回のようなVRゲームでは、直接的な入力操作ができない上に、自分はゲームの世界の中にいるような視界になるため、それに合わせたUIを考える必要があります。

　VRの特徴や制約を踏まえて、UIについては以下のような方法を採用することにします。

・（VRなので）頭の向きはVR空間内での向きに反映される
・入力操作がないため、シューティングゲームの弾は一定間隔で自動発射とする
・弾の発射方向はVR空間内で向いている方向とする
・情報表示は空間上に板を配置してそこに書く形で表示する
・ボタン操作は一定時間注視することで押した扱いにする

● 画面遷移について考えてみる

　ゲーム全体の画面遷移についても考えておきましょう。

　今回はできるだけシンプルな作りとしたいため、スタート画面とステージ選択画面・シューティングゲーム画面の3種類とします。

　これを踏まえて、遷移は以下のように決めました。

・アプリを起動するとスタート画面が表示される
・ゲームスタートを選択するとステージ選択画面が表示される
・ステージを選択することで対応するステージのゲーム画面へ遷移してゲームプレイ開始
・ステージのゲーム終了後、もう一度同じステージをプレイするか、ゲーム選択画面へ戻るか選択する

● アセットをどうするか

　実際にゲームを作っていくにあたって、敵キャラのモデルや音などのアセットを用意する必要があります。Unityにはアセットストアという様々なアセットが販売されているストアがありますので、今回はその中から無料で提供されているアセットを使用してゲームを作っていくことにします。

プロジェクトの作成と準備をしてみよう

ここからはシューティングゲームを実際に作成していきます。まずは新しいプロジェクトとシーンを作成して、シューティングゲーム制作のための準備を行っていきましょう。

5-2-1 プロジェクトを作成してみよう

まずは、Unityを起動して新しくプロジェクトを作成してみましょう。詳細な手順がわからない場合は「**3章 Unityに触れてみよう**」を確認しながら進めてください。図5.1のようにProject nameへ「VRShooting」という入力して新しいプロジェクトを作成します。保存先は、わかりやすい場所を指定してください。

図5.1 ▶「VRShooting」プロジェクトを作成

5-2-2 シーンを保存してみよう

新しいプロジェクトを作成したら、忘れずにシーンを保存しておきましょう。図5.2のようにメニューバーから [File] → [Save Scenes] を選択して、図5.3のように「Assets/VRShooting/Scenes/ShootingStage1」として保存しましょう。

今後、重要な手順以外では、シーンの保存を言及しませんが、予期せぬことが起こることありますので、作業の途中で適宜、保存することをお勧めします。

図5.2 ▶「シーンを保存」を開く

図5.3 ▶ ShootingStage1としてシーンを保存

これで、プロジェクトの準備が整いました。いよいよ、次項から実際にシーンの作成に入っていきます。

5-2-3 アセットストアを使ってみよう

ここではシューティングゲームの舞台となるシーンを作っていきます。シーンを作るために必要な素材はUnityのアセットストアを利用することにします。またアセットをUnity上に取り込んで使う方法と、各種アセットの種類や役割についても説明します。

● アセットストアからアセットを取り込んでみよう

まずは、シューティングゲームのシーンを作るための3Dモデルなどのアセットを用意していきましょう。

通常、3Dモデルを用意するには、MayaやBlenderなどのモデリングソフトを使用して作成することになります。しかしそのためには、モデリングソフトや3Dモデル作成手法に関する知識や技術が必要となるため、初めての人が簡単にできることではありません。幸いなことに、Unityには3Dモデルなどのアセットをダウンロードできるアセットストアというオンラインストアがあります（図5.4）。このアセットストアを利用して必要なアセットを用意していきましょう。

アセットストアは、Unityエディタもしくはブラウザからアクセスすることができます。ブラウザから見る場合 https://assetstore.unity.com/ でアクセスできます。

図5.4 ▶ アセットストア

コラム アセットストアについて

アセットストアはUnityで使用できる素材を取り扱うショップのようなサービスです。有料のものから無料のものまで、世界中の人々が様々なアセットを販売しています。3Dモデル、画像、アニメーション、エフェクト、サウンドのような素材以外にも、特定の機能を実現するためのスクリプトやライブラリ、Unityを便利にするためのエディタ拡張やツール類、ゲームの完成プロジェクト等も取り扱っています。

● アセットストアのアセットをインポートしよう

ここでは「Survival Shooter tutorial」というアセットを使うことにします。このアセットはUnity Technologies社が公開している無料アセットで、Unityのチュートリアルでも使われているものです。

このアセット自体は、見下ろし型三人称視点シューティングゲームのサンプルプロジェクトなのですが、キャラクターやアニメーション、サウンドなどの素材が揃っているため、この素材を利用してVRのシューティングゲーム作っていくことにしました。

それでは、実際にUnityでアセットをインポートしてみましょう。

1 アセットストアを開く

メニューバーから[Window]→[Asset Store]を選択します（図5.5）。

図5.5 ▶ アセットストアウインドウの開き方

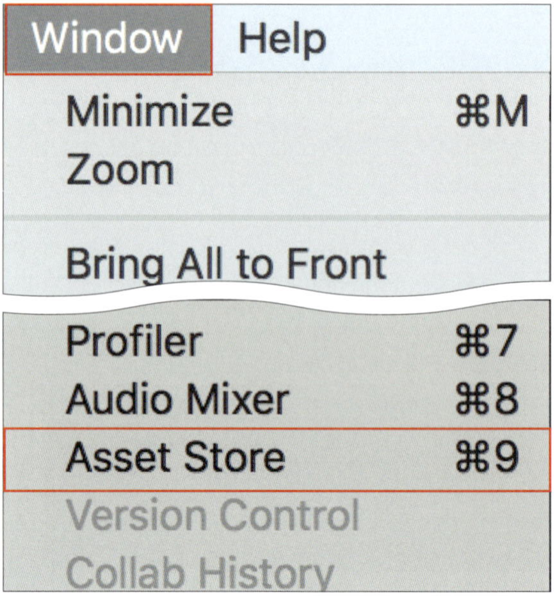

2 日本語化

アセットストアウインドウの上部のメニューから言語を日本語へ切り替えます（図5.6）。

図5.6 ▶ アセットの検索

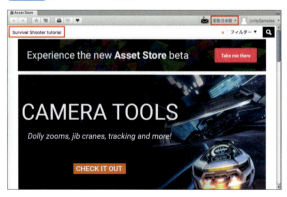

3 アセット選択

アセットストアウインドウの検索ボックスに「Survival Shooter tutorial」と入力して検索し、検索結果から「Survival Shooter tutorial」アセットを選択します（図5.7）。

図5.7 ▶ アセットの選択

4 ダウンロード

「ダウンロード」を選択し、ライセンスを確認して「同意する」を選択します（図5.8）。

図5.8 ▶ アセットのダウンロード

5 インポートするアセットの選択

ダウンロードが完了すると、完成プロジェクトのインポートに関する確認が表示されるので、「Import」を選択します。インポート内容を選択するウインドウが表示されるので、図5.9を参考にして「_Complete-Game/Animation」「Audio」「Materials」「Models」「Prefabs」「Textures」にチェックがついた状態で「Import」を選択します。

図5.9 ▶ インポートするアセットの選択

Chapter 5　ゲーム開発を始めよう

　これでアセットがインポートされました。プロジェクトウインドウを見ると、選択したアセットが追加されていることがわかります。ただし、図5.10のようにフォルダの階層が「Assets」直下になっているので、わかりやすくするためにインポートした6つのフォルダを選択し、「VRShooting」のフォルダにドラッグ＆ドロップで移動させておきましょう（図5.11）。また、必要のない「Assets/Sceens」を削除しておきましょう。

図5.10 ▶ インポートしたアセットのフォルダの移動前

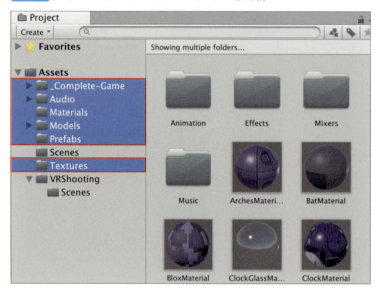

図5.11 ▶ インポートしたアセットのフォルダの移動後

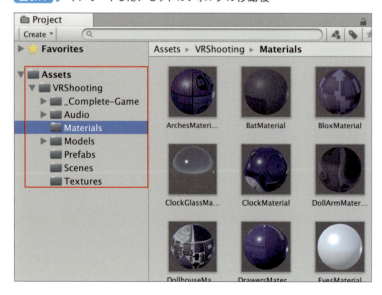

140

5-2-4 インポートしたアセットの中身を見てみよう

ここでインポートしたアセットのフォルダの中身を確認しておきましょう。合わせて各アセットの役割と関連項目についても説明しています。

● Audio

「Audio」フォルダには音声関連アセットが含まれています。フォルダ内は「Effects」「Mixers」「Music」の3つに分かれています。

「Effects」には効果音（SE: Sound Effect）の「Music」にはBGM（Background Music）のAudioClipアセットが含まれています。AudioClipは音声ファイルをUnity上で扱う際のアセット形式です。ファイルマネージャを使って確認すると、ファイルの実体はwavファイルやmp3ファイルであることがわかります。インスペクターからは元の音声ファイルからUnityのアセットとしてインポートする際の設定を変更することができます。

「Mixers」にはAudioMixerが含まれています。AudioMixerを使うことで、音源をミックスしたり、エフェクトをかけたりすることができます。本書ではAudioMixerは使わず、音源からの出力をそのまま再生するシンプルな作りとします。

● Prefabs

「Prefabs」フォルダには、プレハブと呼ばれるゲームオブジェクトのテンプレートに相当するアセットが含まれています。本書ではこの中のエフェクトを一部使用することになります。プレハブについての詳細は次章以降で説明します。

● Textures

「Textures」フォルダにはテクスチャと呼ばれるアセットが含まれます。テクスチャとは画像（もしくは動画）ファイルに相当するもので、オブジェクトの表面の色や凹凸等の見た目を表現する目的で使われます。ファイルマネージャで確認すると、テクスチャの実体はpngやtifといった画像ファイルであることがわかります。インスペクターからは元の画像ファイルからUnityのアセットとしてインポートする際の設定を変更することができます。

テクスチャは次に説明するマテリアルから使われることになります。

● Materials

「Materials」フォルダには、マテリアルと呼ばれるオブジェクトを描画する際のレンダリング方法を表現するアセットが含まれます。

マテリアルはシェーダーとシェーダーに渡されるプロパティのセットからできています。つまりマテリアルを理解するためにはシェーダーについて知る必要があります。

シェーダーとはGPU（Graphics Processing Unit）というハードウェア上で実行される、描画方法を記述したプログラムです。図5.12のマテリアルの例では、貼り付ける画像テクスチャ、凹凸やライトの影響を表現するテクスチャ、その他レンダリング方法や順序に関するプロパティを持っています。ここでは「Standard (Specular setup)」というシェーダーが、これらプロパティの設定と光源の情報を組み合わせてオブジェクトの描画を行うことになります。

図5.12 ▶ マテリアルに設定されたシェーダーとプロパティ

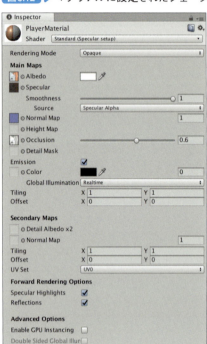

Unityでは用途に応じて多数のシェーダーが用意されており、使うシェーダーによってプロパティの種類は異なり、当然描画結果も変わってきます。Unityに用意されているシェーダーから代表的なものについて表5.1に示します。詳細についてここでは触れませんが、シェーダーはShaderLabという言語を用いて自分で記述することもできます。

表5.1 ▶ シェーダーの種類の例

シェーダーの名前（もしくは分類）	説明
Standard Shader	物理ベースのライティングを用いたシミュレートする汎用的なシェーダー。多くの場合はこれを使用することになります
Mobile	モバイル向けに簡素化してパフォーマンスを重視したシェーダー
Particles	パーティクルシステムというエフェクトに用いられるシェーダー

マテリアルはUnity上で新しく作成するか、マテリアルを含む3Dモデルデータをインポートすることで作成されます。

● Models

「Models」フォルダにはキャラクターや背景のモデルデータのアセットが含まれています。この場合のモデルデータはfbx形式のファイルとなっています。fbxファイルはメッシュ、マテリアル、テクスチャ、アニメーション等の3Dデータを表現したファイルです。インスペクターからは元の3DデータファイルからUnityのアセットとしてインポートする際の設定を変更することができます。

本書ではキャラクターやステージのモデルを一部使用することになります。

5-2-5 アセットをシーンに配置してみよう

● 地面を配置してみよう

次にアセットストアからインポートしたアセットをシーンに配置してみます。プロジェクト内のアセットをシーンビューもしくはヒエラルキーにドラッグ＆ドロップすることでシーンに配置することができます。

まずは以下の手順で地面を配置します。

1 地面の配置

プロジェクトウィンドウ上の「Assets/VRShooting/Models/Environment/Floor」をヒエラルキーウィンドウにドラッグ＆ドロップして配置します（図5.13）。

図5.13 ▶ シーンに地面を配置

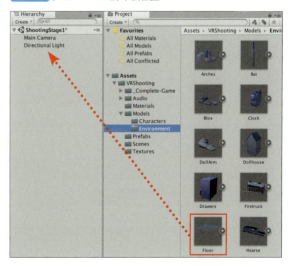

2 床の移動

原点(0, 0, 0)が床の中心あたりにくるようにするため、「Floor」の位置をインスペクターウィンドウ上で(25, 0, 25)に変更します(図5.14)。

図5.14 ▶「Floor」の位置を変更

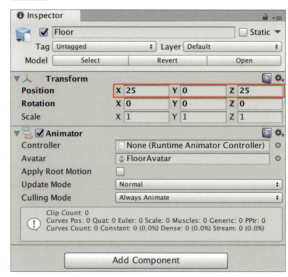

　地面がシーン上に表示されていると思います。Unityではこのようにアセットを取り込んで簡単にシーン上に配置することができます。

● キャラクターの配置とFPSゲーム向けのセットアップ

　FPSゲームではプレイヤーキャラクターから見た視界が画面に映し出されます。ここではFPS視点になるようにカメラの位置を変更し、プレイヤーの持つ武器が見えるように設定していきます。

　アセットとしては「Assets/VRShooting/Model/Characters/Player」がプレイヤーキャラクターと銃を含んだモデルになっています。このモデルを使用して、銃のみを表示するプレイヤーキャラクターを作ってみましょう。

1 カメラの移動

ヒエラルキーウィンドウで「Main Camera」を選択し、インスペクターウィンドウで位置を(0, 1.6, 0)に移動します(図5.15)。

図5.15 ▶「Main Camera」の設定

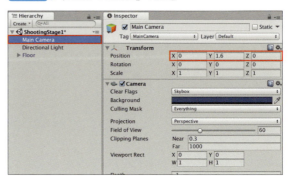

2 Playerの配置

プロジェクトウィンドウ上の「Assets/VRShooting/Model/Characters/Player」をヒエラルキーウィンドウ上の「Main Camera」にドラッグ＆ドロップすることで、「Player」が「Main Camera」の子要素になるように配置します（図5.16）。

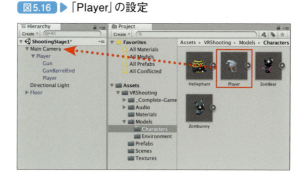

図5.16 ▶「Player」の設定

3 名前の変更

ヒエラルキーウィンドウに配置した「Player」の子要素にも「Player」という名前のゲームオブジェクトが存在するため、混乱を避けるため「Main Camera」直下の「Player」を「PlayerGun」という名前に変更しておきます（図5.17）。

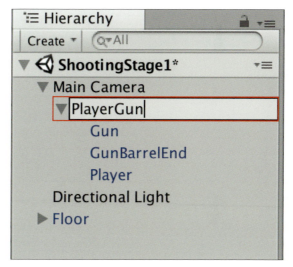

図5.17 ▶「Player」の名前の変更

4 非アクティブ化

ヒエラルキーウィンドウ上で「PlayerGun」の子要素の「Player」を選択し、インスペクターウィンドウで非アクティブにすることで銃だけが表示されるようにします（図5.18）。

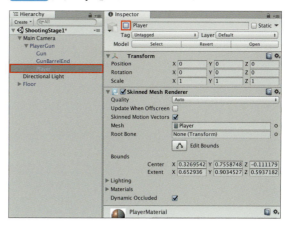

図5.18 ▶「Player」を非アクティブにする

Chapter 5 ゲーム開発を始めよう

5 「PlayerGun」の移動

ヒエラルキーウィンドウで「PlayerGun」を選択し、インスペクターウィンドウで位置を(-0.25, -0.7, 0.13)に移動します(図5.19)。

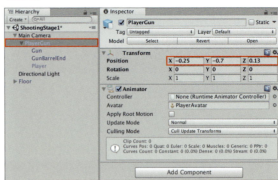

図5.19 ▶「PlayerGun」の設定

図5.20のようにゲームビュー上で銃の先端が少し見えているような視界になっていれば正しく設定できています。

図5.20 ▶ FPS視点のゲームビュー

スクリプトを書いてみよう

ゲームオブジェクトを思い通りに動かしたい場合にはスクリプトを書いて独自のコンポーネントを作成する必要があります。ここでは、スクリプトに関する基本事項を説明した後、C# を用いてスクリプトを記述し、実際にコンポーネントを作る方法について説明します。

5-3-1 コンポーネントを作成するためのスクリプト

　ゲームオブジェクトの動作は付与されたコンポーネントによって制御されるということはすでに説明しました。Unity には比較的汎用性の高い機能を持つコンポーネントが多く用意されていますが、それだけではゲームオブジェクトを思い通りにコントロールすることはできません。

　Unity ではスクリプトを記述することによって、独自の機能を持ったコンポーネントを作成することができます。作成したコンポーネントは他のコンポーネントと同様にゲームオブジェクトに付与する形で使用することができます。

　スクリプトの記述には C# というプログラミング言語を使用することができます。本書では C# を用いてスクリプトを作成していく方法について説明します。

　C# の文法やプログラミングの基礎については本書では説明しません。またオブジェクト指向のクラス、インスタンス（オブジェクト）、継承といった概念を知っていると理解しやすいと思います。

5-3-2 スクリプトを書いてみよう

　詳細を説明するより先に、簡単なスクリプトを実際に作成してみましょう。

● スクリプトの作成

　本書で作成するスクリプトは「Assets/VRShooting/Scripts」というフォルダ以下に置くことにします。以下の手順で Example というスクリプトを作成します。

1 フォルダの作成

プロジェクトウインドウ上で「Assets/VRShooting」に「Scripts」というフォルダを作成します（図5.21）。

図5.21 ▶ Scriptsフォルダの作成

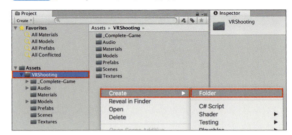

2 スクリプトの選択

「Assets/VRShooting/Scripts」内で右クリックメニューから[Create]->[C# Script]を選択します（図5.22）。

図5.22 ▶ スクリプトの選択

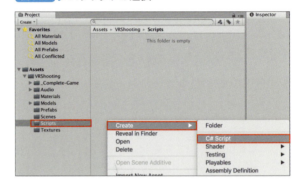

3 Exampleの作成

スクリプト名を「Example」として作成します（図5.23）。

図5.23 ▶ プロジェクトウインドウの状態

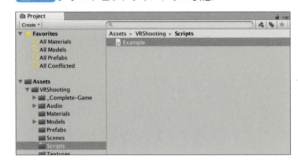

これで「Example」という名前のスクリプトが作成され、「Example」というコンポーネントが使用できます。試しに「Main Camera」に「Example」コンポーネントを付与してみます。

5-3　スクリプトを書いてみよう

1　[Add Component]の選択

図5.24 ▶ [Add Component]の選択

ヒエラルキーウィンドウ上で「Main Camera」を選択し、インスペクターウィンドウから[Add Component]を選択します（図5.24）。

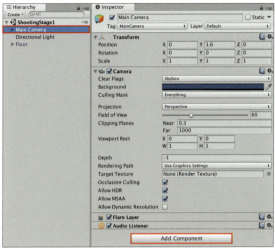

2　コンポーネントの付与

図5.25 ▶ Exampleコンポーネントの付与

検索ボックスに「Example」と入力して「Example」コンポーネントを選択します（図5.25）。

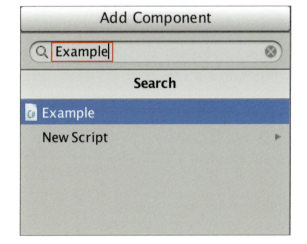

このように簡単にスクリプトコンポーネントの作成と付与を行うことができます（図5.26）。

149

Chapter 5 ゲーム開発を始めよう

図5.26 ▶ 付与された Example コンポーネント

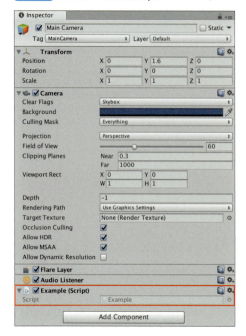

● スクリプトの記述

「Example」スクリプトはまだ何も機能を持っていないため、実行しても何も起きません。ここで少しスクリプトを記述して機能を追加してみましょう。

まずは、スクリプトを開いてみます。プロジェクトウインドウ上で「Assets/VRShooting/Scripts/Example」をダブルクリックしてください。図5.27のように、スクリプトが「Visual Studio」で開かれます。

図5.27 ▶ Visual Studio Community

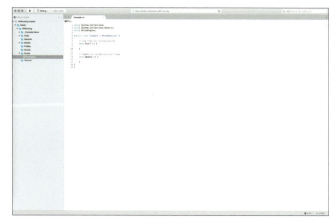

作成直後の状態で、既にStartとUpdateという2つの関数が定義されています。Start関数とUpdate関数を以下のように修正してみます。

```
07  // Use this for initialization
08  void Start()
09  {
10      // 最初に一度メッセージを表示する
11      Debug.Log("[Start]");
12  }
13  // Update is called once per frame
14  void Update()
15  {
16      // Spaceキーが押されている間メッセージを表示する
17      if (Input.GetKey(KeyCode.Space))
18      {
19          Debug.Log("[Update] Space key pressed");
20      }
21  }
```

スクリプト中のコメントにも記載した通り、このコンポーネントでは最初に[Start]というメッセージの表示を行い、その後スペースキーが入力されている間[Update] Space key pressedというメッセージを表示するような機能を持つことになります。

● スクリプトの動作確認

Unityに戻って動作を確認してみましょう。

まずはコンソールのメッセージを確認できるようにコンソールウインドウを表示しておきます。[Window]→[Console]を選択することで表示できます(図5.28)。コンソールウインドウはスクリプトのエラー等も表示してくれるため、今後もエディタ上ですぐ確認できるようエディタ上に配置しておくと良いと思います(図5.29)。

図5.28 ▶ コンソールウインドウの表示

図5.29 ▶ コンソールウインドウ

　もしこの時点でコンソールウインドウに赤いエラー表示が出ている場合、スクリプトが間違っている可能性があります。エラーの表示をダブルクリックすることでスクリプトのエラーであれば、該当の箇所付近を開くことができるので、間違いがないか見直してみてください。
　エラーが出ていなければ実行ボタンを押して、シーンを実行してみます。実行開始時にコンソールウインドウに [Start] と表示され、その後スペースキーを押すことで [Update] Space key pressed と表示され続けることを確認してみてください（図5.30）。

図5.30 ▶ コンソールのメッセージ表示

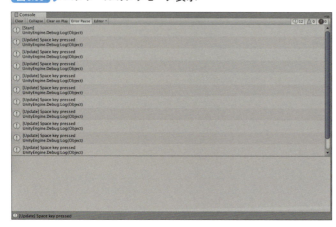

　簡単ですが、これで開始時や入力を受け付けてメッセージの表示を行う独自のコンポーネントが作成できました。
　この「Example」コンポーネントは説明のために作成しましたが、以降では必要ありません。ヒエラルキーウィンドウ上で「Main Camera」を選択しインスペクターウィンドウで「Example」

コンポーネントを「Main Camera」から外しておきましょう（図5.31）。

図5.31 ▶ Exampleコンポーネントの削除

5-3-3 スクリプトについて学ぼう

ここでは先ほど記載したスクリプトを順に見ながら、スクリプトの書き方についてもう少し詳しく説明します。

● 名前空間

スクリプトの最初の部分を以下に示します。

```
1  using System.Collections;
2  using System.Collections.Generic;
3  using UnityEngine;
```

これはusingディレクティブと呼ばれるもので、名前空間に属するクラスを直接参照できるようにする意味があります。具体的にはUnityEngine.Debug.Log(...)と書く必要がある箇所がusing UnityEngine;の記述によってDebug.Log(...)と簡潔にかけるようになります。

● クラス定義

以下がコンポーネントに相当するExampleクラスの定義です。ExampleクラスはMonoBehaviourというクラスを継承しています。

```
1  public class Example : MonoBehaviour
2  {
3      ...
4  }
```

スクリプトでコンポーネントを作成する際には以下のルールを守る必要があります。

・スクリプトのファイル名とスクリプト内で定義されるクラス名が一致すること
・クラスがMonoBehaviourを継承すること

このルールに従って作成されたクラスはUnity上でコンポーネントとして扱われ、ゲームオブジェクトに付与して使うことができるようになります。

● Start関数とUpdate関数

クラスの内の実装を見ていく前に、ゲームのフレーム更新について説明しておきます。

ゲームの動作は毎秒30回もしくは60回といった頻度で、状態の更新と画面の描画が繰り返されることによって動きのある画面を作り出しています。この毎秒30回といった数値をフレームレートと呼び、30FPS (Frames per second) のように表します。また一回あたりの更新と描画の処理をフレームと呼びます。スクリプトではUpdateという関数によって、フレーム毎の状態の更新処理を記述することができます。

これを踏まえてクラス内の定義を見てみましょう。

```
1   // Use this for initialization
2   void Start()
3   {
4       // 最初に一度メッセージを表示する
5       Debug.Log("[Start]");
6   }
7   // Update is called once per frame
8   void Update()
9   {
10      // Spaceキーが押されている間メッセージを表示する
11      if (Input.GetKey(KeyCode.Space))
```

```
12      {
13          Debug.Log("[Update] Space key pressed");
14      }
15  }
```

　Update 関数は先に説明した通り、コンポーネントに対して毎フレーム呼び出される関数です。Start 関数はコンポーネントに対して最初のフレームの Update 関数が呼び出されるより先に一度だけ呼び出される関数です。

　Start 関数にはコンポーネントの初期化処理を、Update 関数には毎フレームの更新処理を記述するのが一般的な使い方になります。

　Debug.Log はコンソールにメッセージを表示する関数です。主にデバッグ目的で使用します。ここでは動作確認の例として使用しました。

　Input.GetKey はキーの状態が押されているかどうかを判定するための関数です。Input クラスには入力を扱うクラスで、次節以降でもう少し詳しく説明します。

● その他のイベント関数

　Unity には Start や Update 以外にも、特定のタイミングや条件をトリガーとして呼び出される関数が多数あります。これらは「イベント関数」と呼ばれるもので、コンポーネントのクラスに定義しておくことで、適切なタイミングで呼び出されることになります。

　コンポーネントの作成は、このイベント関数の処理を記述していくことが基本となります。表5.2に代表的なイベント関数を示します。

表5.2 ▶ イベント関数の例

イベント関数	説明
Awake	ゲームオブジェクトが生成された（もしくはアクティブになった）直後に一度だけ呼び出されます。コンポーネントの初期化処理などを記述します
Start	有効なゲームオブジェクトの最初のフレームで一度だけ呼び出されます。Awake よりは呼び出されるタイミングが後になり、この時点では他のゲームオブジェクトの持つ Awake 処理は完了しています。ゲームオブジェクトをまたぐような初期化処理はこちらに記述する必要があります
FixedUpdate	Update よりも頻繁に、信頼性の高いタイマーに従って一定間隔で呼び出されます。物理演算に関する処理はここに記述します
Update	フレーム毎に一度呼び出されます。ゲームの継続的な更新処理は主にここに記述することになります

イベント関数	説明
LateUpdate	Update より後にフレーム毎に一度呼び出されます。この時点で他のゲームオブジェクトの持つUpdate処理は完了しています。他のゲームオブジェクトの更新より後に処理したい内容を記述します
OnCollisionEnter	TriggerではないColliderによる衝突が発生した際に呼び出されます
OnTriggerEnter	TriggerであるColliderの範囲内に入った際に呼び出されます
OnDestroy	コンポーネントが破棄される際に呼び出されます

5-3-4 Unityによって提供されるクラス

Unityによって提供されるクラスから比較的よく使うものについていくつか紹介します。

● MonoBehaviour

コンポーネントを作成する際のベースとなるクラスです。MonoBehaviourを継承し、各種イベント関数を実装することによってコンポーネントとしての機能を実装することになります。

MonoBehaviourにはゲームオブジェクトや他コンポーネントへアクセスするためのプロパティや関数等が用意されています。表5.3にMonoBehaviourで用意されているプロパティや関数の一部を示します。

表5.3 ▶ MonoBehaviourで用意されているプロパティと関数の例

プロパティもしくは関数名	説明
name	コンポーネントが付与されているゲームオブジェクト名を取得／設定できます
enabled	コンポーネントの有効状態を取得／変更できます。インスペクター上でのチェックボックスに相当します。無効化されているコンポーネントは各種イベントが呼び出されません
gameObject	コンポーネントが付与されているゲームオブジェクトを取得できます
GetComponent	同ゲームオブジェクトに付与されているコンポーネントクラスを指定して取得できます
transform	同ゲームオブジェクトに付与されているTransformコンポーネントを取得できます。GetComponentでTransformコンポーネントを指定して取得する処理と等価です
Instantiate	ゲームオブジェクトもしくはゲームオブジェクトに付与されたコンポーネントを渡して、そのゲームオブジェクトのクローンを生成します
Destroy	コンポーネントもしくはゲームオブジェクトを破棄します
SendMessage	ゲームオブジェクトに付与されている全てのコンポーネントに対して、指定した関数名の関数を呼び出します。指定した関数がなければ何も起こりません

GameObject

GameObjectクラスはゲームオブジェクトを表現するクラスです。MonoBehaviourと同様、付与されたコンポーネントにアクセスする関数等を持っています。

表5.4にGameObjectで用意されているプロパティや関数の一部を示します。

表5.4 ▶ GameObjectで用意されているプロパティと関数の例

プロパティもしくは関数名	説明
name	ゲームオブジェクト名を取得／設定できます
SetActive	ゲームオブジェクト自身のアクティブ状態を設定します。インスペクター上のチェックボックスに相当します。非アクティブのゲームオブジェクトに付与されたコンポーネントは各種イベントが呼び出されません。あるゲームオブジェクトが非アクティブである場合、その子要素も非アクティブ扱いとなります
activeSelf	ゲームオブジェクト自身に設定されたアクティブ状態を取得できます。この値がtrueであっても親要素が非アクティブである場合には実質的には非アクティブの扱いとなります
activeInHierarchy	親子関係まで含めて、ゲームオブジェクトの実質的なアクティブ状態を取得できます
AddComponent	コンポーネントクラスを指定して付与します
GetComponent	コンポーネントクラスを指定して取得できます
transform	Transformコンポーネントを取得できます。GetComponentでTransformコンポーネントを指定して取得する処理と等価です
Instantiate	ゲームオブジェクトもしくはゲームオブジェクトに付与されたコンポーネントを渡して、そのゲームオブジェクトのクローンを生成します
Destroy	コンポーネントもしくはゲームオブジェクトを破棄します
SendMessage	ゲームオブジェクトに付与されている全てのコンポーネントに対して、指定した関数名の関数を呼び出します。指定した関数がなければ何も起こりません

Unityで用意されているコンポーネントのクラス

Unityで用意されている各種コンポーネントに相当するクラスが存在します。表5.5でその一部を紹介します。

表5.5 ▶ Unityで用意されているコンポーネントのクラス

クラス名	説明
Transform	Transformコンポーネントのクラスです。位置、回転、スケールの取得や操作の他、ゲームオブジェクトの階層構造を扱うための処理を持っています

Chapter 5　ゲーム開発を始めよう

クラス名	説明
Rigidbody	Rigidbody コンポーネントのクラスです。重さや速度といった物理的な状態に関するプロパティを持つ他、オブジェクトに外力を加えて操作すること等ができます
Collider	Collider コンポーネントのクラスです。衝突の当たり判定を扱うための処理を持っています

5-4 スクリプトでオブジェクトを動かそう

前節のスクリプトの基礎を踏まえて、ここではスクリプトを用いてゲームオブジェクトを動かす方法について説明します。3D空間上で物を動かすにあたって数学的な知識も必要となるため、それらも合わせて学んでいきましょう。

5-4-1 3Dの数学

ここでは3D空間上でオブジェクトを移動、回転、拡大縮小させるにあたって必要となる数学的な知識について説明します。

Unityでは数式の詳細まで知らなくても3Dを扱えるように、便利な関数がたくさん用意されています。とは言っても、概念や考え方を学んでおかなければ用意されている関数の使い方を理解することは難しいでしょう。

ここでは数式の詳細までは踏み込まず、Unityにおいて3D空間上でオブジェクトを扱う際に知っておくべき概念と使い方を簡潔に説明します。

● ベクトル（3次元ベクトル）

ベクトルについて、中でも3D空間の記述に多く使用する3次元ベクトルに焦点を当てて解説していきます。

3次元ベクトルは端的に言えば、3つの数値(x, y, z)によって表現される量です。3D空間上にベクトルを図示する際には、ある点とその点から(x, y, z)方向に移動した点を結ぶ矢印で示します（図5.32）。

図5.32 ▶ 3次元ベクトル

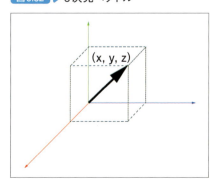

3つの値を持つという性質から、3次元ベクトルを3D空間上の位置関係を表すためにそのまま使うことができます。原点からの位置座標をそのままベクトルとして表現する（これを位置ベクトルと言います）際だけでなく、2点の相対的な位置関係を表現するためにも使われます。他にも3D空間上を動くオブジェクトの移動速度や加速度の(x, y, z)方向成分を表す際にもベクトルを用いて表現することができます。

このようにベクトルは3D空間上の様々な量を表現することができるため、単にベクトルといってもそれが何を表すベクトルなのかを意識しておく必要があります。

3次元ベクトルは3つの数値によって表現されると説明しましたが、別の見方をすると「大きさ」と「向き」によって表現することもできます（図5.33）。

ベクトルの大きさは3D空間上にベクトルを描いた際の長さに相当します。大きさに対して、向きは3D空間上に描いたベクトルをそのまま長さ1に伸縮したベクトルを用いて表現することがあります。このように大きさが1のベクトルのことを単位ベクトルと言います。

図5.33 ▶ ベクトルの大きさと向き

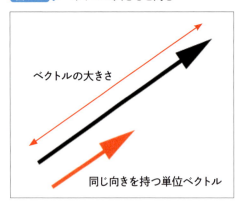

● 3次元ベクトルの加算

3次元ベクトルの加算を用いることで、3D空間上における移動を計算することができます。

位置ベクトルr_aで表される点Aから、あるベクトル量dだけ移動した点A'の位置r'_aは以下ようなベクトルの加算で表現できます（図5.34）。

$$r'_a = r_a + d$$

図5.34 ▶ ベクトルの加算

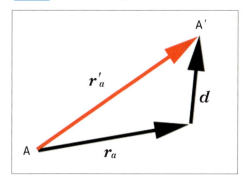

● 3次元ベクトルの減算

3次元ベクトルの減算を用いることで、3D空間上における移動を計算することができます。

点A、Bがそれぞれ、位置ベクトルr_a, r_bで表される場合、点Aから見た点Bの相対的な位置r_{ab}は以下のようなベクトルの減算で表現できます(図5.35)。

$$r_{ab} = r_b - r_a$$

図5.35 ▶ ベクトルの減算

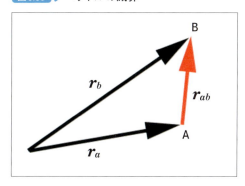

● 数値とベクトルの乗算

数値とベクトルを掛け合わせることによって、ベクトルの方向をそのままに大きさを伸縮することができます。

ある速度v [m/s]でt秒間経過した場合の移動量を表すベクトルv_tは以下のような数値とベクトルの掛け算で表現できます。

$$v_t = tv$$

乗算によって、ベクトルの大きさはt倍になります（図5.36）。

図5.36 ▶ 数値とベクトルの乗算

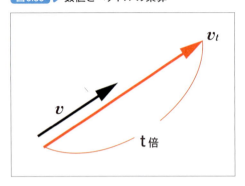

ベクトルの乗算により、ベクトルを「向き」と「大きさ」によって表現することもできます。あるベクトルvの大きさがkで、向きを表す単位ベクトルがeの場合、以下のような乗算で表現することができます。

$$v = ke$$

● クォータニオン

3D空間上の回転を表現するクォータニオンについての概要を説明します。

クォータニオンは回転軸と回転角度によって表される3次元空間上の任意の回転を表現することができます（図5.37）。ただし内部表現や計算方法は直感的なものではないため、詳細についての説明は省略します。

3次元空間上の回転を表す方法として、オイラー角という(x, y, z)軸周りの回転を組み合わせた表現方法もあります。

単純な回転であれば直感的にわかりやすい表現であるため、直接角度を扱う際にはこの表現を用いることもあります。一方でオイラー角には回転させる軸の順序に依存する点や、任意の軸周りのなめらかな回転を表現することが難しいために扱いが難しい部分もあります。

図5.37 ▶ クォータニオンによる軸周りの回転

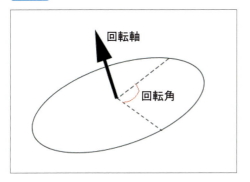

5-4-2 Unityのスクリプトにおける3Dの扱い

Unityのスクリプトで3Dを扱う際の方法や関連するクラス、構造体について説明します。

● Vector3

Vector3はUnityにおける3次元ベクトルを表す構造体です。（x, y, z）成分を持っており、位置や（大きさを持った）方向を表すために使われます。

Vector3には計算方法を隠蔽した関数が用意されており、ベクトルの大きさの計算、単位ベクトルの取得等を簡単に行うことができます。またベクトル同士の加算や数値との掛け算も演算子として定義されているため、直感的に扱うことができます。

表5.6にVector3構造体の持つプロパティや関数について代表的なものを示します。

表5.6 ▶ Vector3構造体のプロパティと関数の例

プロパティもしくは関数名	説明
x	ベクトルのx成分を取得、設定できます
y	ベクトルのy成分を取得、設定できます
z	ベクトルのz成分を取得、設定できます
magnitude	ベクトルの大きさを取得します
normalized	ベクトルの向きをそのままに大きさを1にした単位ベクトルを取得します
+（演算子）	2つのベクトルを加算する演算子
-（演算子）	2つのベクトルを減算する演算子
*（演算子）	数値とベクトルを乗算する演算子
Vector3	(x, y, z)成分を指定してVector3オブジェクトを生成するコンストラクタ

● Quaternion

QuaternionはUnityにおける回転を表す構造体です。

Quaternionには計算方法を隠蔽した関数が用意されており、オイラー角や軸周りの回転との変換等を簡単に行うことができます。また位置ベクトルに対して回転を適用するための演算子も用意されています。

表5.7にQuaternion構造体の持つプロパティや関数について代表的なものを示します。

表5.7 ▶ Quaternion構造体のプロパティと関数の例

プロパティ もしくは関数名	説明
eulerAngles	zxy順での回転によるオイラー角での値の取得、設定ができます
Euler	zxy順での回転によるオイラー角の値からクオータニオンを取得できます
ToAngleAxis	回転軸ベクトルと回転角度による値を取得できます
AngleAxis	回転軸ベクトルと回転角度による値からクオータニオンを取得できます
*（演算子）	位置ベクトルに対してクオータニオンによる回転を適用する演算子

● Transform

Unityにおいてゲームオブジェクトの位置、回転、スケールはTransformコンポーネントによって表現されています。

Transformコンポーネントのクラスが持つプロパティや関数を通して位置、回転、スケールに関する値の取得や設定を行うことができます。

表5.8にTransformクラスのプロパティや関数の代表的なものを示します。

表5.8 ▶ Transformクラスのプロパティと関数の例

プロパティもしく は関数名	説明
position	位置を表すベクトルを取得、設定できます
rotation	回転を表すクオータニオンを取得、設定できます
forward	前方向を表す単位ベクトルを取得できます
up	上方向を表す単位ベクトルを取得できます
right	右方向を表す単位ベクトルを取得できます
Translate	与えられた方向にゲームオブジェクトを移動させます
Rotate	オイラー角もしくは回転軸と回転角度を与えてゲームオブジェクトを回転させます
RotateAround	回転中心位置、回転軸、回転角度を与えてゲームオブジェクトを回転させます
LookAt	与えられた位置を向くようにゲームオブジェクトを回転させます

5-4-3 カメラを回転させてみよう

　位置や回転を扱うための準備ができたところで、実際にスクリプトを書いてゲームオブジェクトを動かしてみましょう。ここではカメラをキーボード操作で回転できるようなスクリプトを作成したいと思います。

　スマートフォンでVRによって確認する際には、UnityのVRの機能によってカメラが頭の動きに追従するようになりますが、毎回スマートフォンにインストールして確認するのは時間と手間がかかり過ぎます。そこでエディタ上でキーボード操作によってカメラを回転できるようにすることで、スマートフォンにインストールしなくてもカメラの回転を操作して確認できるような機能を作成してみることにします。

● カメラを回転させるスクリプトを作成しよう

　まずは「CameraRotator」コンポーネントを作成して、「Main Camera」に追加します。

1 スクリプトの作成

プロジェクトウィンドウの「Assets/VRShooting/Scripts」以下で、右クリックメニューから [Create] → [C# Script] を選択し、スクリプト名は「CameraRotator」とします(図5.38)。

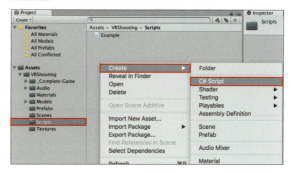

図5.38 ▶ CameraRotatorコンポーネントの作成

2 コンポーネントの付与

プロジェクトウィンドウの「CameraRotator」スクリプトをヒエラルキーウィンドウ上の「Main Camera」にドラッグ＆ドロップしてコンポーネントを付与します(図5.39)(注1)。

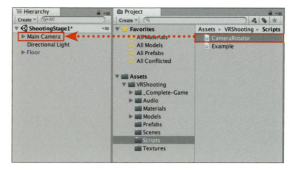

図5.39 ▶ CameraRotatorコンポーネントの付与

Chapter 5　ゲーム開発を始めよう

注1　前節では、インスペクターから[Add Component]ボタンでコンポーネントを付与しましたが、このようにドラッグ&ドロップでスクリプトコンポーネントを付与することもできます。Unityでは一つの操作でも複数のやり方が存在することがあるため、便利なものについては適宜紹介していきたいと思います。

次にプロジェクトウインドウの「Assets/VRShooting/Scripts/CameraRotator」スクリプトをダブルクリックしてスクリプト（CameraRotator.cs）を開き、以下のように修正します。

```csharp
using System.Collections;
using System.Collections.Generic;
using UnityEngine;
public class CameraRotator : MonoBehaviour
{
    [SerializeField] float angularVelocity = 30f; // 回転速度の設定
    float horizontalAngle = 0f; // 水平方向の回転量を保存
    float verticalAngle = 0f;   // 垂直方向の回転量を保存
#if UNITY_EDITOR
    void Update()
    {
        // 入力による回転量を取得
        var horizontalRotation = Input.GetAxis("Horizontal") *
            angularVelocity * Time.deltaTime;
        var verticalRotation = -Input.GetAxis("Vertical") *
            angularVelocity * Time.deltaTime;
        // 回転量を更新
        horizontalAngle += horizontalRotation;
        verticalAngle += verticalRotation;
        // 垂直方向は回転し過ぎないように制限
        verticalAngle = Mathf.Clamp(verticalAngle, -80f, 80f);
        // Transformコンポーネントに回転量を適用する
        transform.rotation = Quaternion.Euler(verticalAngle,
horizontalAngle, 0f);
    }
#endif
}
```

● **動作確認してみよう**

スクリプトを記述できたら、Unityに戻って動作確認をしてみましょう。

Unity上でコンソールウインドウにエラーメッセージ等が出ていないことが確認できたら、実行ボタンを押します。実行が開始されたら、ゲームビューの画面をクリックた後、キーボードの上下左右を押してみましょう。カメラを上下左右に回転できれば正しく動いていることになります。単にログを表示するよりは実用的なコンポーネントを作ることができたと思います。

● **スクリプトを見てみよう**

いくつか新しい記述があるので、スクリプトについて順に見てみましょう。
以下の部分では、メンバー変数を3つ定義しています。

```
6   [SerializeField] float angularVelocity = 30f; // 回転速度の設定
7   float horizontalAngle = 0f; // 水平方向の回転量を保存
8   float verticalAngle = 0f;   // 垂直方向の回転量を保存
```

angularVelocityは回転速度の設定値で[SerializeField]という属性がついています。publicなメンバー変数もしくは[SerializeField]の付いたメンバー変数はUnityのインスペクター上から設定を変更することが可能になります。図5.40のように、ここで定義したangularVelocityはインスペクター上で「Angular Velocity」という名前のプロパティとして表示されていることが確認できます。その場合、ここでの30fという初期値はそのデフォルト値として扱われます。

horizontalAngle と verticalAngle は回転量を保存しておくための変数として使います。

図5.40 ▶ インスペクター上のAngular Velocityプロパティ

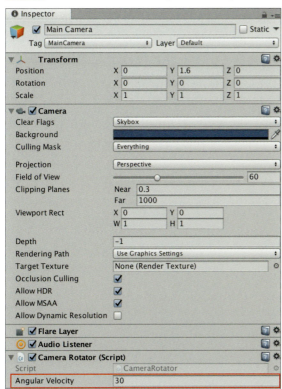

次に以下のようなブロックがあります。

```
 9  #if UNITY_EDITOR
 :  ...
23  #endif
```

これはC#のプリプロセッサというものを用いた記述で、このように書いておくと、囲われた範囲がUnityエディタ上でのみ有効（携帯端末での確認時には無効）になります。これは携帯端末で確認する際には、カメラの制御をVRの機能に任せることになるため、処理が衝突しないようにするための意味があります。

さてメインのUpdate内部の処理について見ていきましょう。

```
12  // 入力による回転量を取得
13  var horizontalRotation = Input.GetAxis("Horizontal") * angularVelocity
    * Time.deltaTime;
14  var verticalRotation = -Input.GetAxis("Vertical") * angularVelocity *
    Time.deltaTime;
```

最初の部分でキーボード入力を取得して、回転速度とフレームの時間から回転量を計算しています。

Input.GetAxisは軸の名前を指定して入力値を取得する関数です。デフォルトでHorizontalとVerticalという軸が定義されており、矢印キーの入力に応じて-1から1の値が取得できます（Horizontalは左が-1で右が1、Verticalは下が-1で上が1）。軸の設定を変更するには [Edit] → [Project Settings] → [Input] からInputManagerを開くことで設定できます（図5.41、図5.42）。

図5.41 ▶ Inputの開き方

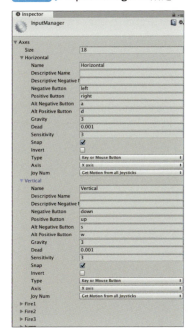

図5.42 ▶ InputManagerの設定

　Time.deltaTimeは前のフレームからの経過時間を返します。これを回転速度と掛け合わせることで回転量が取得できます。

　垂直方向の回転値をマイナスとしているのは、入力と回転方向を合わせるためです。ゲームオブジェクトの座標系は前方がz軸、上方向がy軸、右方向がx軸となっており、回転は各軸の先から見た時計回り方向が正となります。垂直方向すなわちx軸周りの回転は下に向く方が正となるため入力を反転させています。

　入力による回転量が取得できた後、以下の部分でこれまでの回転値に値を加えています。

```
15   // 回転量を更新
16   horizontalAngle += horizontalRotation;
17   verticalAngle += verticalRotation;
18   // 垂直方向は回転し過ぎないように制限
19   verticalAngle = Mathf.Clamp(verticalAngle, -80f, 80f);
```

　垂直方向で90度を超えると都合が悪いため、回転角度は、80度以上にならないように、制限を入れています。ここで使っているMathf.Clampは値を範囲内に丸め込む処理です。Mathfクラスには他にもこのような便利な関数が用意されています。

　最後に以下の部分で回転量をゲームオブジェクトに反映しています。

```
20  // Transformコンポーネントに回転量を適用する
21  transform.rotation = Quaternion.Euler(verticalAngle, horizontalAngle,
    0f);
```

　MonoBehaviourのtransformプロパティでTransformコンポーネントを取得し、そのrotationに回転角度に相当するクォータニオンを設定しています。クォータニオンの計算にはQuaternion.Eulerによるオイラー角を使用しています。

　このようにTransformコンポーネントを通して、スクリプトからゲームオブジェクトの位置や回転を更新して動かすことができます。

Chapter 6

弾を撃って敵を倒そう

前章ではVRシューティングゲーム作成の準備とスクリプトの書き方について説明してきました。

この章では実際にシューティングゲームのメイン要素である「弾を撃って敵を倒す」部分を作成していきます。その中でプレハブの使い方や衝突判定、エフェクトやサウンドの再生方法についても触れていきます。

この章で学ぶことまとめ
・弾を発射する仕組みの作成方法
・敵を出現させる仕組みの作成方法
・プレハブの概念と使い方
・敵と弾の衝突判定
・エフェクトの再生方法
・サウンドの再生方法

Chapter 6　弾を撃って敵を倒そう

6-1 弾を発射できるようにしよう

本節ではシューティングゲームの重要な要素の一つである弾を発射する機能を作成していきます。その中でプレハブの概念やRigidbodyコンポーネントの使い方について説明していきます。

6-1-1 弾を作成してみよう

まずは、発射するための弾に相当するゲームオブジェクトが必要です。インポートしたアセットに弾は含まれていないので、Sphereを弾として代用することにします。以下の手順で弾を作成します。

1 Sphereの作成

ヒエラルキーウィンドウ上で何も選択していない状態で、右クリックメニューから [3D Object] → [Sphere] を選択します（図6.1）。

図6.1 ▶ Sphereの作成

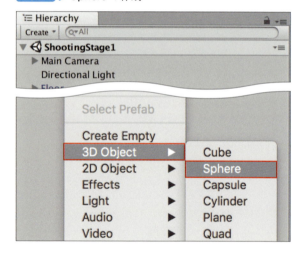

2 名前の変更

作成した [Sphere] の名前を「Bullet」に変更します（図6.2）。

図6.2 ▶ 名前の変更

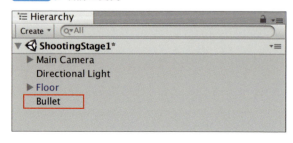

3 スケールの変更

インスペクターウィンドウからスケールを (0.05, 0.05, 0.05) に変更します（図6.3）。

図6.3 ▶ スケールの変更

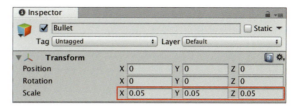

簡易的ではありますが、これを弾として使っていくことにします。

6-1-2 弾をプレハブ化してみよう

今のようにシーンに配置している弾の状態では、銃から発射される弾として扱うことが難しいため、銃から発射する際に弾が生成されるようにする必要があります。ここでは弾をプレハブというアセットから生成して扱うための方法を説明します。

● プレハブはゲームオブジェクトのテンプレート

プレハブはゲームオブジェクトのテンプレートに相当するようなアセットです。ゲーム中に何度も出てくるようなゲームオブジェクトをプレハブ化しておけば、プレハブを元にして簡単にゲームオブジェクトをシーン上に生成できます。

● プレハブを作成してみよう

シーン上のゲームオブジェクトはプロジェクトウィンドウにドラッグ＆ドロップするだけでプレハブ化することができます。

早速、弾をプレハブ化してみましょう。

ヒエラルキーウィンドウの「Bullet」をプロジェクトウィンドウの「Assets/VRShooting/Prefabs」にドラッグ＆ドロップしてください。

図6.4のように、「Assets/VRShooting/Prefabs」以下に「Bullet」プレハブが作成されます。またヒエラルキーウィンドウで「Bullet」は青色で表示されるようになります。これはそのゲームオブジェクトがプレハブに紐付いた実態（インスタンス）であることを表しています。

Chapter 6　弾を撃って敵を倒そう

図6.4 ▶ 弾をプレハブ化

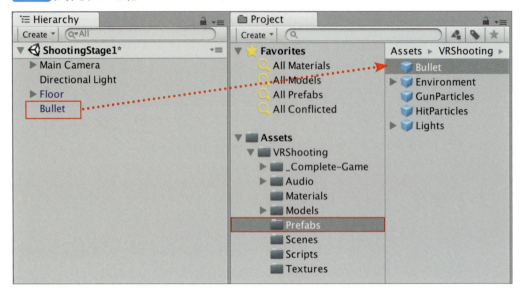

「Bullet」のプレハブが作成できたので、シーン上に配置された「Bullet」は削除しておきます。ヒエラルキーウィンドウ上で「Bullet」を選択して、右クリックメニューから［Delete］で削除できます（図6.5）。

図6.5 ▶ シーン上の「Bullet」を削除する

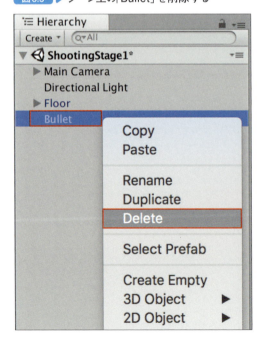

6-1-3 スクリプトで弾を生成してみよう

プレハブが作成できたので、今度はプレハブから弾を生成するスクリプトを書いてみましょう。ここではクリックに応じて弾を生成するようにしてみます。

● Shooterスクリプトで弾を生成してみよう

クリック入力を取得して弾を生成するShooterコンポーネントを作成することにします。

プロジェクトウインドウの「Assets/VRShooting/Scripts」以下で、右クリックメニューから[Create]→[C# Script]を選択し、「Shooter」という名前でスクリプトを作成します（図6.6）。

図6.6 ▶ Shooterスクリプトの作成

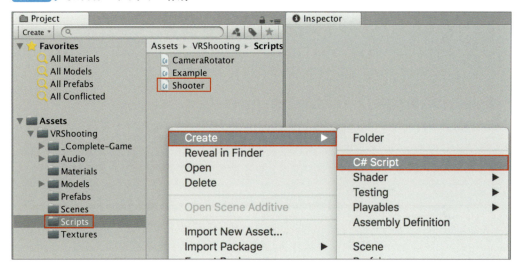

● Shooterスクリプトの作成

Shooterスクリプトをダブルクリックしてエディタを開き、スクリプトを以下のように書き換えます。

```
1  using System.Collections;
2  using System.Collections.Generic;
3  using UnityEngine;
4  
5  public class Shooter : MonoBehaviour
6  {
7      [SerializeField] GameObject bulletPrefab; // 弾のプレハブ
8      [SerializeField] Transform gunBarrelEnd;  // 銃口(弾の発射位置)
```

```
 9
10        // Update is called once per frame
11        void Update()
12        {
13            // 入力に応じて弾を発射する
14            if (Input.GetButtonDown("Fire1"))
15            {
16                Shoot();
17            }
18        }
19
20        void Shoot()
21        {
22            // プレハブを元に、シーン上に弾を生成
23            Instantiate(bulletPrefab, gunBarrelEnd.position, gunBarrelEnd.rotation);
24        }
25    }
```

　Shooterクラス内の実装について説明していきます。

　以下の部分では、弾のプレハブ（GameObject型）と銃口のTransformを変数として定義しています。このようにゲームオブジェクトやコンポーネントの型も[SerializeField]で宣言しておくことによって、Unityのインスペクターウインドウ上で設定することができるようになります。

```
 7    [SerializeField] GameObject bulletPrefab;  // 弾のプレハブ
 8    [SerializeField] Transform gunBarrelEnd;   // 銃口（弾の発射位置）
```

　以下のように、Update関数では入力に応じてShoot関数を呼び出しています。Input.GetButtonDownは指定されたボタンが押された瞬間にtrueを返す関数です。また"Fire1"というボタン名は、デフォルトで定義されているもので、マウスの左クリックや左 Ctrl キーの入力を取得できます。

```
11    void Update()
12    {
13        // 入力に応じて弾を発射する
14        if (Input.GetButtonDown("Fire1"))
15        {
```

```
16            Shoot();
17       }
18  }
```

弾を発射するShoot関数の中を見てみましょう。Instantiate関数はゲームオブジェクトを複製する関数です。ここではプレハブを複製して、銃口の位置と向きを指定して弾を生成しています。

```
20  void Shoot()
21  {
22      // プレハブを元に、シーン上に弾を生成
23      Instantiate(bulletPrefab, gunBarrelEnd.position, gunBarrelEnd.rotation);
24  }
```

● Shooterコンポーネントを設定してみよう

Unityエディタに戻って、作成したコンポーネントをゲームオブジェクトに付与してみましょう。コンポーネントを付与するのは「PlayerGun」ゲームオブジェクトとします。

以下の手順で「PlayerGun」ゲームオブジェクトに「Shooter」コンポーネントを付与して、必要なプロパティを設定します。

1 「Shooter」コンポーネントの付与

プロジェクトウインドウ上の「Shooter」スクリプトをヒエラルキーウインドウ上の「PlayerGun」上にドラッグ＆ドロップします（図6.7）。

図6.7 ▶「Shooter」コンポーネントの付与

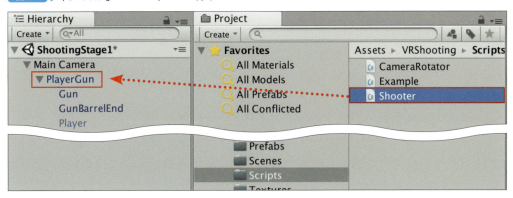

Chapter 6 弾を撃って敵を倒そう

2 「PlayerGun」の選択

ヒエラルキーウインドウ上の「PlayerGun」ゲームオブジェクトを選択して、インスペクターウインドウ上で「Shooter」コンポーネントが確認できるようにします（図6.8）。

3 「Bullet Prefab」の設定

「Shooter」コンポーネントの「Bullet Prefab」プロパティに、プロジェクトウインドウの「Assets/VRShooting/Prefabs/Bullet」をドラッグ＆ドロップして設定します（図6.8❶）。

4 「Gun Barrel End」の設定

「Shooter」コンポーネントの「Gun Barrel End」プロパティには、ヒエラルキーウインドウ上の「GunBarrelEnd」をドラッグ＆ドロップして設定します（図6.8❷）。

図6.8 ▶ 「Shooter」コンポーネントの設定

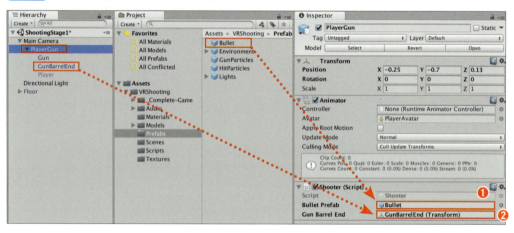

このようにインスペクターウインドウ上でゲームオブジェクトやコンポーネント型のプロパティを設定する場合は、直接ドラッグ＆ドロップで設定することができます。シーンに配置されたゲームオブジェクトのプロパティには、プロジェクトウインドウ内のアセットからもしくは同じシーン上のオブジェクトを設定することができます。

● Shooterスクリプトの動作を確認してみよう

実行ボタンを押して動作確認してみましょう。

これまでの回転操作に加えて、マウスクリックで弾が生成されることが確認できます（図6.9）。ヒエラルキーウインドウ上では、クリック毎に「Bullet(Clone)」という名前でゲームオブジェクトが増えていきます。

しかし弾は止まったままで飛んで行きません。現状では弾を動かす処理を実装していないので、このような挙動となります。

図6.9 ▶ マウスクリックにより弾が生成される

6-1-4 物理エンジンで弾を飛ばそう

弾の生成ができるようになったので、今度は物理エンジンを利用して弾が飛んでいく処理を実装します。

● BulletプレハブにRigidbodyコンポーネントを付与しよう

弾を動かす際にはUpdate関数によって位置を直接移動させることもできますが、ここでは「Rigidbody」コンポーネントを利用して、物理エンジンによって弾を動かすようにしてみます。

まずは以下の手順で、「Bullet」プレハブに「Rigidbody」コンポーネントを設定しましょう。

1「Bullet」の選択

プロジェクトウインドウ上の「Assets/VRShooting/Prefabs/Bullet」を選択します（図6.10）。

1 コンポーネントの付与

インスペクターウインドウ上で[Add Component]から「Rigidbody」コンポーネントを検索して追加します。

図6.10 ▶ BulletにRigidbodyコンポーネントを付与

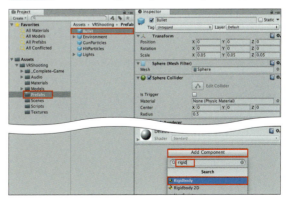

179

Chapter 6 弾を撃って敵を倒そう

3 コンポーネントの設定

追加した「Rigidbody」コンポーネントの[Use Gravity] プロパティのチェックを外します（図6.11）。そうすることで重力の影響を受けないようになります。

図6.11 ▶ Rigidbody コンポーネントの設定

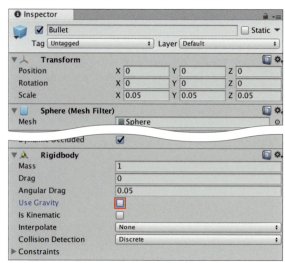

● Bulletスクリプトを作成してみよう

次に「Rigidbody」コンポーネントを用いて弾を動かすための「Bullet」スクリプトを作成します。

プロジェクトウィンドウの「Assets/VRShooting/Scripts」以下で、右クリックメニューから [Create] → [C# Script] を選択して「Bullet」スクリプトを作成します（図6.12）。

図6.12 ▶ Bulletスクリプトの作成

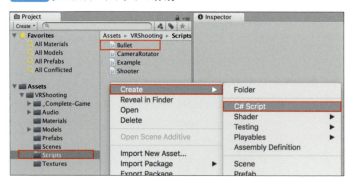

作成したスクリプトを以下のように編集します。

180

```
 1  using System.Collections;
 2  using System.Collections.Generic;
 3  using UnityEngine;
 4
 5  [RequireComponent(typeof(Rigidbody))]
 6  public class Bullet : MonoBehaviour
 7  {
 8      [SerializeField] float speed = 20f; // 弾速 [m/s]
 9
10      // Use this for initialization
11      void Start()
12      {
13          // ゲームオブジェクト前方向の速度ベクトルを計算
14          var velocity = speed * transform.forward;
15
16          // Rigidbodyコンポーネントを取得
17          var rigidbody = GetComponent<Rigidbody>();
18
19          // Rigidbodyコンポーネントを使って初速を与える
20          rigidbody.AddForce(velocity, ForceMode.VelocityChange);
21      }
22  }
```

RequireComponent属性は、このスクリプトに対して必要なコンポーネントを指定することができます。

この指定によって、同じゲームオブジェクトに指定されたコンポーネントが付与されていることが必須となり、付与されていない場合には自動で追加されます。このため、必要なコンポーネントのセットアップエラーを防ぐために役に立ちます。

```
 5  [RequireComponent(typeof(Rigidbody))]
```

今回の場合は、「Rigidbody」コンポーネントが必要になります。

それでは、Start関数の中を見ていきましょう。

はじめにゲームオブジェクトに与える速度を計算しています。transform.forwardは弾の前方向(z方向)を表す単位ベクトルなので、speed * transform.forwardによって前方向に指定した速度の大きさと方向を持ったベクトルを取得できます。

「Rigidbody」コンポーネントのAddForce関数によって、計算した速度に相当する力を与えています。AddForce関数の第二引数では力の与え方を指定します。ForceMode.VelocityChangeを指定することで、指定した速度変化に相当する力を加えることができます。

このスクリプトにUpdate関数はありませんが、「Rigidbody」コンポーネントが付与されていることで物理エンジンによって制御されるため、一度速度を与えると他の力を加えない限り直進していくことになります。

● Bulletスクリプトの設定と動作を確認してみよう

作成した「Bullet」コンポーネントを設定して確認してみましょう。

プロジェクトウィンドウの「Assets/VRShooting/Prefabs/Bullet」プレハブを選択し、インスペクターウインドウの［Add Component］ボタンから「Bullet」コンポーネントを付与します（図6.13）。

図6.13 ▶「Bullet」コンポーネントの付与

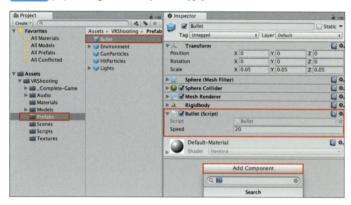

「Bullet」コンポーネントが付与できたら実行ボタンを押して実行してみましょう。ゲームビュー上でマウスクリックの度に弾が前方に飛んでいけば正しく動作していることになります。

● Rigidbodyコンポーネントについて

ここでは物理的な性質を扱う「Rigidbody」コンポーネントについてもう少し詳しく説明します。「Rigidbody」コンポーネントを付与されたコンポーネントを図6.14に示します。

図6.14 ▶「Rigidbody」コンポーネント

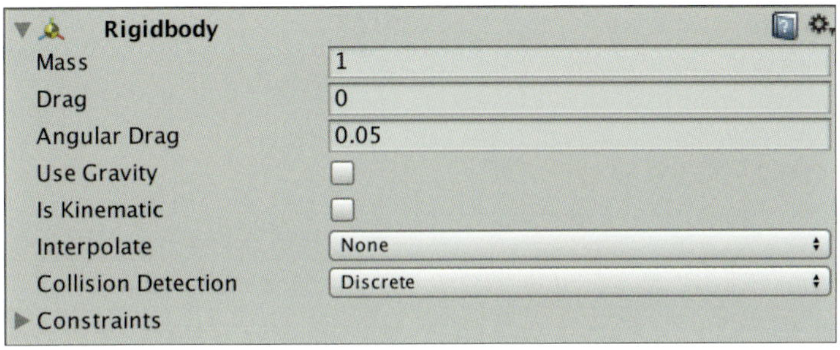

```
▼ 👤  Rigidbody                                    ？ ⚙
    Mass                        1
    Drag                        0
    Angular Drag                0.05
    Use Gravity                 ☐
    Is Kinematic                ☐
    Interpolate                 None                    ▼
    Collision Detection         Discrete                ▼
  ▶ Constraints
```

「Rigidbody」コンポーネントを付与したゲームオブジェクトは質量や抵抗といった物理的パラメータを持ち、物理エンジンによって動きを制御されることになります。すなわち力を受けることで速度が変化し、力を受けない物体は一定速度で動き続けます（等速直線運動）。またColliderを持った物体と衝突すると、衝突がシミュレートされて力が加わることになります。

物理エンジンによって動きを制御されるゲームオブジェクトは、「Transform」コンポーネントを直接触るのではなく、「Rigidbody」コンポーネントの関数を通して力を与える形で操作することになります。ただし [Is Kinematic] プロパティを有効にすることによって、物理エンジンの影響を受けなくなるため、その場合には「Transform」コンポーネントを用いて操作することができます。

「Rigidbody」コンポーネントの物理的な性質を扱うプロパティと関数の例を表6.1に示します。

表6.1 ▶「Rigidbody」コンポーネントのプロパティと関数の例

プロパティもしくは関数名	説明
mass	質量を取得、設定できます
drag	抵抗を取得、設定できます
angularDrag	回転に対する抵抗を取得、設定できます
useGravity	重力の影響を受けるかどうかを取得、設定できます
isKinematic	物理エンジンの影響を受けるかどうかを取得、設定できます。有効化されていると、物理エンジンの影響は受けなくなり、Rigidbodyの付与されていないオブジェクト同様 Transform を使って操作することができます
velocity	速度ベクトルを取得できます
angularVelocity	角速度ベクトルを取得できます
AddForce	ベクトルを指定して力を加えます。ForceModeによって指定するベクトルの扱いが変わります
AddTorque	ベクトルを指定してトルク（回転を与える力）を加えます。ForceModeによって指定するベクトルの扱いが変わります

AddForce等の力を与える関数では、ForceModeによって指定するベクトルの扱いが変わります。表6.2にForceModeによるベクトルの扱いの違いについて示します。

表6.2 ▶ ForceModeによる力のベクトルの扱いの違い

ForceMode	説明
Force	力のベクトルを用いて、継続的な力を与えます（質量の影響を受けます）
Acceleration	加速度ベクトルを用いて、その加速度に相当する継続的な力を与えます（質量の影響を受けません）
Impulse	運動量ベクトルを用いて、その運動量変化に相当する瞬間的な力を与えます（質量の影響を受けます）
VelocityChange	速度ベクトルを用いて、その速度変化に相当する瞬間的な力を与えます（質量の影響を受けません）

6-1-5 不要な弾を破棄してみよう

● 不要なゲームオブジェクトの破棄

マウスの入力に応じて弾を発射する仕組みはできましたが、このままでは弾が増え続けてしまいます。ゲームオブジェクトが増え続けるとそれだけ処理の負荷が増えていくことになるため、不要になったゲームオブジェクトは破棄していく必要があります。

ここで作成した弾の場合、一定時間経過して見えないほど遠くまで飛んで行った弾は破棄してしまっても良さそうです。そこで時間経過によってゲームオブジェクトが自動的に破棄されるような「AutoDestroy」コンポーネントを作成してみます。

● AutoDestroyコンポーネントの作成してみよう

プロジェクトウインドウの「Assets/VRShooting/Scripts」以下で、右クリックメニューから[Create] → [C# Script]で「AutoDestroy」という名前でスクリプトを作成します（図6.15）。

図6.15 ▶ 「AutoDestroy」コンポーネントの作成

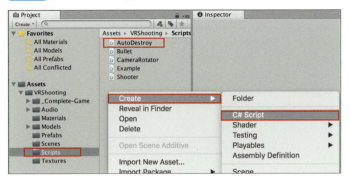

スクリプトを以下のように編集します。

```
1   using System.Collections;
2   using System.Collections.Generic;
3   using UnityEngine;
4   
5   public class AutoDestroy : MonoBehaviour
6   {
7       [SerializeField] float lifetime = 5f; // ゲームオブジェクトの寿命
8   
9       // Use this for initialization
10      void Start()
11      {
12          // 一定時間経過後にゲームオブジェクトを破棄する
13          Destroy(gameObject, lifetime);
14      }
15  }
```

Start関数でコンポーネントの付与されたゲームオブジェクトを指定してDestroy関数を呼び出しています。Destroy関数はゲームオブジェクトもしくはコンポーネントを破棄するために使用する関数ですが、このスクリプトのように第二引数に時間を渡すことで一定時間経過後に破棄するような使い方もできます。

● **AutoDestroyスクリプトの付与と動作を確認してみよう**

作成した「AutoDestroy」コンポーネントを付与して確認してみましょう。プロジェクトウィンドウの「Assets/VRShooting/Prefabs/Bullet」プレハブを選択し、インスペクターの [Add Component] から「AutoDestroy」コンポーネントを付与します（図6.16）。

Chapter 6　弾を撃って敵を倒そう

図6.16 ▶「AutoDestroy」コンポーネントの付与

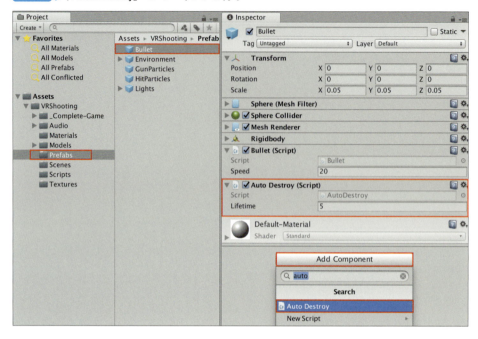

　実行して、発射した弾がヒエラルキー上から一定時間で消えることが確認できれば正しく動いています（図6.17）。

図6.17 ▶ 生成された弾が一定時間で破棄される

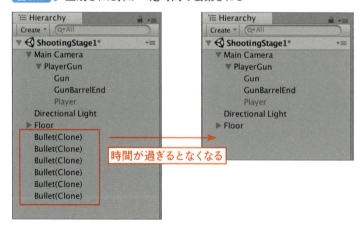

6-2 敵を倒せるようにしてみよう

本節ではシューティングゲームで最も重要な部分である、弾を敵に当てて倒すことができる処理を作成していきます。その中でコライダーを使用した衝突判定や判定時のイベントの実装方法について説明していきます。

6-2-1 敵を配置してみよう

まずは準備としてシーン上に敵を配置してみます。

● シーン上に敵を配置してみよう

ここでは「ZomBear」というモデルを敵として使用することにします。敵も弾と同様に複数配置して使うことになるため、まずは以下の手順でプレハブを作成しましょう。

1 「ZomBear」の配置

プロジェクトウインドウの「Assets/VRShooting/Models/Characters/ZomBear」からシーンビュー上にドラッグ＆ドロップして「ZomBear」をシーンに配置します（6.18）。モデルからシーン上に配置するとゲームオブジェクトに変換されます。

図6.18 ▶ 「ZomBear」の配置

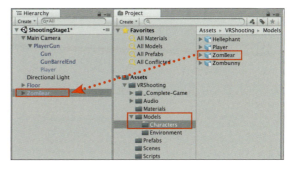

2 「ZomBear」のプレハブ化

ヒエラルキーウィンドウ上で配置された「ZomBear」ゲームオブジェクトをプロジェクトウインドウの「Assets/VRShooting/Prefabs」にドラッグ＆ドロップしてプレハブ化します（図6.19）。

図6.19 ▶ 「ZomBear」のプレハブ化

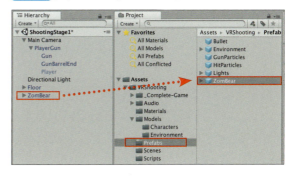

作成した「Assets/VRShooting/Prefabs/ZomBear」プレハブをドラッグ＆ドロップでシーン上に2体追加します（図6.20）。シーン上に配置したそれぞれの「ZomBear」の位置と向きを図6.21のようにインスペクターウィンドウ上で調整して、カメラの前に3体が並ぶように配置を行い、ゲームビュー上で見えるように配置します（図6.22）。

図6.20 ▶ 3体のZomBearを配置

図6.21 ▶ 3体のZomBearの配置情報

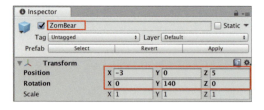

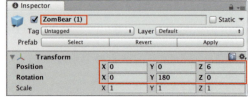

図6.22 ▶ 3体が並んだゲームビュー

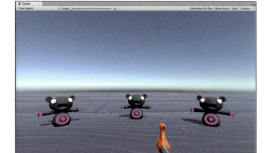

これでシーン上に敵を配置することができました。

しかしこのまま実行しても、発射した弾は敵をすり抜けていくだけです。弾で敵を倒せるようにするためには、敵に当たり判定をつけた上で、当たった時の処理をスクリプトで記述する必要があります。

6-2-2 敵に当たり判定をつけよう

ここではまずは敵の当たり判定を設定しましょう。

● コライダーで当たり判定を設定してみよう

当たり判定には「Collider」コンポーネントを使用します。以下の手順で「ZomBear」にコライダーを設定してみましょう。

1 コンポーネントの付与

シーン上の「ZomBear」を一つ選択し、インスペクターウィンドウ上で [Add Component] から「Capsule Collider」コンポーネントと「Rigidbody」コンポーネントを付与します（図6.23）。

2 コンポーネントの設定

「Capsule Collider」コンポーネントの [Is Trigger] にチェックをつけておきます。

3 「Rigidbody」コンポーネントの設定

「Rigidbody」コンポーネントの [Is Kinematic] にチェックをつけておきます。

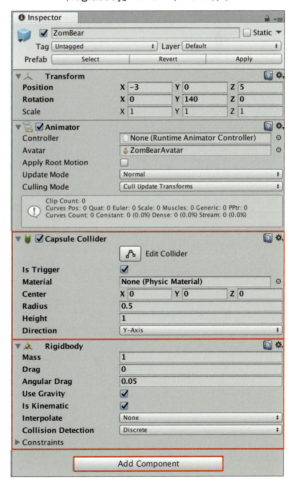

図6.23 ▶「Capsule Collider」コンポーネントと「Rigidbody」コンポーネントの付与

4 コライダーを編集状態にする

付与した「Capsule Collider」コンポーネントで [Edit Collider] ボタンを押してコライダーを編集状態にします（図6.24）。

図6.24 ▶ コライダーを編集状態にする

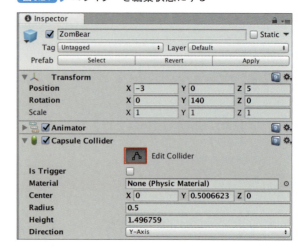

5 コライダーの大きさを設定

シーンビュー上に表示されるコライダーの頂点を動かして、「ZomBear」と同じくらいの位置とサイズに変更します（図6.25）。

図6.25 ▶ ZomBearにコライダーを設定する

6 編集の終了

再度 [Edit Collider] ボタンを押してコライダーの編集を終了します。

7 プレハブの反映

ゲームオブジェクトに対する変更をプレハブにも反映させるため、インスペクター上部の [Apply] ボタンをクリックします（図6.26）。

図6.26 ▶ ZomBearのゲームオブジェクトに対する変更をプレハブに反映する

　上記手順では、シーン上のゲームオブジェクトに対してコライダーを設定し、[Apply] ボタンを押すことでその変更をプレハブに反映しています。このようにプレハブに反映することによってシーン上の他の「ZomBear」についても、上記手順を行ったことが設定されています。

コラム プレハブとシーン上に配置されたゲームオブジェクトの関係

「ZomBear」のコライダー設定時に行った操作に関連して、プレハブとシーン上に生成されたゲームオブジェクトの関係を整理しておきます。

プレハブからシーン上に生成されたゲームオブジェクトは、元になったプレハブへの参照を持っています。そのためプレハブで変更されたプロパティはゲームオブジェクトにも反映されます（図6.A）。

図6.A ▶ プレハブの変更は参照するゲームオブジェクトにも反映される

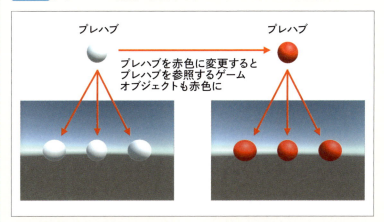

一方でゲームオブジェクト側でプロパティを変更したり、コンポーネントを追加したりした場合、その内容は変更したゲームオブジェクトのみに適用されます（図6.B）。このような変更はプレハブの値を上書きする形で各ゲームオブジェクトが保持していると考えることができます。ゲームオブジェクト側で加えた変更は図6.Cのように太字で表示されるようになります。

図6.B ▶ ゲームオブジェクト側の変更はそのゲームオブジェクトのみ反映される

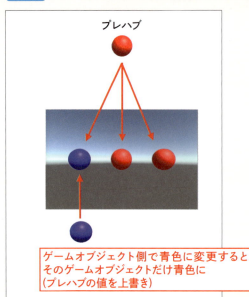

図6.C ▶ ゲームオブジェクト側でプレハブの値を変更した状態

変更されていない場合

変更された場合

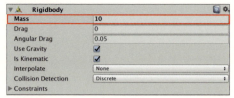

　さらにゲームオブジェクト側で階層構造を変更するといった構造自体を変えてしまうような変更を加えると、図6.Dのようなダイアログが表示されます。これはゲームオブジェクトの構造が元のプレハブと乖離してしまうため、プレハブとゲームオブジェクトの参照関係を維持できなくなるという確認のダイアログです。

図6.D ▶ プレハブの確認ダイアログ

この操作によってプレハブと切り離されたゲームオブジェクトは、プレハブが変更されてもその内容が適用されなくなります（図6.E）。ゲームオブジェクトを選択した状態でメニューバーから [GameObject] → [Break Prefab Instance] を選択することで、プレハブへの参照を明示的に切ることもできます。

図6.E ▶ プレハブへの参照を失ったゲームオブジェクトはプレハブの変更が適用されない

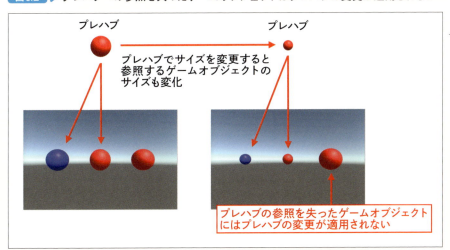

プレハブから生成されたゲームオブジェクトはインスペクター上にプレハブに関連する操作を行うためのボタンが表示されます（図6.F）。

「Select」を押すと、生成元のプレハブを選択できます。

「Revert」を押すと、ゲームオブジェクト側で変更していた内容を破棄し、生成元のプレハブと同じ状態に巻き戻します。

「Apply」を押すと、ゲームジェクト側で加えていた変更をプレハブに適用します。

プレハブの動作については、Unity を使う上で重要な機能ですので、理解を深めておく方がよいでしょう。大量のデータを一度に変更したり、同じ構造のデータのパラメータの一部を変更して使用するなど、ゲームを作成する上で有効に使える機能です。

図6.F ▶ プレハブに関連する操作用のボタン

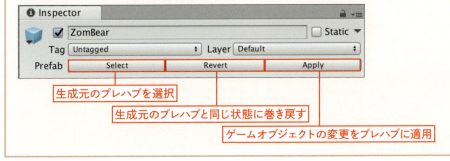

6-2-3 衝突時の処理を実装してみよう

敵にコライダーを設定したことで衝突を検出できるようになったので、衝突時の処理を実装していきます。

● Unityの衝突判定を学ぼう

衝突の判定は物理エンジンによって「Collider」コンポーネントが付与されたゲームオブジェクト同士で行われます。まずはレイヤーによる衝突検出の設定や衝突イベントの種類とハンドリング方法について説明します。

● レイヤーによる衝突の検出

Unityではゲームオブジェクト間で衝突を発生させるかどうかをレイヤーの組み合わせによって制御することができます。

レイヤー間の衝突検出の設定は、図6.27のようにメニューバーから [Edit] → [Project Settings] → [Physics] から開くことができる [Layer Collision Matrix] を用いて行います。[Layer Collision Matrix] でチェックが付いているレイヤー同士でのみ衝突が発生します（図6.28）。

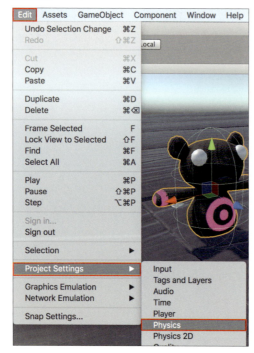

図6.27 ▶ Physicsメニューの開き方

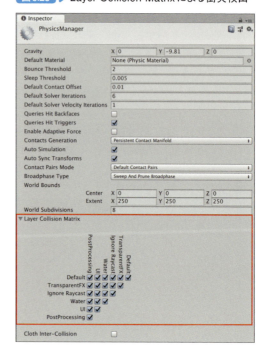

図6.28 ▶ Layer Collision Matrixによる衝突検出

レイヤーの追加や変更を行いたい場合には、図6.29のようにツールバーから [Layers] → [Edit Layers] によって行うことができます。また各ゲームオブジェクトのレイヤーはインスペクター上から変更できます。

図6.29 ▶ レイヤーの編集とゲームオブジェクトのレイヤー設定

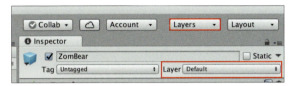

● CollisionイベントとTriggerイベント

Unityでは衝突に関して「Collision」と「Trigger」という二種類のイベントがあり、特定条件下の衝突時にイベント関数が呼び出されます。

「Collision」イベントは物理的に衝突する場合のイベントです。

「Collider」の [Is Trigger] チェックが無効のゲームオブジェクト同士が衝突する際には、コライダーが物理的に干渉しないように跳ね返ったり滑ったりする挙動を示します。このような物理的な衝突の際に発生するのが「Collision」イベントです。

「Trigger」イベントは領域に侵入したことを検出するためのイベントです。

「Collider」の [Is Trigger] チェックが有効なゲームオブジェクトは他のコライダーと干渉してもそのまますり抜けるような性質を示します。このような領域への侵入の際に発生するのが「Trigger」イベントです。「Trigger」イベントは物理的に衝突をシミュレートする必要はないが、コライダーで定義された領域に侵入したことを検出するために使用することができます。

表6.3、6.4に「Collision」と「Trigger」の具体的なイベント関数を示します。

表6.3 ▶ Collisionイベント関数

イベント関数	説明
OnCollisionEnter	コライダーが他のコライダーに接触開始した際に呼び出されます
OnCollisionStay	コライダーが他のコライダーに接触している間、毎フレーム呼び出されます
OnCollisionExit	コライダーが他のコライダーとの接触が終了した際に呼び出されます

表6.4 ▶ Triggerイベント関数

イベント関数	説明
OnTriggerEnter	コライダーが他のトリガーコライダーに侵入開始した際に呼び出されます
OnTriggerStay	コライダーが他のトリガーコライダーに侵入している間、毎フレーム呼び出されます
OnTriggerExit	コライダーが他のトリガーコライダーから離れた際に呼び出されます

● コライダーの設定と発生するイベント

衝突時に発生するイベントは「Collider」コンポーネントや「Rigidbody」コンポーネントの設定によって異なります。ここではその挙動の違いについて説明します。

コライダーを設定に応じて表6.5のように6つに分類します。

表6.5 ▶ コライダーを設定に応じて6つのタイプに分類

コライダーの分類	Colliderの[Is Trigger]が有効/無効	Rigidbodyの有無	Rigidbodyの[Is Kinematic]が有効/無効
静的コライダー	無効	無し	-
Rigidbody コライダー	無効	有り	無効
Kinematic Rigidbody コライダー	無効	有り	有効
静的トリガーコライダー	有効	無し	-
Rigidbody トリガーコライダー	有効	有り	無効
Kinematic Rigidbody トリガーコライダー	有効	有り	有効

表6.5の分類に関して説明します。

まず「Collider」コンポーネントの[Is Trigger]のチェックが入っているかどうかで、通常のコライダーとトリガーコライダーに大きく分けられます。先に述べた通り、通常のコライダーとトリガーコライダーでは物理的な衝突が起きるかどうかの違いがあり、その際に発生するイベントも異なります。

次に「Rigidbody」コンポーネントが付与されているかどうかで、静的コライダーとRigidbodyコライダーに分けられます。

静的コライダーは物理エンジンからは動かないオブジェクトとして認識されます。動かしたり有効/無効を切り替えたりする可能性のあるゲームオブジェクトは「Rigidbody」コンポーネントを付与しておかないと意図しない挙動を示すことがあります。

最後に「Rigidbody」コンポーネントの[Is Kinematic]のチェックが入っているかどうかで違いがあります。これは単純に動きを物理エンジンに任せるのであれば[Is Kinematic]を無効に、そうでなければ有効にするという違いです。

2つのオブジェクトが衝突する際のコライダーの組み合わせによって発生するイベントが異

なります。表6.6に衝突するコライダーの組み合わせによって「Collision」イベントと「Trigger」イベントのどちらが発生するかを示します。

表6.6 ▶ 衝突するコライダーの組み合わせによる発生イベント[※1]

	静的コライダー	Rigidbodyコライダー	Kinematic Rigidbodyコライダー	静的トリガーコライダー	Rigidbodyトリガーコライダー	Kinematic Rigidbodyトリガーコライダー
静的コライダー	-	C	-	-	T	T
Rigidbody コライダー	C	C	C	T	T	T
Kinematic Rigidbody コライダー	-	C	-	T	T	T
静的トリガーコライダー	-	T	T	-	T	T
Rigidbody トリガーコライダー	T	T	T	T	T	T
Kinematic Rigidbody トリガーコライダー	T	T	T	T	T	T

※1 「Collision」イベントが発生する組み合わせは「C」、「Trigger」イベントが発生する組み合わせは「T」と表記しています。

6-2-4 衝突時の処理を実装してみよう

衝突イベントについて学んだところで、実際にイベント関数を使って衝突処理を実装してみましょう。

● レイヤーを設定してみよう

まずは弾と敵が衝突するようなレイヤー設定を行いましょう。レイヤーを正しく設定しておくことで、意図しないオブジェクト間の衝突を防止することができます。

以下の手順で「Bullet」レイヤーと「Enemy」レイヤーを追加します。

1 [Edit Layers] を選択

エディタ上部ツールバー上から [Layers] → [Edit Layers] を選択します（図6.30）。

図6.30 ▶ タグとレイヤーの開き方

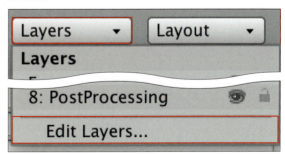

Chapter 6 弾を撃って敵を倒そう

2 レイヤーの追加

インスペクターウィンドウ上の[Layers]プロパティを開き、「Bullet」と「Enemy」という名前のレイヤーを追加します（図6.31）。

図6.31 ▶ レイヤーの追加

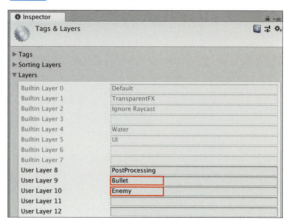

以下の手順で「Bullet」プレハブと「ZomBear」プレハブに対して、作成したレイヤーを設定します。

1 「Bullet」のレイヤーの変更

プロジェクトウインドウの「Assets/VRShooting/Prefabs/Bullet」を選択し、インスペクター上で[Layer]を「Bullet」に変更します（図6.32）。

図6.32 ▶ 「Bullet」のレイヤーの変更

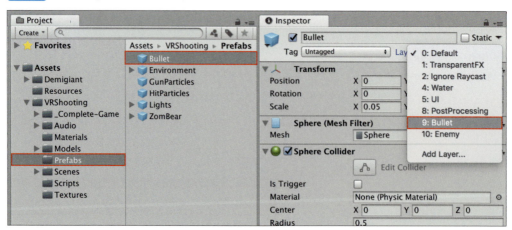

198

2 「ZomBear」のレイヤーの変更

プロジェクトウインドウの「Assets/VRShooting/Prefabs/ZomBear」を選択し、インスペクター上で [Layer] を「Enemy」に変更します（図6.33）。

図6.33 ▶「ZomBear」のレイヤーの変更

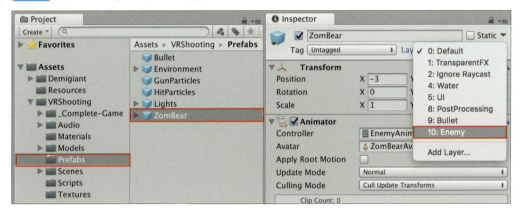

3 確認ダイアログ

プロジェクトウインドウの「ZomBear」のレイヤー変更時に図6.34のような確認ダイアログが表示される場合は、[Yes, change children] を選択します。

図6.34 ▶ 子のゲームオブジェクトまで含めて
レイヤー変更する確認ダイアログ

　手順 3 の確認ダイアログは、レイヤーの変更をどう行うかの選択ダイアログで、[No, this object only] ボタンを選択すると自分自身のみのレイヤーを変更します。また、[Yes, change children] ボタンを選択すると自分自身を含めて、子のゲームオブジェクトすべてのレイヤーを変更します。
　最後にレイヤー間の衝突検出設定を以下の手順で行います。

1 [Physics] を開く

メニューバーから [Edit] → [Project Settings] → [Physics] を選択します。

2 衝突設定

インスペクターウインドウ上で「Bullet」と「Enemy」の [Layer Collision Matrix] を設定します（図6.35）。

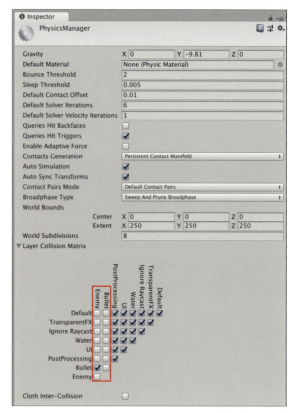

図6.35 ▶「Bullet」と「Enemy」間の衝突設定

● 衝突時のイベントを実装する

　レイヤーの設定ができたので、衝突時イベントをスクリプトで実装していきましょう。

　今回作成したケースでは、弾は物理挙動に従う「Rigidbodyコライダー」、敵は将来的に物理挙動ではなく、独自で動かすことを考えて「Kinematic Rigidbody トリガーコライダー」にしています。表6.6を見てみるとこの組み合わせでは、衝突時には「Trigger」イベントが発生することになります。これを踏まえて、まずは「Bullet」スクリプトにOnTriggerEnterイベント関数を実装します。プロジェクトウィンドウの「Assets/VRShooting/Scripts/Bullet」をダブルクリックで開き、以下のように編集します。

```csharp
using System.Collections;
using System.Collections.Generic;
using UnityEngine;

[RequireComponent(typeof(Rigidbody))]
public class Bullet : MonoBehaviour
{
    [SerializeField] float speed = 20f; // 弾速 [m/s]

    // Use this for initialization
    void Start()
    {
        // ゲームオブジェクト前方向の速度ベクトルを計算
        var velocity = speed * transform.forward;

        // Rigidbodyコンポーネントを取得
        var rigidbody = GetComponent<Rigidbody>();

        // Rigidbodyコンポーネントを使って初速を与える
        rigidbody.AddForce(velocity, ForceMode.VelocityChange);
    }

    // トリガー領域進入時に呼び出される
    void OnTriggerEnter(Collider other)
    {
        // 衝突対象に"OnHitBullet"メッセージ
        other.SendMessage("OnHitBullet");

        // 自身のゲームオブジェクトを破棄
        Destroy(gameObject);
    }
}
```

　OnTriggerEnter関数では衝突した相手のColliderが引数として渡されます。ここでは衝突相手にOnHitBulletというメッセージを送り、自身のゲームオブジェクトを破棄しています。SendMessage関数によりOnHitBulletメッセージを受けたゲームオブジェクトでは、付与されたコンポーネントすべてに対してOnHitBulletという名前の関数があればその関数を実行しています。

　次に敵側の衝突時処理を実装します。プロジェクトウィンドウの「Assets/VRShooting/Scripts」以下に「Enemy」スクリプトを作成し、次のように編集します。

```
1   using System.Collections;
2   using System.Collections.Generic;
3   using UnityEngine;
4
5   public class Enemy : MonoBehaviour
6   {
7       // OnHitBulletメッセージから呼び出されることを想定
8       void OnHitBullet()
9       {
10          // 自身のゲームオブジェクトを破棄
11          Destroy(gameObject);
12      }
13  }
```

　このスクリプトではOnHitBullet関数を実装し、この関数が呼ばれたときにゲームオブジェクトを破棄するようしています。

　弾と敵が衝突することで、BulletクラスのOnTriggerEnterが呼び出され、その中で衝突相手すなわち敵のゲームオブジェクトにOnHitBulletメッセージが送られます。敵に付与されたEnemyコンポーネントはOnHitBullet関数を持っているため、それが呼び出され、敵が消滅するという流れになります。

● コンポーネントの設定と動作確認

　作成したコンポーネントを付与して動作を確認しましょう。

　プロジェクトウインドウの「Assets/VRShooting/Prefabs/ZomBear」プレハブに、作成した「Enemy」コンポーネントを付与します（図6.36）。

　実行して弾を敵に当てることで、弾と敵が消えれば正しく動作しています（図6.37）。

6-2 敵を倒せるようにしてみよう

図6.36 ▶「Enemy」コンポーネントの付与

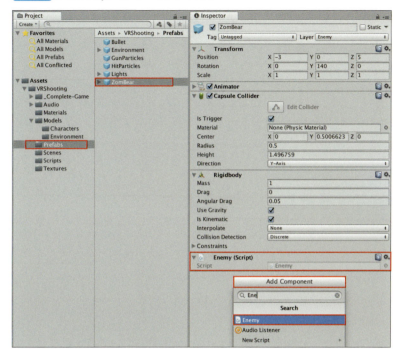

図6.37 ▶ 弾を当てて敵を倒す

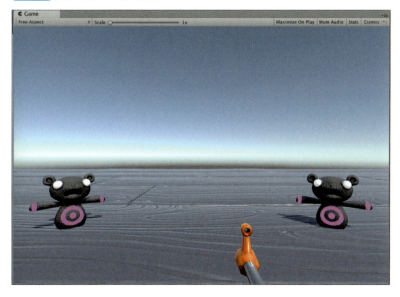

203

Chapter 6 弾を撃って敵を倒そう

6-3 敵をランダムに出現させてみよう

ここでは少しゲーム性を持たせるために、今まで作成を行った敵を一定時間ごとにランダムに出現させるようにしてみましょう。その中で敵を出現させる処理と出現を管理するクラスを作成していきます。

6-3-1 敵を出現させる仕組みを考えよう

敵の出現の仕様について少し掘り下げてみましょう。敵はシーン上に設置された出現地点（Spawner）から出現することにします。Spawnerは複数存在し、一定時間ごといずれか一つのSpawnerが選択され、そこから敵が出現するようにします。

● 敵の出現地点Spawnerを作ろう

まずは敵の出現地点を表す「EnemySpawner」コンポーネントを作成し、それを付与した出現位置を表現するコンポーネントを作成してみましょう。

● EnemySpawnerスクリプトの作成

プロジェクトウィンドウの「Assets/VRShooting/Scripts」に「EnemySpawner」スクリプトを作成して、以下のように編集します。

```
 1  using System.Collections;
 2  using System.Collections.Generic;
 3  using UnityEngine;
 4
 5  public class EnemySpawner : MonoBehaviour
 6  {
 7      [SerializeField] Enemy enemyPrefab; // 出現させる敵のプレハブ
 8
 9      Enemy enemy; // 出現中の敵を保持
10
11      public void Spawn()
12      {
13          // 出現中でなければ敵を出現させる
14          if (enemy == null)
15          {
```

```
16              enemy = Instantiate(enemyPrefab, transform.position,
17    transform.rotation);
18         }
19     }
20 }
```

出現させる敵のプレハブをエディタ上で設定できるようにenemyPrefabプロパティを定義しています。enemyという変数はSpawnerから出現した敵を保持しておくためのものです。Spawn関数は、他のクラスから呼び出すことを想定した関数で、そのSpawnerに敵が出現中でなければその位置に敵を生成します。

● EnemySpawnerプレハブの作成

ここでは敵として「ZomBear」が出現する「EnemySpawner」を作成してみましょう。先にシーン上に配置されている「ZomBear」は不要になるため3体ともヒエラルキーウィンドウで削除しておきましょう（図6.38）。

図6.38 ▶「ZomBear」を削除したあとのヒエラルキーウィンドウ

次に以下手順で「EnemySpawner」を作成します。

1 「EnemySpawner」の作成

ヒエラルキーウインドウ上で、右クリックメニューから[Create Empty]で空のオブジェクトを作成し、名前を「EnemySpawner」と変更します（図6.39）。

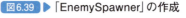

図6.39 ▶「EnemySpawner」の作成

2 「EnemySpawner」コンポーネントの付与

ヒエラルキーウインドウ上で「EnemySpawner」を選択し、プロジェクトウィンドウの「Assets/VRShooting/Scripts/EnemySpawner」をインスペクターウィンドウへドラッグ＆ドロップします（図6.40）。

図6.40 ▶「EnemySpawner」コンポーネントの付与

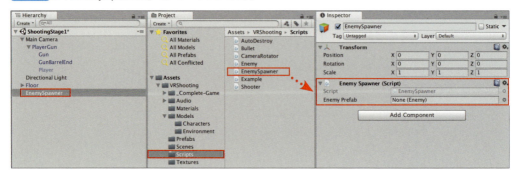

3 「Enemy Prefab」の設定

付与した「EnemySpawner」コンポーネントの「Enemy Prefab」プロパティに「Assets/VRShooting/Prefabs/ZomBear」プレハブをドラッグ＆ドロップで設定します（図6.41）。

図6.41 ▶「Enemy Prefab」の設定

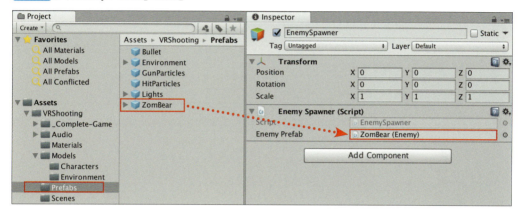

4 アイコンの設定

「EnemySpawner」はシーンビュー上だと見えないので、図6.42を参考にインスペクターウインドウ上からアイコンを設定します。

図6.42 ▶ ゲームオブジェクトにアイコンを設定する

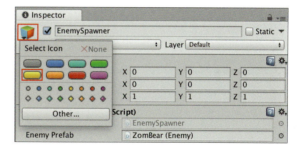

5 EnemySpawnerのプレハブ化

「EnemySpawner」を「Assets/VRShooting/Prefabs」にドラッグ＆ドロップしてプレハブ化し、ヒエラルキーウインドウ上の「EnemySpawner」は削除します（図6.43）。

図6.43 ▶ EnemySpawnerのプレハブ化

これで「EnemySpawner」プレハブは完成です。

6-3-2 敵の出現を制御する SpawnController を作ろう

「EnemySpawner」プレハブを作成しましたが、それを複数配置して一定間隔で配置した「EnemySpawner」のどれかから出現させるという仕組みが必要です。ここでは「SpawnController」スクリプトを作成して出現を制御してみましょう。

● SpawnController スクリプトの作成

プロジェクトウィンドウの「Assets/VRShooting/Scripts」に「SpawnController」スクリプトを作成し、以下のように編集します。

```csharp
using System.Collections;
using System.Collections.Generic;
using UnityEngine;

public class SpawnController : MonoBehaviour
{
    [SerializeField] float spawnInterval = 3f; // 敵出現間隔

    EnemySpawner[] spawners; // EnemySpawnerのリスト
    float timer = 0f;         // 出現時間判定用のタイマー変数

    // Use this for initialization
    void Start()
    {
        // 子オブジェクトに存在するEnemySpawnerのリストを取得
        spawners = GetComponentsInChildren<EnemySpawner>();
    }

    // Update is called once per frame
    void Update()
    {
        // タイマー更新
        timer += Time.deltaTime;

        // 出現間隔の判定
        if (spawnInterval < timer)
        {
            // ランダムにEnemySpawnerを選択して敵を出現させる
            var index = Random.Range(0, spawners.Length);
            spawners[index].Spawn();

            // タイマーリセット
            timer = 0f;
        }
```

```
35      }
36  }
```

　プロパティとしてspawnIntervalを定義し、敵出現間隔を設定できるようにしています。spawnersはSpawnerの候補を保存しておくための変数、timerは時間経過を累積しておくための変数です。
　Start関数ではGetComponentsInChildrenという関数でSpawnerのリストを取得しています。SpawnControllerを付与したゲームオブジェクトの子要素としてEnemySpawnerコンポーネントを付与したゲームオブジェクトがあれば、それらのリストを取得することができます。
　Update関数では、まずタイマーの経過時間を更新し、出現時間以上経過している場合にはランダムに選択したSpawnerから敵を出現させた上でタイマーをリセットしています。
　ここで使用しているRandom.Rangeは指定範囲内の整数を取得する関数です。

● SpawnControllerとEnemySpawnerの配置
　「EnemySpawner」プレハブを使って敵を出現させる「SpawnController」スクリプトが作成できたので、シーン上に配置してランダムに敵を出現させてみましょう。

1 「Spawners」の作成

ヒエラルキーウィンドウ上に、右クリックメニューから[Create Empty]で空のオブジェクトを作成し、「Spawners」という名前をつけます。

2 「SpawnController」コンポーネントの付与

ヒエラルキーウインドウ上で「Spawners」を選択し、プロジェクトウィンドウの「Assets/VRShooting/Scripts/SpawnController」をインスペクターウィンドウへドラッグ＆ドロップします（図6.44）。

Chapter 6 弾を撃って敵を倒そう

図6.44 ▶「SpawnController」を設定した「Spawners」ゲームオブジェクト

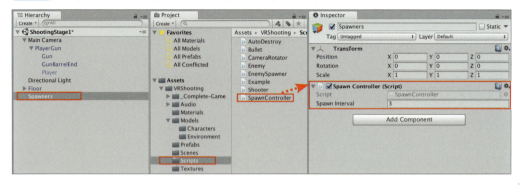

3 「EnemySpawner」の配置

プロジェクトウィンドウの「Assets/VRShooting/Prefabs/EnemySpawner」をヒエラルキーウィンドウ上の「Spawners」にドラッグ＆ドロップして「Spawners」の子要素に「EnemySpawner」を配置します。

4 「EnemySpawner」の複数配置

手順3を繰り返し、5つの「EnemySpawner」が「Spawners」の子要素として配置します（図6.45）。

図6.45 ▶「Spawners」と「EnemySpawner」を配置した状態

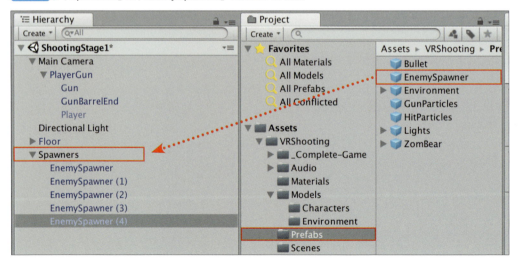

5 複数の「EnemySpawner」の設定

配置した「EnemySpawner」をそれぞれ、図6.46のようにインスペクターウィンドウで設定を行います。真上から見た場合、図6.47のように配置されます。

図6.46 ▶ EnemySpawnerの配置情報

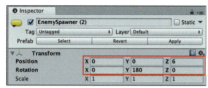

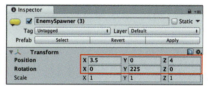

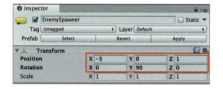

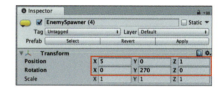

図6.47 ▶ 真上から見たシーンビュー上の配置状態

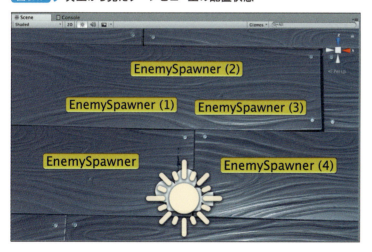

これで敵が一定時間ごとにランダムなSpawnerから出現する仕組みができました。
　実行して確認してみてください。倒しても倒しても敵が5箇所のSpawnerから無限に出現し続けるようになっていることがわかります。

Chapter 6 弾を撃って敵を倒そう

6-4 パーティクル演出を入れてみよう

本節では見た目にアクセントを入れるため、弾の発射時や着弾時の演出を入れてみましょう。その中で、いろいろな演出に使われるパーティクルシステムについて簡単に説明していきます。

6-4-1 Unityのパーティクルシステムについて知ろう

● パーティクルシステムとは

　炎、爆発、煙などのゲーム中の多くの演出にはパーティクルシステムによる表現が用いられます。パーティクルシステムとは、パーティクルという小さな画像を複数使用し、特定の規則に従ってエミッターから出現、アニメーションさせることによって多彩な演出を作り出す表現方法です。

　UnityにはShurikenと呼ばれるパーティクルシステムの仕組みが備わっており、それを使うことで様々な演出を作り出すことができます（図6.48）。

図6.48 ▶ パーティクルシステムを使用したの炎演出の例

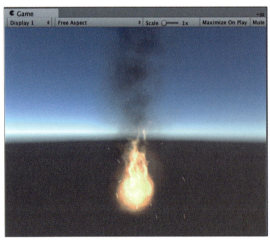

● パーティクルシステムを見てみよう

　パーティクルシステムは多彩な演出を作り出すことができる反面、パラメータが非常に多く、ここで使い方をすべて説明することはできません。ここではアセットに含まれているパーティ

クルシステムの演出について見ながら、概要について簡潔に説明します。
　プロジェクトウィンドウの「Assets/VRShooting/Prefabs」以下の「HitPartilces」と「GunParticles」をシーン上の適当な位置に配置してみましょう。配置したパーティクル演出を選択すると、シーン上で[Simulate]ボタンを押すことで再生できます（図6.49）。それぞれのパーティクル演出について確認しておきましょう。

図6.49 ▶ シーンビュー上でパーティクル演出を確認

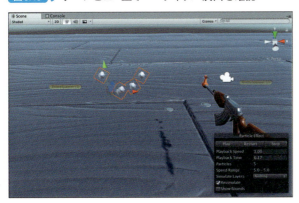

　ここからは「HitParticles」を例にパーティクルシステムをどのように使って作られているか見てみることにします。
　「HitParticles」を選択すると、インスペクターウィンドウ上で「Particle System」コンポーネントが付与されていることが確認できます（図6.50）。

図6.50 ▶ 「HitParticles」の「Particle System」コンポーネント

 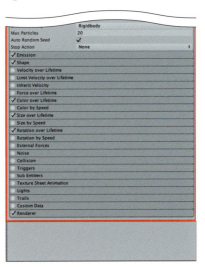

多くのプロパティが存在し、さらに下部にはチェックボックスのついた複数のボタンが配置されています。このボタンは「パーティクルシステムモジュール」と呼ばれるもので、モジュールの機能単位で有効/無効を切り替えることができ、またそれぞれに設定可能なパラメータが存在しています。

基本的なプロパティとパーティクルシステムモジュールをいくつか例として表6.7、表6.8に示します。

表6.7 ▶ パーティクルシステムのメインモジュールプロパティの例

プロパティ	説明
Duration	パーティクルシステムの時間の長さ
Looping	繰り返し再生するかどうか
Start Lifetime	パーティクルの生存時間
Start Speed	パーティクルの初速
Simulation Space	パーティクルをどの座標系に基づいて動かすか
Play On Awake	オブジェクト生成と同時に自動的に再生するかどうか

表6.8 ▶ パーティクルシステムモジュールの例

パーティクルシステムモジュール	説明
Emission	パーティクルの射出の頻度とタイミングを制御します
Shape	パーティクルを放出するエミッターの形状を定義します
［パラメータ］over Lifetime	時間によってパーティクルのパラメータを変化させます。速度に関するVelocity over Lifetime、色に関するColor over Lifetimeなどがあります
［パラメータ］by Speed	速度によってパーティクルのパラメータを変化させます。色に関するColor over Lifetime、サイズに関するSize over Lifetimeなどがあります
Renderer	マテリアルや表示方法などのパーティクルのレンダリングに関する設定を行います

「HitParticles」について、パラメータを見てみましょう。メインモジュールプロパティの「Start Lifetime」でパーティクルの寿命が0.3秒、「Duration」でシステム全体が0.4秒、「Looping」で繰り返しの再生はされない設定となっています。

「Renderer」に煙のパーティクル画像が設定されて使用されています。

「Emission」によってパーティクルは5つずつ同時に射出するようになっています。「Shape」によってコーン上に広がるようにパーティクルが射出されます。

射出されたパーティクルは「Color over Lifetime」「Size over Lifetime」「Rotation over Lifetime」の設定によって、形状などが時間に応じて変化します。

このように様々なパラメータを組み合わせることで多彩な表現を可能にしているのがUnityのパーティクルシステムです。

確認後、シーン上に配置された「HitParticles」と「GunParticles」は不要なためシーンから削除しておきましょう。

6-4-2 発射エフェクトを入れてみよう

パーティクルシステムの概要を理解したところで、実際にパーティクル演出を入れて再生するようにしてみましょう。

● Shooterスクリプトで演出を再生する

弾の発射時にパーティクル演出を再生するように、「Shooter」スクリプトを以下のように修正します。

```csharp
using System.Collections;
using System.Collections.Generic;
using UnityEngine;

public class Shooter : MonoBehaviour
{
    [SerializeField] GameObject bulletPrefab; // 弾のプレハブ
    [SerializeField] Transform gunBarrelEnd;   // 銃口(弾の発射位置)

    [SerializeField] ParticleSystem gunParticle; // 発射時演出

    // Update is called once per frame
    void Update()
    {
        // 入力に応じて弾を発射する
        if (Input.GetButtonDown("Fire1"))
        {
            Shoot();
        }
    }

    void Shoot()
    {
        // プレハブを元に、シーン上に弾を生成
        Instantiate(bulletPrefab, gunBarrelEnd.position, gunBarrelEnd.rotation);

        // 発射時演出を再生
        gunParticle.Play();
    }
}
```

Chapter 6　弾を撃って敵を倒そう

gunParticleプロパティを追加し、再生するパーティクル演出を設定できるようにしました。Shoot関数でその演出を再生しています。

● 再生する演出を設定する

エディタ上で発射時の演出を設定しましょう。

まずはプロジェクトウィンドウの「Assets/VRShooting/Prefabs/GunParticles」をヒエラルキーウィンドウ上の「GunBarrelEnd」にドラッグ＆ドロップして、「GunParticles」を「GunBarrelEnd」の子要素にします（図6.51）。

図6.51 ▶「GunParticles」を「GunBarrelEnd」の子要素にする

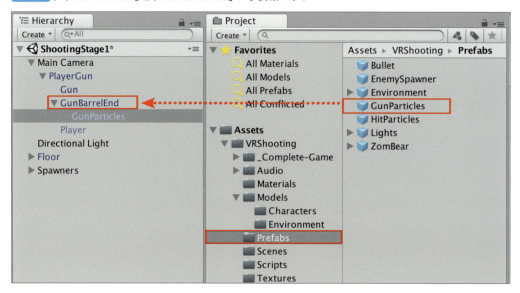

ヒエラルキーウィンドウ上で「PlayerGun」ゲームオブジェクトを選択し、[Gun Particle] プロパティにヒエラルキー上から「GunParticles」をドラッグ＆ドロップで設定します（図6.52）。

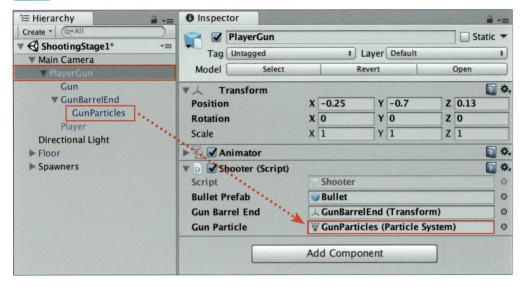

図6.52 ▶ [Gun Particle]プロパティに発射時演出を設定

以上で発射時演出の設定は完了です。
実行して弾の発射時に演出が再生されることを確認しておきましょう。

6-4-3 着弾エフェクトを入れてみよう

続いて弾の着弾時のエフェクトを入れて再生してみましょう。先ほどとは少し違う方法で、自動再生するようにしたプレハブを生成する形で再生してみます。

● Bulletスクリプトで演出を再生する

弾の着弾時に演出を再生するように「Bullet」スクリプトを以下のように修正します。

```
1   using System.Collections;
2   using System.Collections.Generic;
3   using UnityEngine;
4   
5   [RequireComponent(typeof(Rigidbody))]
6   public class Bullet : MonoBehaviour
7   {
8       [SerializeField] float speed = 20f; // 弾速 [m/s]
9   
10      [SerializeField] ParticleSystem hitParticlePrefab; // 着弾時演出プ
    レハブ
```

Chapter 6　弾を撃って敵を倒そう

```
11
12      // Use this for initialization
13      void Start()
14      {
15          // ゲームオブジェクト前方向の速度ベクトルを計算
16          var velocity = speed * transform.forward;
17
18          // Rigidbodyコンポーネントを取得
19          var rigidbody = GetComponent<Rigidbody>();
20
21          // Rigidbodyコンポーネントを使って初速を与える
22          rigidbody.AddForce(velocity, ForceMode.VelocityChange);
23      }
24
25      // トリガー領域進入時に呼び出される
26      void OnTriggerEnter(Collider other)
27      {
28          // 衝突対象に"OnHitBullet"メッセージ
29          other.SendMessage("OnHitBullet");
30
31          // 着弾地点に演出自動再生のゲームオブジェクトを生成
32          Instantiate(hitParticlePrefab, transform.position, transform.
    rotation);
33
34          // 自身のゲームオブジェクトを破棄
35          Destroy(gameObject);
36      }
37 }
```

　hitParticlePrefabとして演出が自動再生されるプレハブをプロパティで設定するようにしています。着弾地点にプレハブからゲームオブジェクトを生成することで演出が再生されます。

● 再生する演出を設定する

　エディタ上で着弾時の演出を設定しましょう。
　まずはプロジェクトウィンドウ上の「Assets/VRShooting/Prefabs/HitParticles」プレハブについて以下の設定を行います。今回はゲームオブジェクトを生成する形で再生するため、自動破棄の設定も合わせて行います。

1 HitParticlesプレハブの設定

自動再生されるようにインスペクター上で[Play On Awake]にチェックを付けます。

2 コンポーネントの付与とパラメータの設定

生成したゲームオブジェクトが自動的に破棄されるように、「AutoDestroy」コンポーネントを付与し、[Lifetime]プロパティを0.4に設定します（図6.53）。

図6.53 ▶ 「HitParticles」プレハブの設定

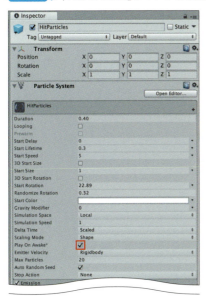
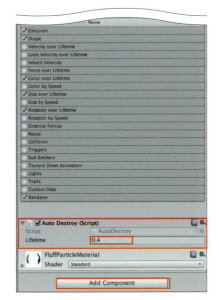

次に「Assets/VRShooting/Prefabs/Bullet」プレハブを選択し、「Bullet」コンポーネントの[Hit Particle Prefab]プロパティに「Assets/VRShooting/Prefabs/HitParticles」プレハブをドラッグ＆ドロップで設定します（図6.54）。

Chapter 6　弾を撃って敵を倒そう

図6.54 ▶「Bullet」のプロパティに着弾時演出プレハブを設定

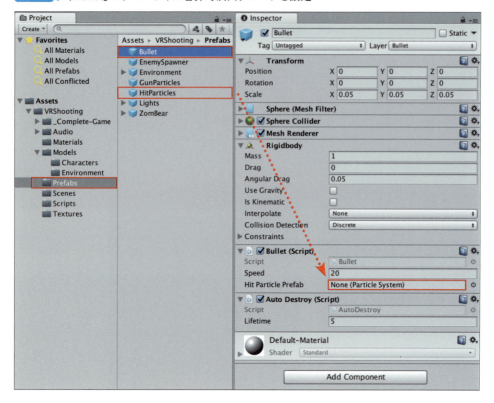

以上で着弾時演出の設定は完了です。

実行して着弾時に演出が再生されることを確認しておきましょう。

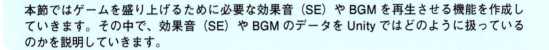

6-5 音を入れてみよう

本節ではゲームを盛り上げるために必要な効果音（SE）やBGMを再生させる機能を作成していきます。その中で、効果音（SE）やBGMのデータをUnityではどのように扱っているのかを説明していきます。

6-5-1 Unityにおけるオーディオ

まずはオーディオの概要とUnityにおける音声の扱いについて説明します。

● オーディオ概要

実生活において、音は様々な音源から発生し、それが伝播して聞き手に届くことで聞こえます。音の聞こえ方は音源と聞き手の位置関係や相対速度、周囲の環境等によって変化します。

ゲームにおける音は臨場感や演出、状況説明のために用いられます。状況を反映したBGMや現実には存在しない効果音を加えることで演出を補助したり強化するケースもあります。VRにおいては位置関係等を正しく反映した音によって、没入感を高める効果が期待できます。

● Unityにおけるオーディオ

Unityでは音源と聞き手の位置関係等を反映する3Dオーディオがサポートされています。またフィルタを使用することで環境に応じて音に特殊効果をかけたりすることもできます。

ここでUnityで音声を扱う上で基本となるアセットとコンポーネントについて説明します。

● AudioClipアセット

「AudioClip」アセットは音そのものを表現するアセットです（図6.55）。mp3、ogg、wav等のオーディオファイルがインポートされるとUnity上で「AudioClip」アセットとして扱われます。インスペクターウィンドウ上ではオーディオファイルをUnity上で扱う際のインポートの設定を変更することができます。

図6.55 ▶「AudioClip」アセット

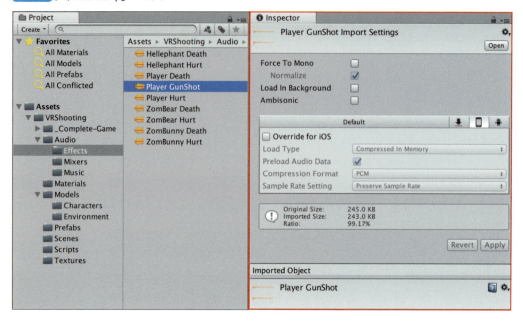

● Audio Sourceコンポーネント

「Audio Source」コンポーネントはAudioClipをシーン内で再生する音源に相当するコンポーネントです（図6.56）。音量や再生方法に関する設定、3Dオーディオや特殊効果に関する設定等を持っています。

図6.56 ▶「Audio Source」コンポーネント

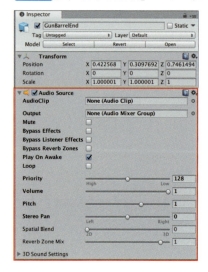

Audio Listenerコンポーネント

「Audio Listener」コンポーネントはシーン上で音を受け取る聞き手に相当するコンポーネントです（図6.57）。一人称視点のゲームでは通常メインカメラに設定します。「Audio Listener」コンポーネントはシーン上に2つ以上存在してはいけません。

図6.57 ▶ 「Audio Listener」コンポーネント

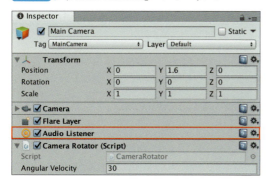

6-5-2 射撃時の効果音を入れてみよう

ここからは実際にゲーム中に音を入れていきましょう。まずは射撃時に音を鳴らすようにしてみます。

銃口のAudio Source設定

まずは銃口から音が再生できるように「Audio Source」コンポーネントを設定します。アセットとしては、プロジェクトウィンドウの「Assets/VRShooting/Audio/Effects/Player GunShot」を使用します。

以下の手順に従ってコンポーネントを設定します。

1 「Audio Source」コンポーネントの付与

ヒエラルキーウィンドウ上の「GunBarrelEnd」に「Audio Source」コンポーネントを付与します。

2 [AudioClip]プロパティの設定

付与した「Audio Source」コンポーネントの[AudioClip]プロパティにプロジェクトウィンドウの「Assets/VRShooting/Audio/Effects/Player GunShot」を設定します。

Chapter 6 弾を撃って敵を倒そう

1 「Audio Source」コンポーネントの設定

[Play On Awake]のチェックを外し、[Spacial Blend]を0.8に設定します（図6.58）。

図6.58 ▶「GunBarrelEnd」の「Audio Source」コンポーネント設定

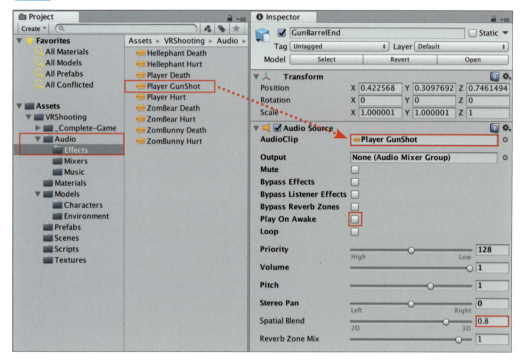

自動的に再生されないように[Play On Awake]のチェックを外しています。[Spacial Blend]は音源との位置関係をどの程度反映させるかを設定します。0であれば位置関係に関わらず同じ聞こえ方となり、1に近いほど位置関係を反映した聞こえ方になります。

● Shooterスクリプトで射撃時に音を再生する

次に「Shooter」スクリプトを以下のように修正して射撃時に音を再生するようにします。

```
1  using System.Collections;
2  using System.Collections.Generic;
3  using UnityEngine;
4
5  public class Shooter : MonoBehaviour
6  {
7      [SerializeField] GameObject bulletPrefab; // 弾のプレハブ
```

```
 8          [SerializeField] Transform gunBarrelEnd;    // 銃口(弾の発射位置)
 9
10          [SerializeField] ParticleSystem gunParticle; // 発射時演出
11          [SerializeField] AudioSource gunAudioSource; // 発射音の音源
12
13          // Update is called once per frame
14          void Update()
15          {
16              // 入力に応じて弾を発射する
17              if (Input.GetButtonDown("Fire1"))
18              {
19                  Shoot();
20              }
21          }
22
23          void Shoot()
24          {
25              // プレハブを元に、シーン上に弾を生成
26              Instantiate(bulletPrefab, gunBarrelEnd.position, gunBarrelEnd.rotation);
27
28              // 発射時演出を再生
29              gunParticle.Play();
30
31              // 発射時の音を再生
32              gunAudioSource.Play();
33          }
34      }
```

gunAudioSourceというメンバーを用意して、発射時の音のAudioSourceをプロパティから指定し、発射時にgunAudioSource.Play()によって再生するという処理を追加しています。

● Shooterコンポーネントの設定と確認

「Shooter」コンポーネントのプロパティを設定して確認してみましょう。ヒエラルキーウィンドウ上で「PlayerGun」ゲームオブジェクトを選択し、「Shooter」コンポーネントの[Gun Audio Source]プロパティにヒエラルキーウィンドウから「GunBarrelEnd」をドラッグ＆ドロップで設定します（図6.59）。

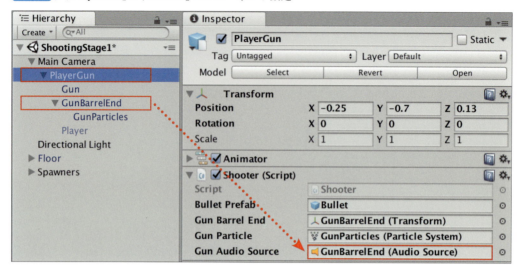

図6.59 ▶「PlayerGun」の「Shooter」コンポーネント設定

設定は以上です。

実行して、弾の発射時に音が再生されることを確認してみましょう。

6-5-3 敵に関する効果音を入れてみよう

ここでは敵の出現時と弾が命中した際の効果音を入れてみます。

● 敵のオーディオアセットの準備

「ZomBear」のオーディオアセットとしては「ZomBear Hurt」と「ZomBear Death」という2種類が含まれていますが、出現時に相当するアセットは含まれていません。

しかし作成中のVRゲームにおいて、出現時に音を鳴らすことは敵の方向を示すヒントとして意味を持たせます。そのため、ここでは出現時の音を「ZomBear Death」で代用したいと思います。「ZomBear Hurt」はそのまま命中時の音として使用します。

● 敵のAudio Source設定

敵の位置に音を鳴らす必要があるため、「ZomBear」プレハブに「Audio Source」コンポーネントを設定します。

ただし、今回は鳴らすべき音が出現時と命中時の2種類存在します。「Audio Source」コンポーネント上に事前に音を設定しておいて鳴らすだけとはいかないため、スクリプトから音を再生する際に使用するAudioClipを指定することにします。

以下手順で「ZomBear」プレハブに「Audio Source」コンポーネントを設定します。

1 「Audio Source」コンポーネントの付与

プロジェクトウィンドウ上の「Assets/VRShooting/Prefabs/ZomBear」プレハブに「Audio Source」コンポーネントを付与します。

2 「Audio Source」コンポーネントの設定

[Play On Awake] のチェックを外し、[Spacial Blend] を 0.8 に設定します（図6.60）。

図6.60 ▶「ZomBear」プレハブの「Audio Source」コンポーネント設定

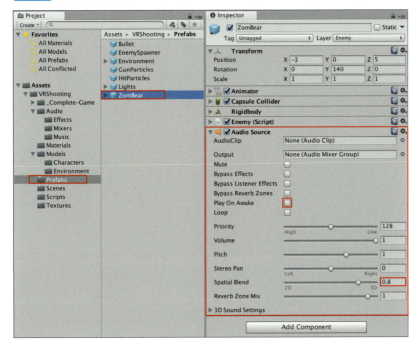

● Enemyスクリプトで音を再生する

Enemyスクリプトを修正して出現時と命中時に音を再生するようにしてみましょう。以下に修正したEnemyスクリプトを示します。

```
1  using System.Collections;
2  using System.Collections.Generic;
3  using UnityEngine;
4
5  [RequireComponent(typeof(AudioSource))]
6  public class Enemy : MonoBehaviour
7  {
```

Chapter 6　弾を撃って敵を倒そう

```
 8      [SerializeField] AudioClip spawnClip; // 出現時のAudioClip
 9      [SerializeField] AudioClip hitClip;   // 弾命中時のAudioClip
10
11      // 倒された際に無効化するためにコライダーとレンダラーを持っておく
12      [SerializeField] Collider enemyCollider; // コライダー
13      [SerializeField] Renderer enemyRenderer; // レンダラー
14
15      AudioSource audioSource; // 再生に使用するAudioSource
16
17      void Start()
18      {
19          // AudioSourceコンポーネントを取得しておく
20          audioSource = GetComponent<AudioSource>();
21
22          // 出現時の音を再生
23          audioSource.PlayOneShot(spawnClip);
24      }
25
26      // OnHitBulletメッセージから呼び出されることを想定
27      void OnHitBullet()
28      {
29          // 弾命中時の音を再生
30          audioSource.PlayOneShot(hitClip);
31
32          // 死亡時処理
33          GoDown();
34      }
35
36      // 死亡時処理
37      void GoDown()
38      {
39          // 当たり判定と表示を消す
40          enemyCollider.enabled = false;
41          enemyRenderer.enabled = false;
42
43          // 自身のゲームオブジェクトを一定時間後に破棄
44          Destroy(gameObject, 1f);
45      }
46  }
```

少し長くなってしまったので、順に説明します。
まずはプロパティと変数についてです。

```
 8      [SerializeField] AudioClip spawnClip; // 出現時のAudioClip
 9      [SerializeField] AudioClip hitClip;   // 弾命中時のAudioClip
10
11      // 倒された際に無効化するためにコライダーとレンダラーを持っておく
12      [SerializeField] Collider enemyCollider; // コライダー
13      [SerializeField] Renderer enemyRenderer; // レンダラー
14
15      AudioSource audioSource; // 再生に使用するAudioSource
```

出現時と弾の命中時に相当するAudioClipをエディタ上で設定できるようにプロパティとして定義しています。

コライダーとレンダラーのプロパティは「ZomBear」自身のコライダーとレンダラーを指定するようにします。これは死亡時の処理で必要となるために保持しています。audioSource変数は「Audio Source」コンポーネントを毎回取得しなくても良いように変数に保持するために使用します。

次にStart関数について見てみます。

```
17  void Start()
18  {
19      // AudioSourceコンポーネントを取得しておく
20      audioSource = GetComponent<AudioSource>();
21
22      // 出現時の音を再生
23      audioSource.PlayOneShot(spawnClip);
24  }
```

「Audio Source」コンポーネントを取得して、出現時の音を再生しています。
そのため、必要コンポーネントとして、

```
 5  [RequireComponent(typeof(AudioSource))]
```

を追加しています。
PlayOneShot関数を使うことでAudioClipを指定して再生することができます。
OnHitBullet関数を見てみます。

```
26    // OnHitBulletメッセージから呼び出されることを想定
27    void OnHitBullet()
28    {
29        // 弾命中時の音を再生
30        audioSource.PlayOneShot(hitClip);
31
32        // 死亡時処理
33        GoDown();
34    }
```

　命中時の音を再生した後に死亡時のGoDownという関数を呼び出しています。ここで死亡時にすぐゲームオブジェクトを破棄してはいけない点に注意が必要です。

　音の再生はこのゲームオブジェクトに付与されたAudioSourceによって行われるため、ゲームオブジェクトを破棄してしまうと音が再生されなくなってしまうためです。そのためここでは、以下のようなGoDownという関数を呼び出すようにしました。

```
36    // 死亡時処理
37    void GoDown()
38    {
39        // 当たり判定と表示を消す
40        enemyCollider.enabled = false;
41        enemyRenderer.enabled = false;
42
43        // 自身のゲームオブジェクトを一定時間後に破棄
44        Destroy(gameObject, 1f);
45    }
```

　この関数ではコライダーとレンダラーを無効化することで、当たり判定と表示を消し、敵がいなくなったように見せています。ただしゲームオブジェクトは1秒遅れて削除するようにしています。これによって死亡時にも効果音の再生が終わってからゲームオブジェクトが破棄されるような作りにしています。

● 「Enemy」コンポーネントの設定と確認

　インスペクタウィンドウ上で「Enemy」コンポーネントの設定をしましょう。
　プロジェクトウィンドウの「Assets/VRShooting/Prefabs/ZomBear」プレハブの「Enemy」コンポーネントを以下の手順で設定します。

1 [Spawn Clip] プロパティの設定

[Spawn Clip] プロパティに「Assets/VRShooting/Audio/Effects/ZomBear Death」を設定します。

2 [Hit Clip] プロパティの設定

[Hit Clip] プロパティに「Assets/VRShooting/Audio/Effects/ZomBear Hurt」を設定します。

3 [Enemy Collider] プロパティの設定

[Enemy Collider] プロパティに「ZomBear」プレハブ自身をドラッグ＆ドロップで設定します。

4 [Enemy Renderer] プロパティの設定

[Enemy Renderer] プロパティに「ZomBear」プレハブの子要素をドラッグ＆ドロップで設定します（図6.61）。

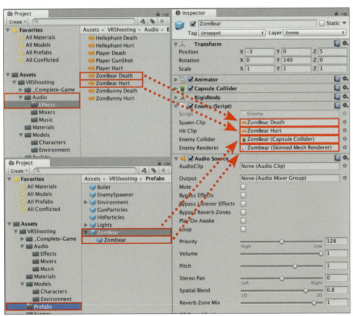

図6.61 ▶「ZomBear」プレハブの「Enemy」コンポーネント設定

　設定できたら実行して確認してみましょう。敵が出現する時と敵に弾が命中した時に音が再生されます。イヤホン等で聞いてみると、敵の出現した方向から音が聞こえてくることがよくわかると思います。

● BGMの設定

最後はBGMについて設定してみましょう。

BGMはシーンに入った後、ループ再生を行い途切れないようにしてみましょう。BGMを再生するための「BGM」ゲームオブジェクトを作成して設定してみます。

1 「BGM」の作成

ヒエラルキーウィンドウ上に右クリックメニューから[Create Empty]で空のゲームオブジェクトを作成し、名前を「BGM」とします（図6.62❶）。

2 「Audio Source」コンポーネントの付与

「BGM」ゲームオブジェクトに「Audio Source」コンポーネントを付与します。

3 [AudioClip]プロパティの設定

「Audio Source」コンポーネントの[AudioClip]プロパティにプロジェクトウィンドウ上の「Assets/VRShooting/Audio/Music/Background Music」を設定します（図6.62❷）。

4 「Audio Source」コンポーネントの設定

「Audio Source」コンポーネントの[Loop]プロパティにチェックを付けます。このままではボリュームが大きいため、「Audio Source」コンポーネントの[Volume]プロパティに0.2を設定します（図6.62❸）。

図6.62 ▶「BGM」ゲームオブジェクト

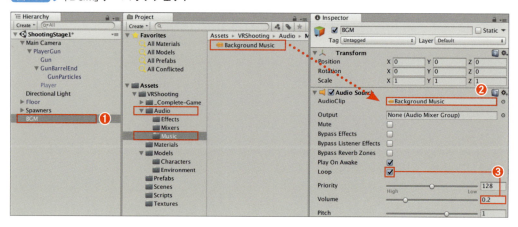

実行してBGMが再生されることを確認しておきましょう。

Chapter 7

ゲームのルールを作ろう

　前章ではVRシューティングゲームのプレイヤーと敵の動作の作成とPrefabの使い方について説明してきました。

　この章ではシューティングゲームをもう少しゲームらしくするためにゲームルールを作成していきます。その中でユーザーインターフェース(UI)の作成方法やゲームの進行を管理する方法についても触れていきます

この章で学ぶことまとめ
・UIの作成方法
・UIコンポーネントの使い方
・時間制限の作成方法
・スコアの作成方法
・ゲームの進行管理方法

Chapter 7　ゲームのルールを作ろう

7-1　UI を表示してみよう

本節ではゲームを作る上で重要な要素の一つであるユーザーインターフェース（UI）の説明をしていきます。その中でユーザーインターフェースの作成方法や UI 作成でよく使うコンポーネントの使い方について説明していきます。

7-1-1　Unity での UI について

　Unity には、UI を作成できるシステムが用意されています。大きく分けて、Canvas と呼ばれる表示領域に UI 要素を配置していく UI システム（uGUI）と IMGUI (Immediate Mode GUI) と呼ばれるスクリプトベースの GUI の 2 つがあります（図7.1、図7.2）。

　基本的にゲームで使用されている UI の作成には、前者の Canvas ベースの GUI が用いられ、後者はデバック用途で使用されています。また Unity 標準の UI システム以外にも、AssetStore で公開されている代表的なアセットとして「NGUI: Next-Gen UI（図7.3）」があり、過去、Unity に UI システムが標準で用意されていないときによく使用されていました。

　この節では、Unity 標準の uGUI を使用した UI の作成について取り扱います。

図7.1　uGUI(Unity Samples: UI)

234

図7.2 ▶ IMGUI

図7.3 ▶ NGUI(NGUI: Next-Gen UI)

7-1-2 UnityにおけるUIの基礎

ここでは、UnityのUIの基本的な使い方を説明します。

● Textを配置してみよう

　最初に、ビジュアルコンポーネントの「Text」をシーンに配置してみましょう。Unityのメニューバーもしくはヒエラルキーウィンドウの右クリックメニューからシーンに配置することができます。

　まずは以下の手順でTextを配置します。

Chapter 7　ゲームのルールを作ろう

1 「Text」の配置

メニューバーから [GameObject] → [UI] → [Text] を選択（図7.4）または、ヒエラルキーウィンドウ上で右クリックメニューから [UI] → [Text] を選択（図7.5）します。

図7.4 ▶ UI Text Menu

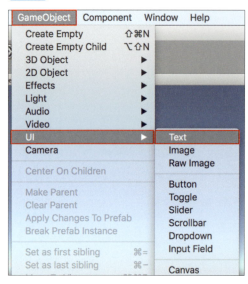

図7.5 ▶ UI Text

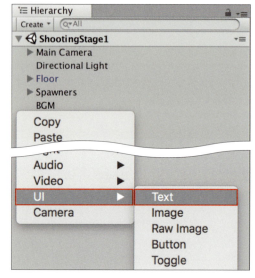

　Textがシーン上に表示されていると思います（図7.6）。この時、ヒエラルキーウィンドウを見ると、Text以外にCanvas／EventSystemというGameObjectが配置されていると思います（図7.7）。

図7.6 ▶ シーンビューのText表示

図7.7 ▶ ヒエラルキーウィンドウのGameObject

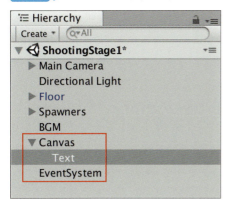

● CanvasはUIコンポーネントを配置する枠

　すべてのUIコンポーネントは、必ず、Canvasの子供になります。UIコンポーネントを作成する時、ヒエラルキーにCanvasがない場合は、自動的に作成されます。

　また、Canvasは、シーンに複数配置することができます（図7.8）。

図7.8 ▶ CanvasとUIコンポーネントの関係

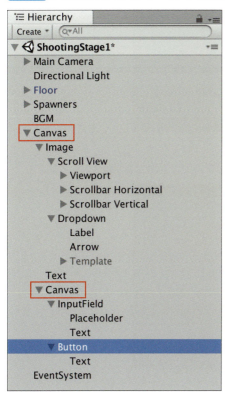

● Canvasコンポーネントについて

UIを表示する上で重要なCanvasコンポーネントについてもう少し詳しく説明します。

CanvasコンポーネントはRender Modeの種類により描画される方法が異なっています。Render Modeには、大きく分けて、スクリーンに描画を行うモードと3Dモデルと同じ空間に描画を行うモードの2つがあります。

また、スクリーンに描画を行うモードには、3D空間に描画されるオブジェクトの前面にUIを描画するOverlayモード、もしくは、カメラから指定の距離にスクリーンを配置するCameraモードの2つの方式があります。

これらの方式は、それぞれ、ScreenSpace - Overlay・ScreenSpace - Camera・WorldSpaceの3つのモードになり、それぞれどのように描画されるかのイメージを図7.9に示します。

図7.9 ▶ Render Mode別の描画モード

■ ScreenSpace - Overlay

■ ScreenSpace - Camera（3Dモデルよりスクリーンを前面に配置した場合）

■ ScreenSpace - Camera（3Dモデルよりスクリーンを後ろ面に配置した場合）

 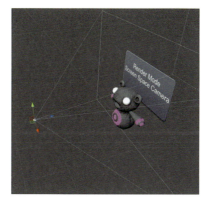

■ WorldSpace

CanvasコンポーネントをRender Modeごとに図7.10に示します。

図7.10 ▶ Canvasコンポーネント（Render Mode別）

■ ScreenSpace - Overlay

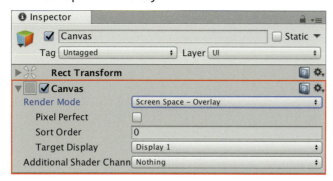

Chapter 7　ゲームのルールを作ろう

■ ScreenSpace - Camera

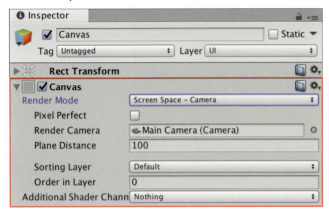

■ WorldSpace

　CanvasコンポーネントのRender Modeごとに表示されるプロパティが変わっています。それぞれのプロパティの説明を表7.1に示します。

表7.1 ▶ Canvasコンポーネントのプロパティ

プロパティ	説明
Render Mode	UIをどのような方式で描画を行うかを設定できます
Pixel Perfect	UIをアンチエイリアスなしで描画するかを設定できます（Screen Spaceモードのみ）
Render Camera	UIを描画するカメラを指定できます（Screen Space - Cameraモードのみ）
Plane Distance	UIのスクリーンが描画するカメラから離れる距離を設定できます（Screen Space - Cameraモードのみ）
Event Camera	UIイベントを処理するカメラを設定できます（World Spaceモードのみ）

240

プロパティ	説明
Sort Order	Canvas の表示順を設定できます。数字が大きいほど前面に表示されます（Screen Space - Overlay モードのみ）
Target Display	描画を行うディスプレイを設定します（Screen Space - Overlay モードのみ）
Sorting Layer	どの Sorting Layer に属するかを設定できます（Screen Space - Overlay モード以外）
Order in Layer	指定されたレイヤー内での表示順を設定できます。数字が大きいほど前面に表示されます（Screen Space - Overlay モード以外）
Additional Shader Channels	シェーダーで参照・取得するパラメータを追加します

● UIコンポーネントが表示される描画順

　Canvas コンポーネントの子供に登録されている UI コンポーネントは、ヒエラルキーの登録順番に描画が行われます。ヒエラルキーウィンドウで表示されている GameObject の順で描画されますので、上にある方が先に描画され、下に行くほど手前に表示されます（図7.11）。

図7.11 ▶ ヒエラルキーの並びと描画順の関係

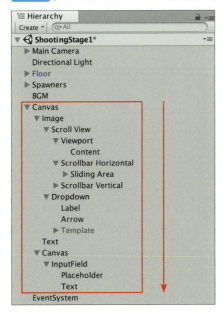

　「6-2-3 衝突時の処理を実装してみよう」で説明を行ったレイヤーの設定を開いてみましょう。ここには、Layer以外にもTagやSorting Layersを設定することができます。今回は、Sorting Layersについて説明を行います（図7.12）。

Chapter 7 ゲームのルールを作ろう

図7.12 ▶ Sorting Layersの設定

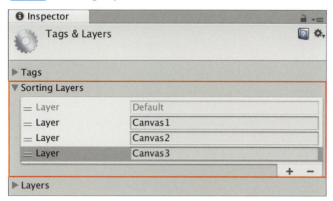

このSorting Layersは、描画を行う順番を制御することができます。Canvasコンポーネントの Render Mode が Screen Space - Overlay モード以外の時に設定を行うことができ、複数のCanvasの表示される順番を簡単に入れ替えることができます。

図7.12のようなSorting Layersに設定されている状態で、それぞれのCanvasのSorting Layerプロパティを表示されている文字と同じように設定した場合、図7.13のように表示されます。Canvas1が一番奥に表示されて、Canvas3が一番前面に表示されていることがわかると思います。

図7.13 ▶ Canvasの表示順

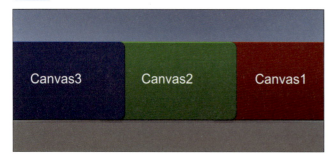

この後、Sorting Layersの並びを図7.14のように変更を行ってみます。そうすると、シーン上の表示は、図7.15のように、先ほどの図7.13とは反対にCanvas1が一番前面に表示されて、Canvas3が一番奥に表示されていることがわかると思います。このようにSorting Layersの順番を変えるだけで簡単に表示順を変更することができます。

今回のVRシューティングゲームでは、Sorting Layersの機能を使用することはありませんが、Canvasだけではなく、ParticleやSpriteなどいろいろなGameObjectの表示順を制御することができます。

図7.14 ▶ 変更したSorting Layersの設定

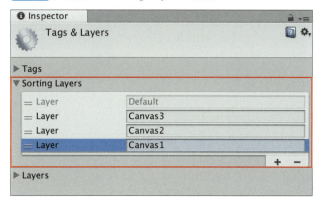

図7.15 ▶ 変更したCanvasの表示順

　CanvasコンポーネントのRender ModeがScreen Space - Overlayの場合、先ほどSorting Layerが使用できません。これは、Screen Space - Overlayの場合は、強制的に最前面に描画されるためです。そのため、Screen Space - Overlayの場合は、CanvasコンポーネントのSort Orderプロパティの値の小さい順番に描画が行われ、値が大きいほど、前面に描画されます。

　表示の順番は、ゲーム開発において重要な処理になりますので、理解を深めておくことをお勧めします。

7-1-3 UIのレイアウト

　ここでは、UIレイアウトを行う方法と基本的な概念を説明していきます。

● 2D表示モード

　Unityには、2DのSpriteやUIのレイアウト操作を簡単に行える操作モードがあります。早速そのモードに切り替えてみましょう。

1 2D表示モードへ変更

シーンビューの上部メニューの「2D」ボタンを押し、ONにし、シーンビューの上部メニューの「Center」ボタンを押し、「Pivot」にします（図7.16）。

図7.16 ▶ 2D表示モード

2 「Canvas」の選択

ヒエラルキーウインドウで先ほど作成した「Canvas」を選択し、シーンビュー上にマウスカーソルを移動させて、キーボードの f キーを押します（図7.17）。

図7.17 ▶ 「Canvas」の選択

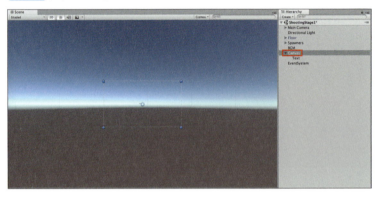

3 「Text」の移動

シーンビュー上、または、ヒエラルキーウインドウで「Text」を選択して、Canvasの領域（白い四角い枠）の中央にシーンビュー上で移動させましょう（図7.18）。

図7.18 ▶ 「Text」の移動

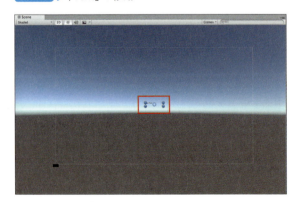

3Dモードに戻す場合は、先ほどと同じように「2D」ボタンを押して、OFFにします。

● ピボット (Pivot)

シーンビュー上で先ほどの「Text」をよく見てみましょう。中心に青い丸が表示されていると思います（図7.19）。

図7.19 ▶ 「Text」のピボット（中央の青い丸）

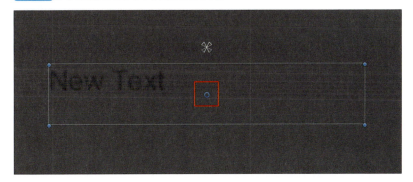

これが、ピボット（Pivot）と呼ばれる基準点で、回転・サイズ・スケールを変更する場合、この点を中心に変更が行われます。実際に操作を行い、確認してみましょう。

1 「Text」の回転

「Text」の外枠の角の青い点付近にマウスカーソルを移動させて、回転させてみましょう（図7.20）。

図7.20 ▶ 「Text」の回転

Chapter 7　ゲームのルールを作ろう

2　ピボットの移動

この青い丸を中心に「Text」が回転しています。次に、この青い丸のマウスで少し移動させて見ましょう（図7.21）。

図7.21 ▶ ピボットの移動

先ほどと違い、移動された青い丸を中心に回転が行われています（図7.22）。このように、ピボット（Pivot）は、回転・サイズ・スケールの変更を行う場合の基準点になります。

図7.22 ▶ ピボットの移動後の回転

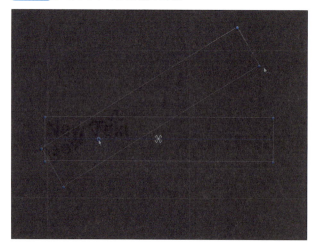

246

コラム 「Text」が回転しない場合

手順1の動作の際、[BluePrint Mode]になっていると回転することができません。「Text」の[Rect Transform]コンポーネントの図7.Aの部分を確認して、トグルが押されていない状態にしてください。

図7.A ▶「Text」の[Rect Transform]コンポーネント

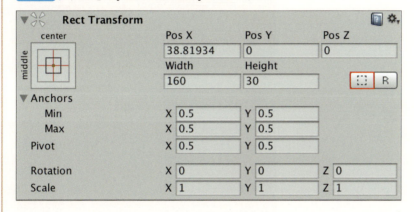

● アンカー（Anchor）

もう一度、シーンビュー上で先ほどの「Text」をよく見てみましょう。先ほどのピボットとは違った4つの三角形（アンカーポイント）がX状に表示されているのがわかるかと思います（図7.23）。

図7.23 ▶「Text」のアンカー

これはアンカー（Anchor）と呼ばれ、ヒエラルキー上の親に対して相対的にレイアウトを行うことができる機能の基準となる点です。実際に操作を行い確認してみましょう。

1 「Text」のアンカーポイントの移動

ヒエラルキーウインドウで「Text」を選択、アンカーポイントをそれぞれ、図7.24のように縦横の比率が30％－40％－30％になるように移動させてください。

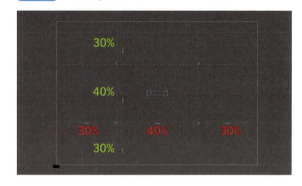

図7.24 ▶「Text」のアンカーポイントの移動

2 「Text」のサイズの変更

4角の青い丸をそれぞれ、アンカーポイントから内側に60の位置へ移動させます（図7.25）。

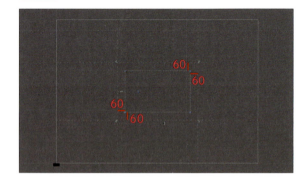

図7.25 ▶「Text」のサイズの変更

3 「Canvas」のサイズの変更

「Canvas」の白い枠の下部をドラッグしながら移動させます（図7.26）。

図7.26 ▶「Canvas」のサイズの変更

　白い枠のサイズが変更されると「Text」のサイズも自動的に変更されているのがわかると思います。また、アンカーポイントとそれぞれの青い丸が「Canvas」の相対的な位置で固定されています。白い枠のサイズがどのようなサイズに変更されても、30％－40％－30％の比率は変わることなく、アンカーポイントとそれぞれの青い丸の位置も変わりません。

　このように、親の状態に合わせて、自身の位置・サイズを調整する機能をアンカーと呼びます。今回、アンカーの指定を手動で行いましたが、Unityではプリセットが用意されていて、

簡単に設定することができます。

● Rect Transform コンポーネント

これまで、位置・回転・サイズを設定を行うためのコンポーネントとして、[Transform]クラスを使用してきましたが、UIやSpriteなど2Dの表示を行う場合は、[Rect Transform]クラスという[Transform]クラスを継承した特別なコンポーネントを使用することになります（図7.27）。

図7.27 ▶ Rect Transform コンポーネント

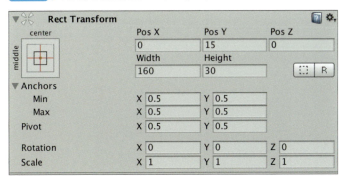

[Rect Transform]クラスは、[Transform]クラスと似たようなプロパティを持ち、先ほど説明を行ったピボットやアンカーなどの設定を行うことができるようになっています。

「Rect Transform」コンポーネントの左上にあるアンカープリセットを開くと図7.28のような画面が開き、特定の位置にアンカーを簡単に設定することができます。

図7.28 ▶ アンカープリセット

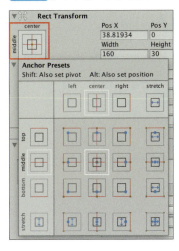

また、Shift キーを押しながら設定を行うとピボットの位置を同時に変更し、Alt キーを押しながら設定を行うとコンポーネントの位置を同時に変更することができます。Shift キーとAlt キーを同時に押すことにより、すべての位置を調整することも可能です。「Rect Transform」コンポーネントは、アンカーの設定によりプロパティの内容が変更されますので注意してください（図7.29）。

表7.2に「Rect Transform」コンポーネントで用意されているプロパティを示します。

図7.29 ▶ アンカー設定とRect Transformのプロパティ

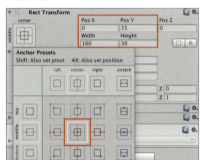
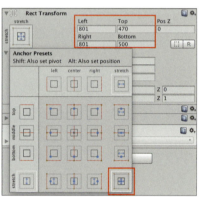

表7.2 ▶ Rect Transformクラスのプロパティ

プロパティ	説明
pivot	自身の矩形の回転の基準となる点。0.0は、左下の矩形の角で1.0が右上の矩形の角
rect	ローカル空間で計算された矩形の情報
anchorMax	親の矩形を基準とした自身の矩形の右上の角のアンカー位置の割合。0.0は、左下の親の矩形の角で1.0が右上の親の矩形の角
anchorMin	親の矩形を基準とした自身の矩形の左下の角のアンカー位置の割合。0.0は、左下の親の矩形の角で1.0が右上の親の矩形の角
offsetMax	右上のアンカーを基準とした自身の矩形の右上の角のオフセット位置
offsetMin	左下のアンカーを基準とした自身の矩形の左下の角のオフセット位置
sizeDelta	アンカーを基準とした右上と左下の角のサイズ（offsetMax - offsetMin）

7-1-4 代表的なUIコンポーネント

　Unityには、UIを作成するためにさまざまUIコンポーネントが用意されており、それらを使用することにより、簡単にイメージの表示やテキストの表示・ボタンや入力フィールドなど作成することができます。

　表7.3に代表的なUIコンポーネントを示し、そのうち、比較的よく使うものについていくつか紹介します。

表7.3 ▶ 代表的なUIコンポーネント

プロパティ	説明	表示
Text	タイトルや説明文などの文字列の表示を行います	New Text
Image	アイコンやキャラクターなどの画像の表示を行います	
Mask	子の要素の表示領域を限定することができます（サンプル画像の角が丸くなっています）	
Button	ユーザーの入力に反応して、アクションを起こせる画像の表示を行います	Button
Toggle	ON/OFFを切り替えるスイッチの表示を行います	✓ Toggle
Slider	数値の範囲をグラフィカルに変更できるバーの表示を行います	
Scrollbar	大きい画像などの表示部分の移動を行えるバーの表示を行います	
Dropdown	ユーザーが一覧からある値を選択できる文字列や画像の表示を行います	Option A / ✓Option A / Option B / Option C
Input Field	ユーザーが編集可能な文字列の表示を行います	Enter text...

● Text

　タイトルや説明文などの文字列の表示を制御するコンポーネントです。フォントの指定や大きさ・色などを設定できます。また、RichTextと呼ばれる文字列内にHTMLに似たタグを埋め込むことにより表示する文字列を装飾することが可能です。

　図7.30にコンポーネントを示します。

図7.30 ▶ Textコンポーネント

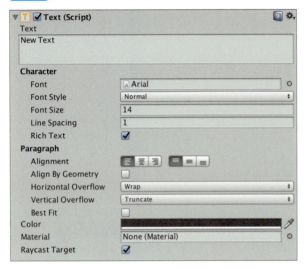

Image

イメージやアイコンなどの画像の表示を制御するコンポーネントです。画像の色を設定することができます。Unityでは、画像データを扱う場合、pngやjpegの画像データを元にしてTextureと呼ばれる画像情報を管理するクラスで扱われます。そのため、画像データはAssetとしてインポートした場合、Textureとして登録されます。このTextureは、主に3Dモデル等の表面の色や模様を表すために使用されます。

また、2DキャラクターやUIなど平面の表示に使用される画像データは、Spriteとして扱われます。Spriteは、2Dグラフィックオブジェクトとして扱われ、複数の画像をまとめて1枚の画像として扱い、その一部を表示するときなどに使用されます。このImageで使用する画像は、Spriteデータを使用しなければなりません。Textureデータを使用する画像は、別のUIコンポーネントである [Raw Image] コンポーネントを使用します。

図7.31にコンポーネントを示します。

図7.31 ▶ Imageコンポーネント

Button

押すことでアクションを起こすようなUIのコンポーネントです。ボタンは、先ほど紹介したTextコンポーネントとImageコンポーネントを使用することにより表示を行っています（図7.32）。このボタン以外にも、Unityには、複数のコンポーネントを組み合わせて表現されるUIコンポーネントがあります。

図7.33にコンポーネントを示します。

図7.32 ▶ Buttonヒエラルキーとインスペクターの状態

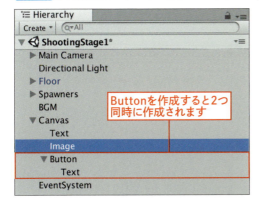

Buttonを作成すると2つ同時に作成されます

図7.33 ▶ Buttonコンポーネント

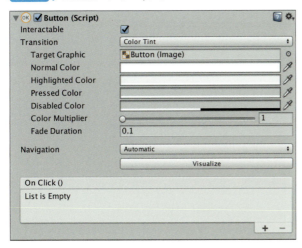

Chapter 7　ゲームのルールを作ろう

7-2 制限時間を作ってみよう

ここではゲームの流れを作る上で重要な要素の一つである制限時間とゲーム終了時の処理を作成していきます。その中で具体的なUIの設定方法やスクリプトからUIを操作する方法などについて説明していきます。

7-2-1 制限時間を表示してみよう

ここでは、前節で作成したTextオブジェクトを使用して制限時間を表示してみましょう。

● Canvasオブジェクトの設定をする

前節で作成したCanvasオブジェクトの設定を行いましょう。

1 「Canvas」の選択

ヒエラルキーウィンドウで「Canvas」を選択し、インスペクター上に「Canvas」のコンポーネントを表示します（図7.34）。

図7.34 ▶ Canvasの選択とインスペクターの表示

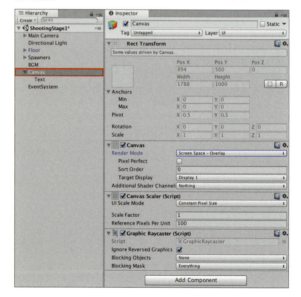

2 Canvasのパラメータの設定

「Canvas」コンポーネントの[Render Mode]をWorld Spaceへ変更し、「Rect Transform」コンポーネントの[PosX/PosY/PosZ/Width/Height]プロパティを図7.35のように設定します。

図7.35 ▶ Canvasの「Rect Transform」のパラメータ設定

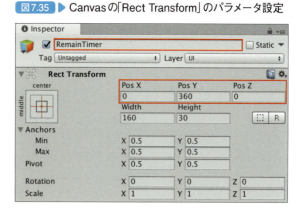

手順 2 で「Canvas」コンポーネントの[Render Mode]をScreen Space - OverlayからWorld Spaceへ変更しています。この[Render Mode]は、設定を変更すると表示する基準が変わるため、オブジェクトの表示位置が想定していた位置と違ったところに表示されてしまいます。そのため、次章で行うVR対応のために先に変更を行っています。

● Textオブジェクトの設定をする

続いてTextオブジェクトの設定をしましょう。

1 Textのパラメータ設定

ヒエラルキーウィンドウで「Text」を選択し、インスペクター上に「Text」コンポーネントを表示し、「Text」コンポーネントの[Text]プロパティへ「残り時間：30秒」と入力します。[Font Size/Alignment/Horizontal Overflow/Vertical Overflow]プロパティを図7.36のように設定します。

図7.36 ▶ Textのパラメータ設定

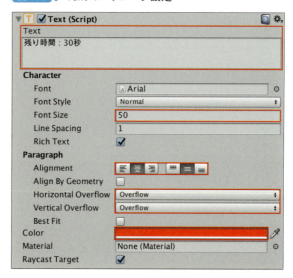

2 Textのカラーパラメータ設定

[Color]プロパティのカラーバーを選択して、図7.37のように設定します。

図7.37 ▶ Textのカラーパラメータ設定

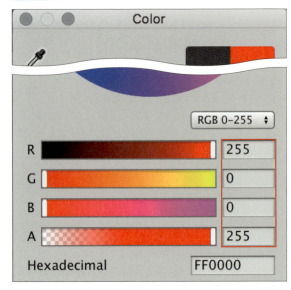

3 Textの「Rect Transform」のパラメータ設定

「Rect Transform」コンポーネントの[PosX/PosY]プロパティを図7.38のように設定します。わかりやすいようにゲームオブジェクトの名前を「Text」から「RemainTimer」へ変更します。

図7.38 ▶ Textの「Rect Transform」のパラメータ設定

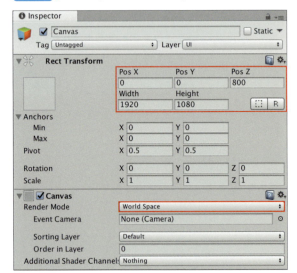

すべての設定を行った場合、ゲームウィンドウ上は、図7.39のように表示されます。

図7.39 ▶ ゲームウィンドウ上の表示状態

7-2-2 残り時間をカウントしてみよう

次に、残り時間を計測するスクリプトを作成してみましょう。

● RemainTimerスクリプトの作成

プロジェクトウィンドウの「Assets/VRShooting/Scripts」に「RemainTimer」スクリプトを作成して、以下のように編集します。

```
1  using System.Collections;
2  using System.Collections.Generic;
3  using UnityEngine;
4  using UnityEngine.UI;
5  [RequireComponent(typeof(Text))]
6  public class RemainTimer : MonoBehaviour
7  {
8      [SerializeField] float gameTime = 30.0f;       // ゲーム制限時間[s]
9      Text uiText;                                    // UIText コンポーネント
10     float currentTime;                              // 残り時間タイマー
11     void Start()
12     {
13         // Textコンポーネント取得
14         uiText = GetComponent<Text>();
15         // 残り時間を設定
16         currentTime = gameTime;
```

```
17      }
18      void Update()
19      {
20          // 残り時間を計算
21          currentTime -= Time.deltaTime;
22          // 0秒以下にはならない
23          if (currentTime <= 0.0f)
24          {
25              currentTime = 0.0f;
26          }
27          // 残り時間テキスト更新
28          uiText.text = string.Format("残り時間 : {0:F} 秒", currentTime);
29      }
30      // カウントダウンを行っているか？
31      public bool IsCountingdDown()
32      {
33          // カウンターが0でなければ、カウント中
34          return currentTime > 0.0f;
35      }
36  }
```

　ゲームの制限時間（秒）をエディタ上で設定できるようにgameTimeプロパティを定義しています。

　uiTextは、Textコンポーネントの参照を保持するための変数です。currentTimeは現在の残り時間を保持するための変数です。

　Start関数ではGetComponentという関数で同じゲームオブジェクトにあるTextコンポーネントを取得しています。

　GetComponent関数は処理が重いため、できるだけ少ない回数の呼び出しにする必要があります。そのため、ここで、取得を行い、Update関数では、その参照を使用しています。

　currentTimeにゲームの制限時間を代入しています。

　Update関数では、タイマーの残り時間を更新し、0秒以下にならないようにしています。そして、現在の残り時間をTextコンポーネントのテキストへ変更することにより、表示の更新を行っています。

　IsCountingDown関数は、残り時間のカウントを行っているかどうかを判定しています。この後の処理で使用するために、先に作成をしておきます。

7-2 制限時間を作ってみよう

● RemainTimerコンポーネントを設定と動作確認

作成した「RemainTimer」コンポーネントを設定して確認してみましょう。

1 コンポーネントの付与

プロジェクトウィンドウ上の「RemainTimer」スクリプトをヒエラルキー上の「RemainTimer」上にドラッグ＆ドロップします（図7.40）。

図7.40 ▶「RemainTimer」コンポーネントの付与

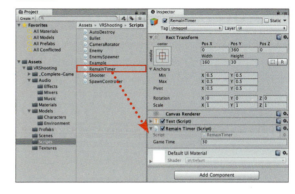

2 実行と確認

実行して、残り時間がカウントダウンされて、0秒でカウントが停止することが確認できれば正しく動いています（図7.41）。

図7.41 ▶ 残り時間のカウント終了状態

259

Chapter 7　ゲームのルールを作ろう

スコアを導入してみよう

ゲームプレイの上手さを表す指標としてスコアを導入してみましょう。ここでは、敵を倒したときにスコアを加算することにします。前節と同様にText コンポーネントを使用して、スコアの表示を行っていきます。

7-3-1 スコアを表示してみよう

ここでは、新しくTextを作成して、スコアの表示を行っていきます。

● Textオブジェクトの作成をする

作成したTextオブジェクトの設定をしましょう。

1 Textの作成

ヒエラルキーウィンドウで「Canvas」を選択し、右クリックメニューより[UI]→[Text]を選択します（図7.42）。

図7.42 ▶ Textの作成

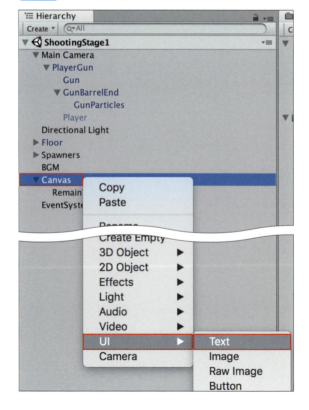

7-3 スコアを導入してみよう

2 パラメータ設定

「Text」コンポーネントの[Text]プロパティへ「得点：000点」と入力し、[Font Size/Alignment/Horizontal Overflow/Vertical Overflow]プロパティを図7.43のように設定します。また、「Rect Transform」コンポーネントの[PosX/PosY]プロパティを図7.43のように設定します。

図7.43 ▶ 「Text」と「Rect Transform」のパラメータ設定

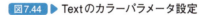

3 名前の変更

わかりやすいようにGameObjectの名前を「Text」から「Score」へ変更します。

4 カラーパラメータ設定

[color]プロパティのカラーバーを選択して、図7.44のように設定します。

図7.44 ▶ Textのカラーパラメータ設定

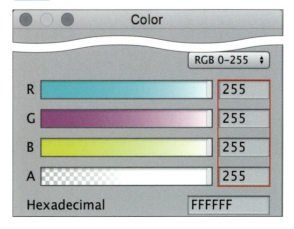

5 表示の確認

すべての設定を行った場合、ゲームウィンドウ上は、図7.45のように表示されます。

図7.45 ▶ ゲームウィンドウ上の表示状態

● Scoreスクリプトの作成

ここでは、スコアを加算する処理とそのスコアを使い、「Text」コンポーネントの表示を更新するスクリプトを作成してみましょう。

プロジェクトウィンドウの「Assets/VRShooting/Scripts」に「Score」スクリプトを作成して、以下のように編集します。

```csharp
using System.Collections;
using System.Collections.Generic;
using UnityEngine;
using UnityEngine.UI;
[RequireComponent(typeof(Text))]
public class Score : MonoBehaviour
{
    Text uiText;                                    // UIText コンポーネント
    public int Points { get; private set; }         // 現在のスコアポイント
    void Start()
    {
        uiText = GetComponent<Text>();
    }
    public void AddScore(int addPoint)
    {
        // 現在のポイントに加算
        Points += addPoint;
        // 得点の更新
        uiText.text = string.Format("得点：{0:D3}点", Points);
    }
}
```

Pointsは現在のスコアポイントを保持するための自動プロパティです。RemainTimerと同じような処理になっていますが、今回は、Update関数はなくAddScore関数が呼ばれると表示されているテキストが更新されるようになっています。

AddScore関数はPublic関数で、敵を倒したときの処理でスコアを加算する場合に使用します。この関数は、引数として加算する得点addPointを持ち、関数が呼び出されると引数addPointのポイントが現在のスコアポイントであるPointsに加算されます。また、UITextを通して、スコア表示も更新されます。

このスクリプトを今までと同様に、プロジェクトウィンドウ上の「Score」スクリプトをヒエラルキーウィンドウ上の「Score」上にドラッグ＆ドロップします。

● タグの設定

タグとは、プロジェクト内にあるオブジェクトを識別するためにユーザーが自由につけることができる名前です。タグを使用することで実行時にシーンのオブジェクトを検索して取得することができます。

Unityには同じような機能として、衝突判定で説明したレイヤーがありますが、異なった機能ですので注意してください。

表7.1にタグとレイヤーの違いを簡単にまとめておきます。

表7.1 ▶ タグとレイヤーの違い

設定	可能数	用途
タグ	ユーザーの定義した数	ゲームオブジェクトの識別に使用されます。主に検索に使用されます
レイヤー	32個（そのうち8個は固定）	描画や物理処理で使用され、演算を行う対象かどうかの判別のために使用されます

それでは、タグを設定してみましょう。

1 タグ設定の表示

ヒエラルキー上で「Score」を選択し、インスペクターのTagをクリックして、[Add Tag]を選択します（図7.46）。

図7.46 ▶ タグの選択

Chapter 7 ゲームのルールを作ろう

2 タグの追加

Tagsグループの＋ボタンをクリックし、「New Tag Name」へ「Score」と入力して、Saveボタンをクリックします（図7.47）。

図7.47 ▶ 「Score」タグの追加

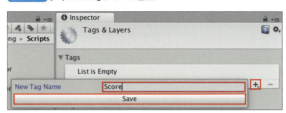

3 タグの設定

ヒエラルキー上で再度「Score」を選択し、インスペクターのTagをクリックして、追加されたScoreタグを選択します（図7.48）。

図7.48 ▶ 「Score」タグの設定

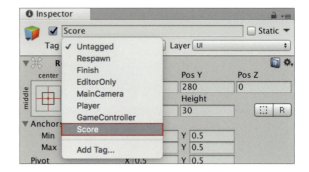

● 敵が倒されたときにスコアを加算してみよう

　Enemyスクリプトを修正して死亡時にスコアを加算するようにしてみましょう。以下に修正したEnemyスクリプトを示します。

```
1   using System.Collections;
2   using System.Collections.Generic;
3   using UnityEngine;
4   [RequireComponent(typeof(AudioSource))]
5   public class Enemy : MonoBehaviour
6   {
7       [SerializeField] AudioClip spawnClip;   // 出現時のAudioClip
8       [SerializeField] AudioClip hitClip;     // 弾命中時のAudioClip
9       // 倒された際に無効化するためにコライダーとレンダラーを持っておく
10      [SerializeField] Collider enemyCollider;  // コライダー
11      [SerializeField] Renderer enemyRenderer;  // レンダラー
12      AudioSource audioSource;                  // 再生に使用するAudioSource
13      [SerializeField] int point = 1;         // 倒したときのスコアポイント
14      Score score;                            // スコア
15      void Start()
16      {
17          // AudioSourceコンポーネントを取得しておく
18          audioSource = GetComponent<AudioSource>();
```

```
19          // 出現時の音を再生
20          audioSource.PlayOneShot(spawnClip);
21          // ゲームオブジェクトを検索
22          var gameObj = GameObject.FindWithTag("Score");
23          // gameObjに含まれるScoreコンポーネントを取得
24          score = gameObj.GetComponent<Score>();
25      }
26      // OnHitBulletメッセージから呼び出されることを想定
27      void OnHitBullet()
28      {
29          // 弾命中時の音を再生
30          audioSource.PlayOneShot(hitClip);
31          // 死亡時処理
32          GoDown();
33      }
34      // 死亡時処理
35      void GoDown()
36      {
37          // スコアを加算
38          score.AddScore(point);
39          // 当たり判定と表示を消す
40          enemyCollider.enabled = false;
41          enemyRenderer.enabled = false;
42          // 自身のゲームオブジェクトを一定時間後に破棄
43          Destroy(gameObject, 1f);
44      }
45  }
```

新しく追加されたプロパティと変数です。

```
13  [SerializeField] int point = 1;       // 倒したときのスコアポイント
14  Score score;                          // スコア
```

　敵を倒した時に加算される得点をエディタ上で設定できるようにしています。これにより敵の種類が増えた場合、それぞれに加算するスコアを設定することができます。また、先ほど作成したScoreの参照を保持する変数を追加しています。

　次に、Start関数に新しく追加された部分の説明を行います。

```
21    // ゲームオブジェクトを検索
22    var gameObj = GameObject.FindWithTag("Score");
23    // gameObjに含まれるScoreコンポーネントを取得
24    score = gameObj.GetComponent<Score>();
```

今までは、エディタ上でコンポーネントの参照を設定していましたが、ソースコード上でもコンポーネントの取得を行うことができます。先ほどタグ設定した「Score」オブジェクトをFindWithTag関数で検索を行っています。

シーンの中にScoreタグがついたゲームオブジェクトは「Score」だけしかありませんので、このゲームオブジェクトが見つかります。見つかったゲームオブジェクトに付いているScoreコンポーネントを取得しています。

このように、ゲームオブジェクトを検索することにより、必要なコンポーネントなどを取得できます。この関数以外にもオブジェクトを検索することができる関数がありますので、表7.2にまとめておきます。

GoDown関数の中で、エディタ上で指定したスコアを加算しています。

表7.2 ▶ オブジェクトの検索関数

関数名	処理
GameObject.FindWithTag	引数にタグ名を指定して検索を行い、一番最初に見つかった指定のタグが付いているGameObjectを返します
GameObject.FindGameObjectsWithTag	引数にタグ名を指定して検索を行い、指定のタグが付いているすべてのGameObjectを返します
GameObject.Find	引数にオブジェクト名を指定して検索を行い、見つかった場合そのGameObjectを返します
Transform.Find	引数にオブジェクト名を指定して自分の子供に対して検索を行い、見つかった場合そのTransformを返します

● **動作確認をしてみよう**

実行して、弾を撃って敵を倒してみましょう。敵を倒すと得点が加算されることが確認できれば正しく動いています。

7-4 スタートと結果の表示を作ってみよう

ここでは、ここではゲームの流れをわかりやすくするためにスタート画面と結果画面を作成してみましょう。その中でゲームの進行管理方法や新しいUIコンポーネントの使い方について説明していきます。

7-4-1 ゲームの進行管理

ゲームには、プレイ状態により、いくつかの決められた状態遷移があります。図7.49にじゃんけんの状態遷移を簡単に示します。

図7.49 ▶ じゃんけんの状態遷移

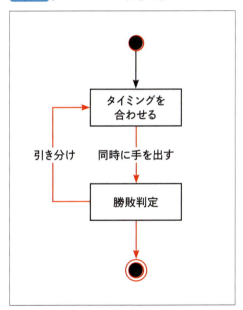

複雑なゲームの場合は、じゃんけんのような単純な状態遷移ではなく、いろいろな状態遷移が必要になります。また、ゲームの進行だけではなく、プレイヤーや敵の状態・アニメーションの状態・UIの状態などさまざまな状態遷移を管理することになります。

Chapter 7　ゲームのルールを作ろう

● ゲームの状態遷移を考えよう

ここでは、ゲームの状態遷移をどのようにするかを考えてみましょう。まず、今まで作成を行っていたゲームの状態遷移を図7.50に示します。

図7.50 ▶ ここまで作成したゲームの状態遷移

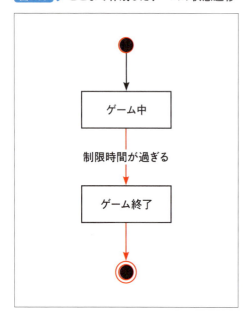

制限時間を追加しましたので、ゲームの終了を行うことができますが、今の状態は、実行するといきなりゲームが始まってしまいます。もう少しゲームらしくするために、ゲームを開始する前に準備期間とゲーム開始の合図を追加しましょう。また、開始時と同様に、終了もゲームらしく、ゲーム終了の合図と前節でスコアを作成しましたので、結果の表示も行ってみましょう。

これにより、新しく考えたゲームの状態遷移は、図7.51のようになります。

図7.51 ▶ 新しく考えたゲームの状態遷移

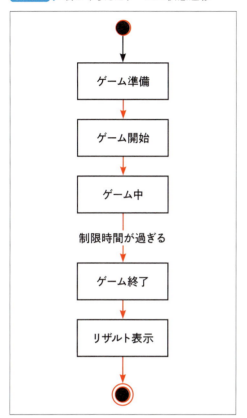

7-4-2 ゲームの準備・開始・終了の表示を作ってみよう

● 「GameReady」表示の作成

今までの復習を兼ねて、「Text」コンポーネントを使用して、表示を作成してみましょう。まずは、今までの手順で作成してみましょう。

1 「Text」の作成

ヒエラルキーウィンドウ上で右クリックメニューから[UI]→[Text]を選択し、作成された「Text」を選択してインスペクターウィンドウ上に「Text」コンポーネントを表示します。

2 表示する文字列の設定

「Text」コンポーネントの[Text]プロパティへ「Ready?」と入力します(図7.52 ❶)。

3 カラープロパティの設定

[color]プロパティのカラーバーを選択して、図7.52❷のように設定します。

4 Textのパラメータ設定

[Font Style/Font Size/Alignment/Horizontal Overflow/Vertical Overflow]プロパティを図7.52❸のように設定します。

5 Rect Transformのパラメータ設定

「Rect Transform」コンポーネントの[PosX/PosY]プロパティを図7.52❹のように設定します。

6 名前の変更

わかりやすいようにゲームオブジェクトの名前を「Text」から「GameReady」へ変更します（図7.52❺）。

図7.52 ▶ GameReadyの各種パラメータ設定

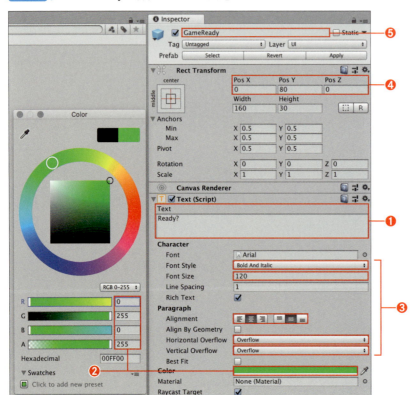

●「GameStart」「GameOver」の表示

次に、同じように「GameStart」「GameOver」の表示を作成していきますが、上記で作成した「GameReady」をコピーして作成していきましょう。

1 「GameReady」のコピー

ヒエラルキーウィンドウ上で「GameReady」を選択し、右クリックメニューから[Copy]を選択します（図7.53）。

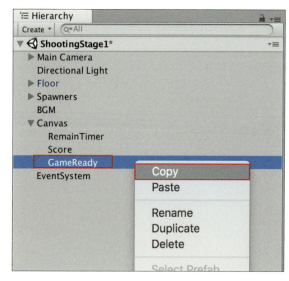

図7.53 ▶ GameReadyのコピー

2 「GameReady」のペースト

ヒエラルキーウィンドウ上で右クリックメニューから[Paste]を選択します（図7.54）。

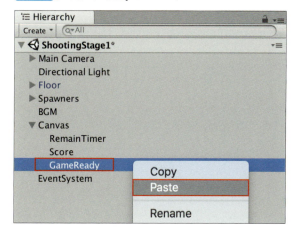

図7.54 ▶ GameReadyのペースト

Chapter 7　ゲームのルールを作ろう

3 コピーされたゲームオブジェクト

コピーで「GameReady (1)」が作成されます（図7.55）。

図7.55 ▶ コピー&ペーストで作成された「GameReady (1)」

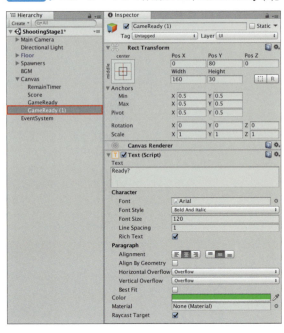

このように、コピー&ペーストで新しくゲームオブジェクトを作成できます。また、図7.54のインスペクターを見ると先ほど入力したパラメータが反映されています。同じようなゲームオブジェクトを作成する時に有効な手段ですので、是非使いこなしてください。

ヒエラルキーウインドウ上で右クリックメニューだけでなく、キーボードの command + C command + V のショートカットにも対応しています（Windowsの場合、 Ctrl + C ／ Ctrl + V ）。

● パラメータの設定

続けて、パラメータの設定を行いましょう。

1「GameReady」のペースト

キーボードシュートカットもしくは、ヒエラルキーウインドウ上で右クリックメニューから[Paste]を選択して、「GameReady (2)」を作成します（図7.56）。

図7.56 ▶ コピー&ペーストで作成された「GameReady (2)」

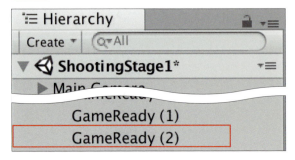

2 GameStartのパラメータ設定

ヒエラルキーウィンドウ上で「Game Ready (1)」を選択し、インスペクターウィンドウ上で図7.57のようにゲームオブジェクトの名前と[Text]パラメータを変更します。

図7.57 ▶ GameStartのパラメータ設定

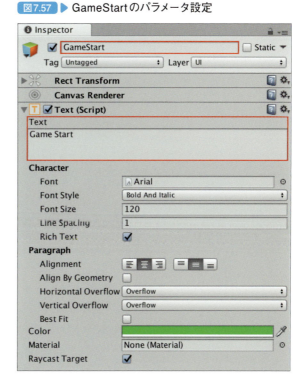

3 GameOverのパラメータ設定

ヒエラルキーウィンドウ上で「Game Ready (2)」を選択し、インスペクターウィンドウ上で図7.58のようにゲームオブジェクトの名前と[Text]・[Color]パラメータを変更します。

図7.58 ▶ GameOverのパラメータ設定

このときのゲームビュー上の表示は、すべての文字が重なって表示されている図7.59のようになっています。

図7.59 ▶ ゲームビューの表示状態

これらの「Text」コンポーネントは、必要なときに表示されるようにするため、ここで一度消しておきましょう。

1 GameReadyの非表示

ヒエラルキーウィンドウ上で「GameReady」を選択、インスペクターウィンドウ上で図7.60のチェックを外します。

図7.60 ▶ GameReadyの表示を消す

2 GameStartとGameOverの非表示

同様に、「GameStart」「GameOver」も手順 1 の操作を繰り返します。

これで、すべての「Text」コンポーネント表示はなくなりました。このとき、ヒエラルキーを確認すると図7.61のように「GameReady」「GameStart」「GameOver」の文字が少し薄くなっているのがわかります。

このように、ゲームオブジェクトのチェックが外されているかどうかがすぐに確認できるようになっています。

図7.61 ▶ ヒエラルキーの表示状態

7-4-3 リザルト表示を作ってみよう

　UIコンポーネントを使用して、リザルト画面を作ってみましょう。少し手順が多いですが、頑張ってください。

1 UIコンポーネントの作成

ヒエラルキーウィンドウ上で右クリックメニューから [UI] → [Panel] を選択します。次に、作成された「Panel」を選択して右クリックメニューから [UI] → [Text] を選択という手順を2回行います。もう一度「Panel」を選択し、右クリックメニューから [UI] → [Button] を選択します (図7.62)。

図7.62 ▶ ヒエラルキーウィンドウの状態

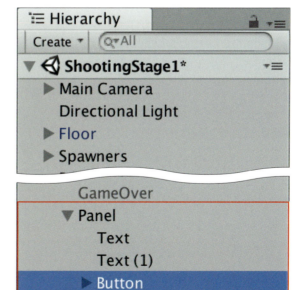

Chapter 7　ゲームのルールを作ろう

2　Panelのパラメータ設定

「Panel」を選択、インスペクターウィンドウ上で、ゲームオブジェクトの名前を「Panel」から「Result」へ変更し、[Anchor Presets]を[Center/Middle]へ変更、[Width/Height]を図7.63のように設定します。

図7.63 ▶ Panelのパラメータ設定

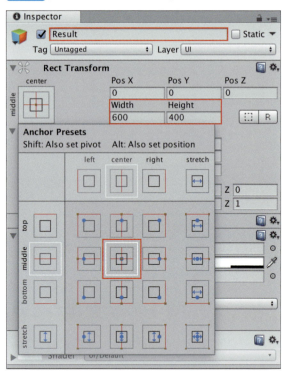

3　Imageのパラメータ設定

プロジェクトウインドウの「Assets/VRShooting/Textures/UIPanel」からインスペクターウィンドウ上の[Source Image]パラメータへドラッグ＆ドロップで設定し（図7.64）、[Color]パラメータを図7.65のように設定します

図7.64 ▶ [Source Image]のパラメータ設定

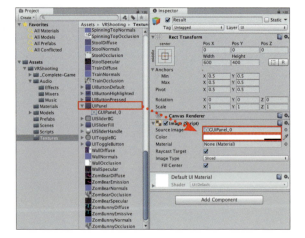

276

7-4 スタートと結果の表示を作ってみよう

図7.65 ▶ [Color]のパラメータ設定

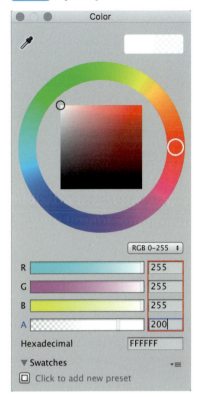

4 Titleのパラメータ設定

ヒエラルキーウィンドウ上で作成された「Text」を選択、インスペクターウィンドウ上で、ゲームオブジェクトの名前を「Text」から「Title」へ変更し、[Text]プロパティへ「結果」と入力、[/Font Size/Alignment/Color]プロパティを図7.66のように設定します。

図7.66 ▶ Titleのパラメータ設定

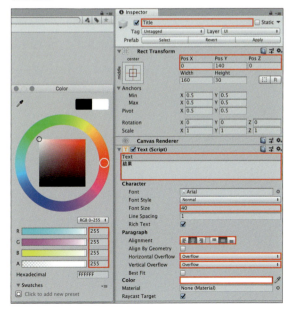

277

Chapter 7　ゲームのルールを作ろう

5　Scoreのパラメータ設定

図7.67 ▶ Scoreのパラメータ設定

ヒエラルキーウィンドウ上で作成されたもう一つの「Text」を選択、インスペクターウィンドウ上で、ゲームオブジェクトの名前を「Text」から「Score」へ変更し、[Text]プロパティへ「得点：000点」と入力、[Font Size/Alignment/Horizontal Overflow/Vertical Overflow/Color]プロパティを図7.67のように設定します。

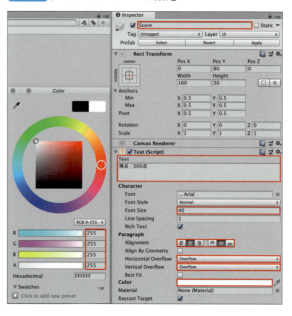

6　「Score」コンポーネントの付与

図7.68 ▶ 「Score」コンポーネントの付与

プロジェクトウインドウの「Assets/VRShooting/Scripts/Score」からインスペクターウィンドウの「Score」へドラッグ＆ドロップして、「Score」コンポーネントを付与します（図7.68）。

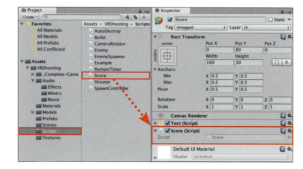

278

7 「Retry」ボタンの作成

ヒエラルキーウィンドウ上で作成された「Button」を選択、インスペクターウィンドウで、ゲームオブジェクトの名前を「Button」から「Retry」へ変更し、[Width/Height/Transition]プロパティを図7.69のように設定します。

8 「Retry」のイメージの設定

プロジェクトウィンドウの「Assets/VRShooting/Textures/UIButton*****」からインスペクターウィンドウ上の[Source Image][Highlighted Sprite][Pressed Sprite]へそれぞれドラッグ＆ドロップで設定します。

9 「Text」の設定

ヒエラルキーウィンドウ上で「Retry」の子の「Text」を選択、[Text/Font Size]プロパティを図7.70のように設定します。

図7.69 ▶「Retry」の設定

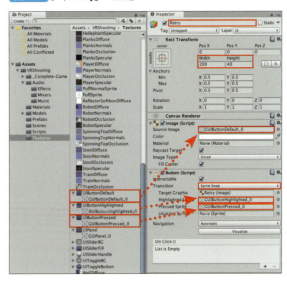

図7.70 ▶「Retry」の子の「Text」の設定

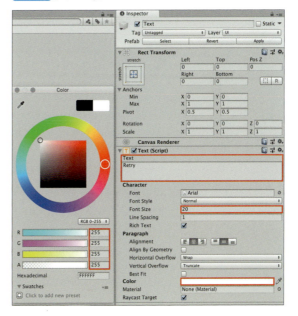

● Retryボタンを機能させよう

ここで、一度実行を行ってみましょう。リザルト表示が画面中央に表示されています。Retryボタンを押すことができるようになっていますが、なにも起こりません。これは、作成した「Retry」ボタンは、表示の機能だけで、押されたときのイベントが何も設定されていないためです。

それでは、ボタンが機能するようにスクリプトを作成しましょう。

プロジェクトウィンドウの「Assets/VRShooting/Scripts」に「SceneChanger」スクリプトを作成して、以下のように編集します。

```csharp
using System.Collections;
using System.Collections.Generic;
using UnityEngine;
using UnityEngine.SceneManagement;
public class SceneChanger : MonoBehaviour
{
    public void ReloadScene()
    {
        // 現在のシーンを取得
        var scene = SceneManager.GetActiveScene();
        // 現在のシーンを再ロードする
        SceneManager.LoadScene(scene.name);
    }
}
```

● シーンの管理

Unityには、SceneManagerと呼ばれるシーンを管理する機能があり、複数のシーンを切り替えたり、同時にいくつものシーンを読み込んだりすることができます。

ReloadScene関数では、現在読み込まれているシーンをSceneManagerから取得し、再度、読み込みを行っています。シーンを再度読み込むことにより、シーンを初期状態に戻すことができます。

それでは、新しくゲームオブジェクト作成してSceneChangerコンポーネントを設定してみましょう。

1 「SceneChanger」の作成

ヒエラルキーウインドウ上に、右クリックメニューから[Create Empty]で空オブジェクトを作成し、「SceneChanger」という名前をつけます。

2 「SceneChanger」コンポーネントの付与

プロジェクトウィンドウ上の「Assets/VRShooting/Scripts/SceneChanger」スクリプトをヒエラルキーウィンドウ上の「SceneChanger」上にドラッグ＆ドロップします（図7.71）。

図7.71 ▶「SceneChanger」コンポーネントの付与

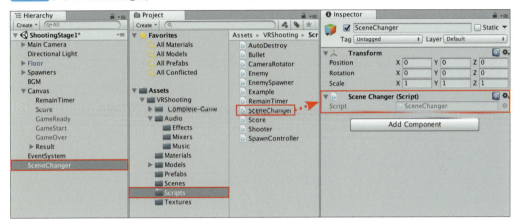

3 OnClickイベントの追加

ヒエラルキーウィンドウ上で「Retry」を選択、インスペクターウィンドウ上で[Button]のOn Click()の＋ボタンを押し、イベントを追加します（図7.72）。

図7.72 ▶「Button」コンポーネントのイベント追加

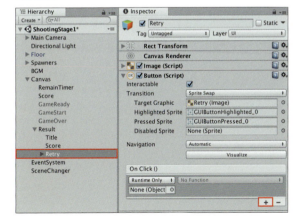

Chapter 7　ゲームのルールを作ろう

4　イベントの設定

追加したイベントにヒエラルキー上の「SceneChanger」をドラッグ＆ドロップし、[No Function]を選択して、[SceneChanger]→[ReloadScene()]を選択します（図7.73）。

図7.73 ▶「Button」コンポーネントのイベント設定

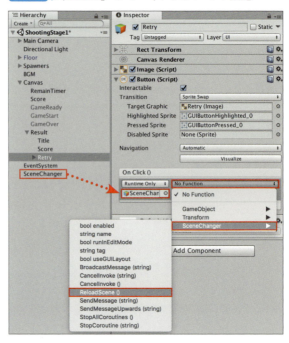

5　プレハブ化

ヒエラルキー上の「SceneChanger」をプロジェクトウインドウ上の「Assets/VRShooting/Prefabs」へドラッグ＆ドロップし、共通で使用できるようにプレハブ化します（図7.74）。

図7.74 ▶「SceneChanger」のPrefab化

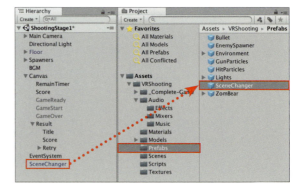

282

もう一度、実行してみましょう。先ほどと同じようにRetryボタンを押してください。今度は、ボタンを押すと、制限時間が初期化されることが確認できると思います。

正しく動いていることが確認できたら、先ほど同じように「Result」のゲームオブジェクトのチェックを外して、消しておきましょう (図7.75)。

図7.75 ▶ 「Result」オブジェクトの表示を消す

● 得点を反映させよう

ここでは、リザルト表示の得点に、獲得した得点を反映する処理を作成しましょう。プロジェクトウィンドウの「Assets/VRShooting/Scripts」に「ResultScore」スクリプトを作成して、以下のように編集します。

```csharp
using System.Collections;
using System.Collections.Generic;
using UnityEngine;
using UnityEngine.UI;
[RequireComponent(typeof(Text))]
public class ResultScore : MonoBehaviour
{
    void Start ()
    {
        // ゲームオブジェクトを検索
        var gameObj = GameObject.FindWithTag("Score");
        // gameObjに含まれるScoreコンポーネントを取得
        var score = gameObj.GetComponent<Score>();
        // Text コンポーネントの取得
        var uiText = GetComponent<Text>();
        // 得点の更新
        uiText.text = string.Format("得点：{0:D3}点", score.Points);
    }
}
```

Start関数で、前章で行ったタグ検索を使い、「Score」コンポーネントの取得を行っています。この「Score」コンポーネントに保存されているPointsプロパティの値を「Text」コンポーネントのtextプロパティへ代入することで表示されるテキストを更新しています。

それでは、「Canvas/Result/Score」ゲームオブジェクトに「ResultScore」コンポーネントを付与してみましょう。

1 コンポーネントの付与

プロジェクトウインドウの「Assets/VRShooting/Scripts/ResultScore」をヒエラルキーウインドウの「Canvas/Result/Score」ゲームオブジェクトへドラッグ＆ドロップします（図7.76）。

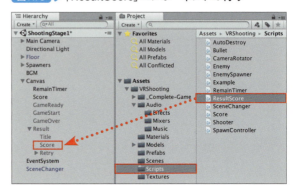

図7.76 ▶「ResultScore」コンポーネントの付与

7-4-4 ゲームの進行管理を作ってみよう

先ほど図7.51のようにゲームの状態遷移を考えましたので、それに沿ってゲームを進行させてみましょう。ゲームの状態を管理する方法は、いろいろな方法があります。本書では、ステートマシンという方法で状態の管理を行っていきます。

少し複雑なコードになりますが、なるべくわかりやすくするために簡略化を行って実装していきます。このステートマシンは状態を1つのクラスとして表現を行い、そのクラスを切り替えることにより、動作を変化させていきます。

Unityでは、このステートマシンをアニメーションで使用していて、アニメーションの変更などをGUIで設定することができます。

● GameStateControllerスクリプトの作成

「Assets/VRShooting/Scripts」に「GameStateController」スクリプトを作成して、以下のように編集します。詳しくはサンプルファイルのGameStateController.csで確認してください。

ゲームの進行管理を制御するために今までにないコード量になっていますが、処理自体は単純です。

7-4　スタートと結果の表示を作ってみよう

■ Scene内のゲームオブジェクトの参照

今まで作成したオブジェクトの参照をエディタ上で設定できるようにしています。この参照を使って、表示を行ったり、消したりしていきます。

```
 7    [SerializeField] GameObject gameReady;    // GameReadyゲームオブジェクト参照
 8    [SerializeField] RemainTimer timer;       // RemainTimerコンポーネント参照
 9    [SerializeField] GameObject gameStart;    // GameStartゲームオブジェクト参照
10    [SerializeField] GameObject gameOver;     // GameOverゲームオブジェクト参照
11    [SerializeField] GameObject result;       // Resultゲームオブジェクト参照
12    [SerializeField] GameObject player;       // PlayerGunゲームオブジェクト参照
13    [SerializeField] GameObject spawners;     // Spawnerゲームオブジェクト参照
```

■ 抽象クラスの定義

ゲームの状態を表すためにBaseStateクラスという抽象クラスを定義します。

このクラスは、親のクラスであるGameStateControllerのメンバー変数を扱うためにController変数を持ちます。

```
15    // ステートベースクラス
16    abstract class BaseState
17    {
18        public GameStateController Controller { get; set; }
19
20        public enum StateAction
21        {
22            STATE_ACTION_WAIT,
23            STATE_ACTION_NEXT
24        }
25
26        public BaseState(GameStateController c) { Controller = c; }
27
28        public virtual void OnEnter() { }
29        public virtual StateAction OnUpdate() { return StateAction.STATE_ACTION_NEXT; }
30        public virtual void OnExit() { }
31    }
```

このクラスの処理を図7.77に示します。

図7.77 ▶ BaseStateクラスの処理の流れ

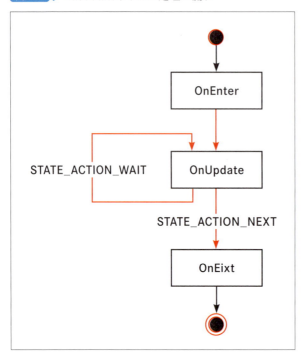

各ゲームの状態は、各クラスである「ReadyState」「StartState」「PlayingState」「GameOverState」「ResultState」で実装が行われていて、最初に考えたゲームの状態遷移と対になっています。

■ **ReadyStateクラス**

ReadyStateクラスは、最初に呼ばれるゲームの状態で「Ready」オブジェクトを5秒間だけ表示を行い、次の状態へ遷移を行います。

経過時間を保持するために、timer変数を持ち、OnUpdate関数で時間を加算し、5秒以上になった場合に、StateAction.STATE_ACTION_NEXTを返して、次の状態へ移行します。

```csharp
// ゲーム開始準備ステート
class ReadyState : BaseState
{
    float timer;

    public ReadyState(GameStateController c) : base(c) { }
    public override void OnEnter()
    {
        // ready文字列を表示
        Controller.gameReady.SetActive(true);
    }
    public override StateAction OnUpdate()
    {
        timer += Time.deltaTime;
        // 5秒後に次へ
        if (timer > 5.0f)
        {
            return StateAction.STATE_ACTION_NEXT;
        }
        return StateAction.STATE_ACTION_WAIT;
    }
    public override void OnExit()
    {
        // ready文字列を非表示
        Controller.gameReady.SetActive(false);
    }
}
```

■ StartState クラス

StartState クラスは、「Timer」「GameStart」「PlayerGun」「Spawners」オブジェクトの表示を行い、「GameStart」オブジェクトを1秒間だけ表示を行い、次の状態へ遷移を行います。

```csharp
// ゲーム開始表示ステート
class StartState : BaseState
{
    float timer;

    public StartState(GameStateController c) : base(c) { }
    public override void OnEnter()
    {
        // タイマーを表示
        Controller.timer.gameObject.SetActive(true);
```

```
 72            // start文字列を表示
 73            Controller.gameStart.SetActive(true);
 74
 75            // playerを表示
 76            Controller.player.SetActive(true);
 77
 78            // spawnersを表示
 79            Controller.spawners.SetActive(true);
 80        }
 81        public override StateAction OnUpdate()
 82        {
 83            timer += Time.deltaTime;
 84            // 5秒後に次へ
 85            if (timer > 1.0f)
 86            {
 87                return StateAction.STATE_ACTION_NEXT;
 88            }
 89            return StateAction.STATE_ACTION_WAIT;
 90        }
 91        public override void OnExit()
 92        {
 93            // Start文字列を非表示
 94            Controller.gameStart.SetActive(false);
 95        }
 96    }
```

■ PlayingStateクラス

PlayingStateクラスは、OnUpdate関数で制限時間が終わるのを待ちます。制限時間が終了すると、次の状態へ遷移を行います。

また、OnExit関数で「PlayerGun」「Spawners」オブジェクトを非表示にして処理を止めています。

```
 98    // ゲーム中ステート
 99    class PlayingState : BaseState
100    {
101        public PlayingState(GameStateController c) : base(c) { }
102        public override StateAction OnUpdate()
103        {
104            // タイマーが終了したらゲームオーバーへ
105            if (!Controller.timer.IsCountingDown())
106            {
107                return StateAction.STATE_ACTION_NEXT;
108            }
```

```csharp
            return StateAction.STATE_ACTION_WAIT;
        }

        public override void OnExit()
        {
            // プレイヤーを非表示
            Controller.player.SetActive(false);

            // 敵の発生を止める
            Controller.spawners.SetActive(false);
        }
    }
```

■ GameOverState クラス

GameOverState クラスは、「GameOver」オブジェクトを2秒間だけ表示を行い、次の状態へ遷移を行います。

```csharp
    // ゲームオーバー表示ステート
    class GameOverState : BaseState
    {
        float timer;
        public GameOverState(GameStateController c) : base(c) { }
        public override void OnEnter()
        {
            // ゲームオーバーを表示
            Controller.gameOver.SetActive(true);
        }
        public override StateAction OnUpdate()
        {
            timer += Time.deltaTime;
            // 2秒後に次へ
            if (timer > 2.0f)
            {
                return StateAction.STATE_ACTION_NEXT;
            }
            return StateAction.STATE_ACTION_WAIT;
        }
        public override void OnExit()
        {
            // ゲームオーバーを非表示
            Controller.gameOver.SetActive(false);
        }
    }
```

■ ResultState クラス

ResultStateクラスは、「Result」オブジェクトの表示を行い、これ以上状態を遷移しないようになっています。

```
149  // リザルト表示ステート
150  class ResultState : BaseState
151  {
152      public ResultState(GameStateController c) : base(c) { }
153      public override void OnEnter()
154      {
155          // リザルト表示
156          Controller.result.SetActive(true);
157      }
158      public override StateAction OnUpdate() { return StateAction.STATE_ACTION_WAIT; }
159  }
```

以上の状態を制御しているのが、GameStateControllerクラスで、どのような状態があるかをstate変数に保持していて、現在の状態をcurrentStateに保存しています。

Start関数でゲームの状態を順に登録し、Update関数で状態の更新を行うとともに次の状態へ遷移するかを判定しています。今回のゲームは、単純であるためにゲーム状態を表すクラスをまとめてGameStateControllerに記述していますが、ゲーム制作の場合、複雑な遷移が多いため、各状態を表すクラスは、別ファイルで管理されることがあります。

● GameStateControllerコンポーネントを設定

新しくゲームオブジェクト作成してGameStateControllerコンポーネントを設定してみましょう。

1 「GameStateController」の作成

ヒエラルキーウィンドウ上に、右クリックメニューから[Create Empty]で空オブジェクトを作成し、「GameStateController」という名前をつけます。

7-4 スタートと結果の表示を作ってみよう

2 「GameStateController」コンポーネントの付与

プロジェクトウィンドウ上の「Assets/VRShooting/Scripts/GameStateController」スクリプトをヒエラルキーウィンドウの「GameStateController」上にドラッグ＆ドロップします（図7.78）。

図7.78 ▶「GameStateController」コンポーネントの付与

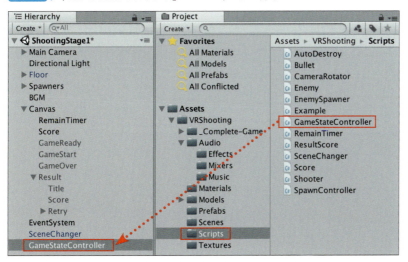

3 「GameStateController」コンポーネントの設定

図7.79のようにヒエラルキーウィンドウからドラッグ＆ドロップで各プロパティを設定します。

図7.79 ▶「GameStateController」プロパティの設定

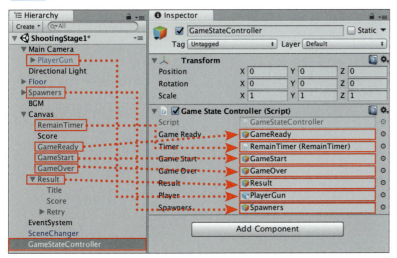

291

Chapter 7　ゲームのルールを作ろう

4　ゲームオブジェクトの非表示化

手順3で設定した「PlayerGun」「Spawners」などのゲームオブジェクトのチェックを外して非表示にします。

● **動作確認をしてみよう**

　実行して、動作を確認してみましょう。ゲームの状態遷移が想定した通り、「ゲーム準備」→「ゲーム開始」→「ゲーム中」→「ゲーム終了」→「リザルト表示」の順番に機能していることが確認できれば正しく動いています（図7.80）。

図7.80 ▶ ゲームが終了した後のリザルト画面

Chapter
8

VRに対応しよう

前章ではVRシューティングゲームのユーザーインターフェース (UI) の作成方法やゲームの進行を管理する方法について説明してきました。

この章では今まで作成したシューティングゲームをVRで遊べるようにしていきます。その中でVR特有のユーザーインターフェース (UI) の作成方法やUnity上での詳しい設定方法についても触れていきます。

この章で学ぶことまとめ
・VRでのUIの対応方法
・VRの設定方法

Chapter 8　VRに対応しよう

VRで確認してみよう

ここでは今まで作成したシューティングゲームをVRに対応させていく方法を考えていきます。その中でVR環境でのユーザーインターフェース（UI）を考えてみましょう。普段行っている操作とVRで行える操作の違いを確認してみましょう。

8-1-1 VRゴーグルで見てみよう

前章までに作成したシューティングゲームをVRゴーグルで見てみましょう。

● ビルドをしてみよう

「**4章 スマートフォンを使ってVRで見てみよう**」で説明した通りに、ビルドを行ってみましょう。詳細なビルド説明は省きますので、もしわからなくなった場合は、4章を確認してみてください。ここでは、Androidのビルド方法で説明を行います。

1 携帯端末の接続

携帯端末をPCに接続します。

2 ビルドと実行

メニューバーの [File] → [Build Settings] からビルドウインドウを開き、[Build And Run] を選択し、vr-training.apk という名前で保存します（図8.1）。

図8.1 ▶ ビルドメニュー

ビルド後にインストールが走りアプリが自動的に起動します。

294

● VRゴーグルで確認してみよう

それでは、VRゴーグルへ取り付けて見てみましょう。図8.2のような画面が表示されて、前章までに作成したシューティングゲームが動作しているのがわかると思います。

しかし、VRゴーグルに装着した状態で、弾を撃つ操作やリトライボタンを押す操作を行うことができません。

一度、VRゴーグルから携帯電話を外して、リトライボタンを押してみましょう。画面をタッチすると弾を撃つこともできます。

このように、VRゴーグルへ取り付けている状態では、普段行っている画面をタッチして行う操作や携帯端末のボタンを押すことができない状態になり、ゲームを行うことができなくなってしまいます。

図8.2 ▶ 起動後の画面

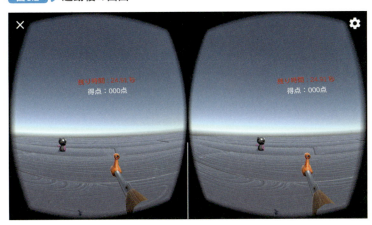

8-1-2 VRでの操作を考えてみよう

ここでは、「5-1 ゲームの企画を考えてみよう」で考えた操作方法について具体的にどのようにして実現するかを考えてみましょう。

● 入力デバイスが使えない

コンシューマーゲーム機やVR専用ハード（HTC VIVE/Oculus Riftなど）で操作を行う時には、マウスやキーボード・コントローラーなど、入力デバイスを使用して操作を行うことができます（図8.3）。しかし一般的なVRゴーグルとスマートフォンを用いたVR環境では、そのような入力デバイスが標準ではありません。

今回はその他の入力デバイスを使用しない手段を考えてみましょう。

Chapter 8　VRに対応しよう

図8.3 ▶ VR専用ハードの入力デバイス

● VRゴーグルでできる入力操作を考えてみよう

　まずは、今回のVRシューティングゲームで必要だと思われるの入力操作を考えてみましょう。今まで作成したシューティングゲームの入力操作をUnityエディタ上で行っている操作と携帯電話で行える操作をまとめると表8.1のようになります。

表8.1 ▶ VRシューティングゲームの入力操作

操作種類	エディター上での操作	携帯電話での操作
敵に狙いをつける	マウスカーソルを移動させる	携帯電話を傾ける
弾を発射する	画面のどこかでマウスの左クリック	画面のどこかをタップする
リトライボタンを押す	ボタンの領域でマウスの左クリック	ボタンの領域をタップする

　表8.1から操作方法は、以下の2つの機能を満たすことで実現できそうです。

・操作① 任意の場所を指定できるようにする
・操作② マウスの左クリック、または、タップに相当する操作

　この操作を、VRゴーグル上で実現できないかを考えてみましょう。
　操作①は、自分の向いている方向（顔の正面方向）で代用することで実現できないかを考えてみましょう。マウスカーソルのように、自身の向いている方向がわかりやすくなるようにポインタを出してみましょう。これにより、自身の顔の方向を変えることで、任意の場所を指定することができるようになります（図8.4）。

296

図8.4 ▶ 自身の向いている方向を表示（中央の丸い点）

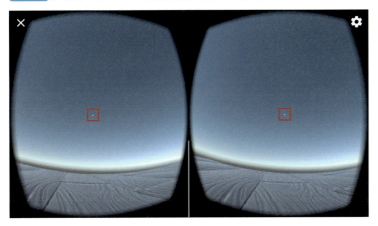

　操作②は、例えば一定時間経つごとに、自動でタップされることで代用するという方法で実現できないかを考えてみましょう。今作成しているシューティングゲームの中では、表8.1にあるように「弾を発射する」「リトライボタンを押す」の2つの機能に関係しています。このうち「弾を発射する」については、「一定時間経つごとに、自動でタップされる」方法で実現できそうです。

　「リトライボタンを押す」は、操作①と組み合わせることにより、「リトライボタンの領域を指定」（操作①）と「一定時間経つごとに、自動でタップされる」で実現できそうに思えますが、少し問題があります。というのは、自動でタップされるため、リトライボタンの領域へ操作①のポインタが入った場合に意図せずタップしてしまうことがあるためです（図8.5）。

図8.5 ▶ ボタンの誤作動

これでは機能として実現できたとしても、意図しない操作を発生させる原因となるため、ユーザーインターフェースとしては落第点です。

ここは、今まで考えてきた「一定時間経つごとに、自動でタップされること」に領域の概念を入れて、「ある領域に入ってから、一定時間が経過するとタップされる」ということにしてみましょう。これにより、「リトライボタンを押す」ことは、問題なく実現することができます。

この方法では、一定間隔でタップされなくなってしまうために、「弾を発射する」が、実現出来なくなってしまいますが、ここは思い切って操作の変更を行い、弾は自動で発射されるように仕様を変更しましょう。

まとめると、今後のVRシューティングゲームの操作は、

・顔の向いている方向に、自動的に弾が撃たれる
・ボタンは、ポインタが一定時間その領域にあると押される

のようになります。
それでは、次節で作成を行っていきましょう。

> **コラム　その他の操作方法**
>
> 今回考えた方法は、実装が単純で簡単に行える方法を選んでいます。これ以外にも、携帯電話で使える入力方法は、たくさんあります。
>
> コントローラー・マウス・キーボードなどの既存の入力装置を使用してを使用する方法や、iPhoneユーザーにはなじみの深い「siri」やAndroidユーザーでは「Google音声入力」などの音声入力を使用する方法などがありますので、今回の方法で物足りない方は是非、挑戦してみてください。
>
> また、携帯電話以外でのVR専用ハードでは、上記以外にも顔の向きではなく目の動きを読み取り視線の位置を検出できる装置や人間の脳波・顔の筋肉運動から感情を認識する装置などいろいろな技術が研究されています。近い将来、VRでもこのように様々な入力方法が使えるようになっていくと考えられます。

8-2 VRで操作できるようにしてみよう

本節では前節で考えたVRでの入力操作を作成していきましょう。その中で、弾の自動発射やUnityのEventSystemを使用してボタンを押す機能を作成していきます。

8-2-1 ポインタを表示してみよう

それでは、まず、向いている方向がわかるようにポインタを表示してみましょう。

● ポインタを作成してみよう

Unityの3Dオブジェクトであるスプライトを使用して、ポインタを表示してみましょう。

カメラの子供に作成することにより、カメラの移動に追従してポインタも移動を行うようになります。

1 「Sprite」の作成

ヒエラルキーウィンドウで「Main Camera」を選択し、右クリックメニューより[2D Object]→[Sprite]を選択します(図8.6)。

図8.6 ▶ スプライトの作成

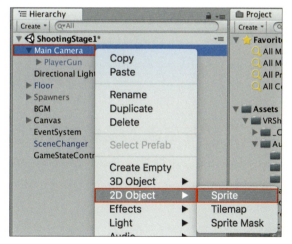

Chapter 8 VRに対応しよう

2 「Sprite」のパラメータ設定

プロジェクトウィンドウ上の「Assets/VRShooting/Textures/UISliderHandle」スプライトをインスペクター上の「Sprite」にドラッグ＆ドロップし、「Transform」コンポーネントの[Position/Scale]プロパティを図8.7のように設定します。

3 名前の変更

プロジェクトウィンドウ上の「Assets/VRShooting/Textures/UISliderHandle」スプライトをインスペクター上の「Sprite」にドラッグ＆ドロップし、「Transform」コンポーネントの[Position/Scale]プロパティを図8.7のように設定します。

図8.7 ▶ スプライトのパラメータ設定

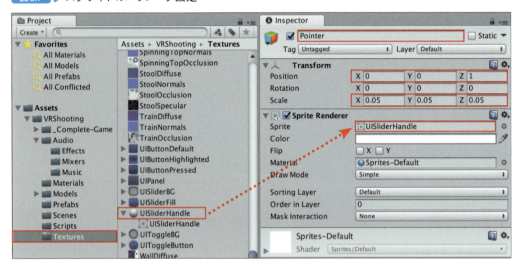

8-2-2 弾を自動で発射するようにしてみよう

ここでは、UnityのInvokeRepeating関数を使用して、弾を自動で発射するようにしてみましょう。

● Shooterスクリプトで自動で発射にする

今まで、Update関数で入力に応じて弾を発射するようにしていましたが、指定された時間ごとに弾を発射するように「Shooter」スクリプトを以下のように修正します。

300

```csharp
using System.Collections;
using System.Collections.Generic;
using UnityEngine;

public class Shooter : MonoBehaviour
{
    [SerializeField] GameObject bulletPrefab;          // 弾のプレハブ
    [SerializeField] Transform gunBarrelEnd;           // 銃口(弾の発射位置)

    [SerializeField] ParticleSystem gunParticle;       // 発射時演出
    [SerializeField] AudioSource gunAudioSource;       // 発射音の音源

    [SerializeField] float bulletInterval = 0.5f;      // 弾を発射する間隔

    void OnEnable()
    {
        // 2秒後に弾を連続で発射する
        InvokeRepeating("Shoot", 2.0f, bulletInterval);
    }

    void OnDisable()
    {
        // Shoot処理を停止する
        CancelInvoke("Shoot");
    }

    // 弾を撃ったときの処理
    void Shoot()
    {
        // プレハブを元に、シーン上に弾を生成
        Instantiate(bulletPrefab, gunBarrelEnd.position,
                    gunBarrelEnd.rotation);

        // 発射時演出を再生
        gunParticle.Play();

        // 発射時の音を再生
        gunAudioSource.Play();
    }
}
```

エディタ上から、発射間隔を設定できるように、bulletInterval変数を定義しています。

今まであった、Update関数がなくなり、OnEnable関数・OnDisable関数が新しく作成されています。

OnEnable関数・OnDisable関数は、このゲームオブジェクトのenabledプロパティが変更

されると呼び出されるイベント関数です。

　OnEnable関数は、enabledプロパティがtrueになったときに呼び出され、OnDisable関数は、falseになったときに呼び出されます。OnEnable関数では、InvokeRepeating関数を使用して、一定間隔ごとにShoot関数を呼び出しています。

　OnDisable関数では、CancelInvoke関数で一定間隔で呼び出しているShoot関数の呼び出しを停止しています。

　表8.2にUnityで使用できる遅延処理を行える関数と似たような処理を書くことが出来る並列処理関数を紹介します。

表8.2 ▶ 遅延処理が行える関数

関数	説明
Invoke	第1引数で指定した関数を第2引数で設定した時間（秒）に呼び出します
InvokeRepeating	第1引数で指定した関数を第2引数で設定した時間（秒）に呼び出し、その後第3引数で設定した時間（秒）ごとに繰り返し関数を呼び出します
CancelInvoke	すべてのInvoke、または、関数を指定されたInvokeを停止します
StartCoroutine	コルーチンとWaitForSeconds関数などを使用して、遅延実行することが出来ます
StopCoroutine	指定のコルーチンを停止します
StopAllCoroutines	すべてのコルーチンを停止します

8-2-3 ボタンを押せるようにしてみよう

　ここでは、ボタンの領域へポインタを移動させたときに指定の時間経過で押すことができるようにしてみましょう。

● ボタンの上にポインタがあるか調べてみよう

　Unityには、キーボード・マウス・タッチなどの入力に基づいて、アプリケーション内のオブジェクトにイベントを送信することができるEventSysytemと呼ばれる機能があります。これは、通常の入力デバイスだけでなく、ユーザーが独自の処理で使用することができます。

　今回は、この機能をうまく利用して実装を行っていきましょう。

　プロジェクトウィンドウの「Assets/VRShooting/Scripts」に「PointerInputModule」スクリプトを作成して、以下のように編集します。

8-2 VR で操作できるようにしてみよう

```
1  using System.Collections;
2  using System.Collections.Generic;
3  using UnityEngine;
4  using UnityEngine.EventSystems;
5  using UnityEngine.XR;
6  using System.Linq;
7
8  public class PointerInputModule : BaseInputModule
9  {
10     RaycastResultComparer comparer = new RaycastResultComparer();        // RaycastResultデータの比較処理
11     PointerEventData pointerData;         // ポインタ用のイベントデータ
12     List<RaycastResult> resultList;       // Raycast結果
13     Vector2 viewportCenter;               // 画面中心位置
14
15     // RaycastResultデータの比較処理クラス
16     class RaycastResultComparer : EqualityComparer<RaycastResult>
17     {
18         public override bool Equals(RaycastResult a, RaycastResult b)
19         {
20             return a.gameObject == b.gameObject;
21         }
22
23         public override int GetHashCode(RaycastResult r)
24         {
25             return r.gameObject.GetHashCode();
26         }
27     }
28
29     protected override void Start()
30     {
31         // イベントデータの作成
32         pointerData = new PointerEventData(eventSystem);
33         // 画面の中心位置を設定
34         viewportCenter = GetViewportCenter();
35     }
36
37     public override void Process()
38     {
39         // Raycastの結果データ
40         resultList = new List<RaycastResult>();                            ❶
41
42         // 画面センター位置設定
43         pointerData.Reset();
44         pointerData.position = viewportCenter;                             ❷
45
46         // カメラからポインタに向けてRaycastを行う
47         eventSystem.RaycastAll(pointerData, resultList);                   ❸
```

```
48
49          // ポインタがこのフレームでUIの領域にはいったものを抜き出してリスト化
                する
50          var enterList = resultList.Except<RaycastResult>(
                            m_RaycastResultCache, comparer);
51          // 対象のUIに対してPointerEnterイベントを実行
52   ❹     foreach (var r in enterList)
53          {
54              ExecuteEvents.Execute(r.gameObject, pointerData,
                                ExecuteEvents.pointerEnterHandler);
55          }
56
57          // ポインタがこのフレームでUIの領域から出たものを抜き出してリスト化する
            var exitList = m_RaycastResultCache.Except<RaycastResult>(
58                          resultList, comparer);
            // 対象のUIに対してPointerExitイベントを実行
59   ❺     foreach (var r in exitList)
60          {
61              ExecuteEvents.Execute(r.gameObject, pointerData,
62                              ExecuteEvents.pointerExitHandler);
            }
63
64          // 今回の結果を保存
65          m_RaycastResultCache = resultList;
66      }
67
68      // 画面の中心位置を計算
69      public Vector2 GetViewportCenter()
70      {
71          // 画面のサイズ
72          var viewportWidth = Screen.width;
73          var viewportHeight = Screen.height;
74
75          // VRで見ているとき
76          if (XRSettings.enabled)
77          {
78              // 表示用テクスチャーのサイズ
79              viewportWidth = XRSettings.eyeTextureWidth;
80              viewportHeight = XRSettings.eyeTextureHeight;
81          }
82
83          // XYサイズの半分が、画面の中心位置
84          return new Vector2(viewportWidth * 0.5f, viewportHeight *
85   0.5f);
        }
86   }
```

このPointerInputModuleクラスでは、カメラから画面中央へ向かってレイキャスト（Raycast）を飛ばし、そのレイキャストにヒットしたUIパーツの情報を保存しています。

レイキャストとは、物理処理で使用することができる当たり判定処理の手法で、長さ・方向・太さを指定してその光線（Ray）を投げること（cast）により、その指定した条件に当てはまったオブジェクトを取得することができます。この機能を使用して、UIパーツの取得を行っています。

ここで、このクラスが行っている処理を図8.8に示します。

図8.8 ▶ PointerInputModuleの処理

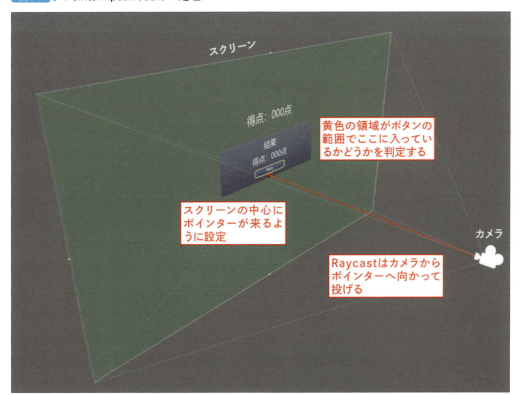

それでは、クラス内の処理を見ていきましょう。

このクラスは、BaseInputModuleを継承しています。EventSystemで入力を扱うクラスは、すべてこのBaseInputModuleクラスから派生クラスを作成して処理を実装します。BaseInputModuleはイベントを発生させて、それらを必要なゲームオブジェクトへ伝達する機能を持っています。

リストの要素を独自に比較するためのRaycastResultComparerクラスの参照comparer変数を定義しています。

ポインタイベントのデータを保持するためpointerData変数を、Process関数で処理した結果を保持するためにresultList変数を、画面の中心の計算結果を保持するためにviewportCenter変数をそれぞれ定義しています。

このクラスでしか使用しないため、クラス内でRaycastResultComparerクラスを定義して、レイキャストの結果RaycastResultの要素の比較を行っています。

Start関数で、pointerData変数の作成とviewportCenterの計算を行っています。画面の中心を計算する処理は、GetViewportCenter関数で行っていて、エディターで動作しているときは、スクリーンのサイズの中心座標を求めています。また、VR環境では、スクリーンのサイズではなく、表示するためのテクスチャーの中心座標を求めています。

Process関数は、モジュールの更新時に呼び出される関数で、この中で、レイキャストの処理を行い、その対象となるオブジェクトに対して、イベントを発行しています。

Process関数での処理は、少し複雑ですので、分けて説明を行っていきます。

■①保存するリストの作成

関数が呼び出されるごとに、新しく結果を保存するリストの作成を行っています。これは、前回のリストと比較を行う必要があるために毎回作成されています。

```
39  // Raycastの結果データ
40  resultList = new List<RaycastResult>();
```

■②イベントデータの初期化

イベントデータの初期化を行っています。イベントデータはこのあとのRaycastAll関数の処理内で変更されますのでここで初期化を行っています。

```
42  // 画面センター位置設定
43  pointerData.Reset();
44  pointerData.position = viewportCenter;
```

■③レイキャストの実行

RaycastAll関数は、カメラからポインタ（pointerData変数で指定されたポイント）に向けてレイキャストを投げ、そのレイの判定に含まれるすべてのオブジェクトが、resultList変数に返されます。

```
46      // カメラからポインタに向けてRaycastを行う
47      eventSystem.RaycastAll(pointerData, resultList);
```

■ ④レイキャストの結果からEnterイベントの呼び出し

　ここでは、RaycastAll関数で得られた判定結果のresultList変数から、前回の結果のm_RaycastResultCache変数に含まれない要素をC#のLINQ処理を使用して、抜き出しています。この処理により、今回初めてポインタが対象のUIの領域に入ったゲームオブジェクトがenterList変数に抜き出されます。

　m_RaycastResultCache変数は、継承元のBaseInputModuleのメンバー変数で、前回の結果をProcess関数の最後で保存しています。

　その後、enterList変数のすべての要素に対して、ExecuteEvents.Execute関数を実行して、pointerEnterHandlerイベントの通知を行っています。今回使用している通知は、ポインタが入ったときのイベント通知になり、IPointerEnterHandlerを継承しているクラスのOnPointerEnter関数の呼び出しを行っています。

　これ以外にも使用できるイベント通知がありますので、表8.3に一部を紹介します。

```
49      // ポインタがこのフレームでUIの領域にはいったものを抜き出してリスト化する
50      var enterList = resultList.Except<RaycastResult>(m_RaycastResultCache,
        comparer);
51      // 対象のUIに対してPointerEnterイベントを実行
52      foreach (var r in enterList)
53      {
54          ExecuteEvents.Execute(r.gameObject, pointerData,
                            ExecuteEvents.pointerEnterHandler);
55      }
```

Chapter 8　VRに対応しよう

表8.3 ▶ イベント通知

イベント	インターフェイスクラス	呼び出される コールバック関数	説明
pointerEnterHandler	IPointerEnterHandler	OnPointerEnter	対象UIの領域に入ったときに呼ばれます
pointerExitHandler	IPointerExitHandler	OnPointerExit	対象UIの領域から出たときに呼ばれます
beginDragHandler	IBeginDragHandler	OnBeginDrag	対象UIがドラッグされたときに呼ばれます
dragHandler	IDragHandler	OnDrag	対象UIがドラッグされていて、ポインターが移動しているときに呼ばれます
endDragHandler	IEndDragHandler	OnEndDrag	対象UIがドラッグが終わったときに呼ばれます
dropHandler	IDropHandler	OnDrop	ドロップされたときに呼ばれます

■ ⑤レイキャストの結果からExitイベントの呼び出し

　先ほどと同様に、ここでは、前回の結果のm_RaycastResultCache変数から、今回の結果のresultList変数に含まれない要素を抜き出しています。この処理により、今回ポインタが対象のUIの領域から出たゲームオブジェクトがexitList変数に抜き出されます。

　その後、exitList変数のすべての要素に対して、ExecuteEvents.Execute関数を実行して、ポインタが出たときのイベントとして、pointerExitHandlerイベントの通知を行い、IPointerExitHandlerを継承しているクラスのOnPointerExit関数の呼び出しを行っています。

```
57  // ポインタがこのフレームでUIの領域から出たものを抜き出してリスト化する
58  var exitList = m_RaycastResultCache.Except<RaycastResult>(resultList,
    comparer);
59  // 対象のUIに対してPointerExitイベントを実行
60  foreach (var r in exitList)
61  {
62      ExecuteEvents.Execute(r.gameObject, pointerData,
                        ExecuteEvents.pointerExitHandler);
63  }
```

● ボタンを押してみよう

　先ほどは、イベントの通知部分の作成を行いましたので、今度は、イベントの受信部分の作成を行っていきます。

プロジェクトウィンドウの「Assets/VRShooting/Scripts」に「GazeHoldEvent」スクリプトを作成して、以下のように編集します。

```csharp
using UnityEngine;
using UnityEngine.Events;
using UnityEngine.EventSystems;

public class GazeHoldEvent : MonoBehaviour, IPointerEnterHandler, IPointerExitHandler
{
    // ボタンをタップする時間
    [SerializeField] float gazeTapTime = 2.0f;
    // ボタンをタップしたときのイベント
    [SerializeField] UnityEvent onGazeHold;

    float timer;      // ポインターがUI領域上にある時間
    bool isHover;     // ポインターがUI領域上にあるか？

    // ポインターがUI領域に入った時のイベント処理
    public void OnPointerEnter(PointerEventData eventData)
    {
        // タイマーを0に
        timer = 0.0f;

        // Hover状態へ
        isHover = true;
    }

    // ポインターがUI領域から出た時のイベント処理
    public void OnPointerExit(PointerEventData eventData)
    {
        // Hover状態解除
        isHover = false;
    }

    public void Update()
    {
        // Hover状態でなければ処理を行わない
        if (!isHover)
        {
            return;
        }

        // 経過時間
        timer += Time.deltaTime;

        // 指定の時間以上たった場合
```

```
44              if (gazeTapTime < timer)
45              {
46                  // イベント実行
47                  onGazeHold.Invoke();
48
49                  // Hover状態解除
50                  isHover = false;
51              }
52          }
53      }
```

このGazeHoldEventクラスでは、先ほどのイベントの受信と前節で考えた「ある領域に入ってから、一定時間が経過するとタップされる」を行っています。

GazeHoldEventクラスは、IPointerEnterHandlerとIPointerExitHandlerクラスを継承していますので、先ほどのPointerInputModuleクラスからイベントの通知が行われると、このクラスのOnPointerEnter関数とOnPointerExit関数でイベントの受信が行われるようになります。

プロパティとしてgazeTapTimeを定義し、ボタンをタップするまでの時間を設定できるようにしています。また、onGazeHoldを定義して、ボタンをタップされたときに実行されるコールバック関数を定義できるようにしています。

このonGazeHoldは、UnityEventという型で定義しておくと、イベント発生時に呼び出される関数を、図8.9のように、エディタ上で設定できるようになります。

図8.9 ▶ エディタ上でコールバック関数を設定

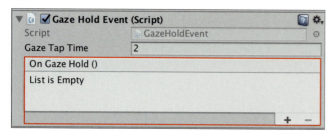

これ以外に、時間を保持するtimer変数とこのUI領域内にポインタがあるかどうかのフラグとしてisHover変数を定義しています。

ポインタがこのUI領域に入ったときに呼ばれるOnPointerEnter関数は、経過時間をリセットして、isHover変数をtrueに設定しています。

ポインタがこのUI領域から出たときに呼ばれるOnPointerExit関数は、isHover変数をfalse

に設定しています。

　Update関数は、isHover変数がtrueの時に処理が行われるようになっています。このとき、gazeTapTimeプロパティで指定された時間が経過すると、onGazeHoldに登録されているコールバックが実行されます。

● PointerInputModuleとGazeHoldEventを配置してみよう

　それでは、これまで作成したPointerInputModuleクラスとGazeHoldEventクラスを配置してみましょう。

1 「PointerInputModule」コンポーネントの付与

プロジェクトウィンドウの「Assets/VRShooting/Scripts/PointerInputModule」をヒエラルキーウィンドウ上の「EventSystem」にドラッグ＆ドロップして「PointerInputModule」コンポーネントを付与します（図8.10❶）。

2 「GazeHoldEvent」コンポーネントの付与

プロジェクトウィンドウの「Assets/VRShooting/Scripts/GazeHoldEvent」をヒエラルキーウィンドウ上の「Canvas/Result/Retry」にドラッグ＆ドロップして「GazeHoldEvent」コンポーネントを付与します（図8.10❷）。

図8.10 ▶ 「PointerInputModule」と「GazeHoldEvent」コンポーネントの付与

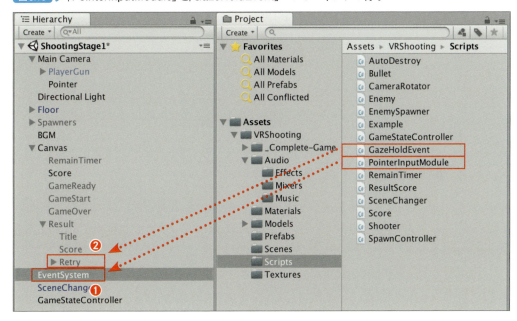

Chapter 8　VRに対応しよう

3　イベントの追加

ヒエラルキーウィンドウ上の「Canvas/Result/Retry」を選択し、インスペクターウィンドウ上で[Button]のOn Click()の＋ボタンを押し、イベントを追加します。(図8.11)。

図8.11 ▶「GazeHoldEvent」コンポーネントのイベント追加

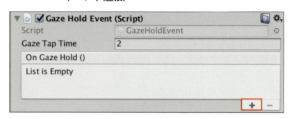

4　イベントの設定

追加したイベントにヒエラルキーウィンドウ上の「SceneChanger」をドラッグ＆ドロップし、[No Function]を選択して、[SceneChanger]→[Reload Scene()]を選択します(図8.12)。

図8.12 ▶「GazeHoldEvent」コンポーネントのRetryイベントの設定

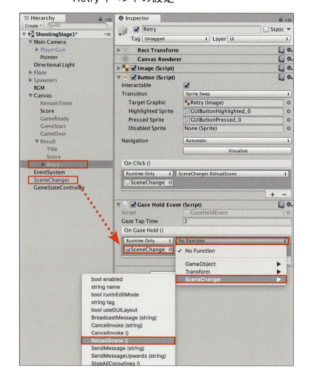

8-2-4 動作確認をしてみよう

　まずは、エディタ上で実行をおこなって、動作を確認してみましょう。ゲームビューを確認すると中心にポインタが表示されていると思います。このポインタをリトライボタンの上に合わせてみましょう。

　どうでしょうか、ボタンの上にポインタを移動させると色が変わり、設定している2秒が経過するとリトライが行われることが確認できたと思われます(図8.13)。

図8.13 ▶ エディタでの確認

　エディタ上で確認ができたので、前節の通りにビルドを行い、VRゴーグルでも確認してみましょう（図8.14）。

図8.14 ▶ VRゴーグルでの確認

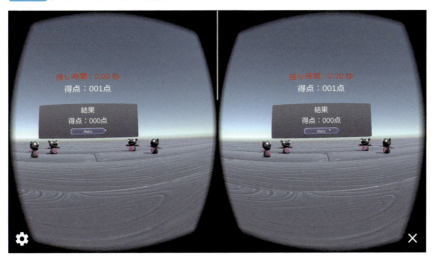

Chapter 8　VRに対応しよう

8-3 VRの設定をしてみよう

Unityでは、わずかな設定を行うだけでVRアプリを作成することができます。ここではUnityでVR設定を行うとどのような挙動の変化が起こるのかを説明します。その中でカメラコンポーネントの挙動変化やスクリプト上でのVR設定の取得方法についても触れていきます。

8-3-1 UnityのVR設定

すでに、4章で設定を行っていますのであらためて確認してみます（図8.15）。

図8.15 ▶ PlayerSettingsの設定（左 Android／右 iOS）

Unityでは、この2つの設定を行うだけで、今まで作成していた携帯電話向けのVRのアプリを開発・実行を行うことができます。

8-3-2 Unityの挙動の変化

先ほどのVR設定を行った場合、Unityは、自動的にいくつかの変更を行います。

・VRデバイスのヘッドマウントディスプレイにレンダリングを行います。
・VRデバイスからのヘッドトラッキング情報を反映します。

　上記の影響を大きく受けるコンポーネントが「Camera」コンポーネントになります（図8.16）。

図8.16 ▶「Camera」コンポーネント

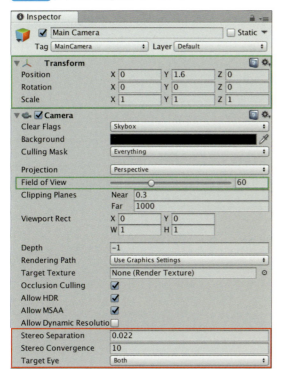

VR設定を行っている場合、図8.16の赤枠の部分のプロパティが追加されます。

このうちの「Stereo Separation」「Stereo Convergence」プロパティは、ハードウェア側の設定値を使用するため、エディタ上で設定を行っても反映はされません。「Target Eye」プロパティは、ヘッドマウントディスプレイのレンダリングを変更するためにあります。両眼・右目・左目・描画しないの4つを切り替えることができます。

図8.16の緑枠の部分のプロパティがありますが、VR設定を行ったアプリの場合は、ここの情報は、ヘッドトラッキング情報が反映され、ユーザーが設定した値を無効化します。そのため、カメラを自由に動かすことができなくなります。もし、ヘッドトラッキングとは別にカメラを動かしたい場合は、カメラを他のゲームオブジェクトの子供にして、その親の「Transform」の変更を行うことで動かす必要があります。

8-3-3 スクリプトでVR設定を取得する

Unityでは、ほとんどの場合、VR設定を気にせずスクリプトを書くことができます。しかし、先ほど作成した「PointerInputModule」スクリプトのようにVRが有効であるなどの判定を行いたい場合があります。そのような場合に、VRの状態を取得できるクラスをいくつか表8.4

Chapter 8 　VRに対応しよう

に紹介します。

表8.4 ▶ VR情報を取得するクラス

クラス名	プロパティもしくは関数名	説明
XRSettings	enabled	VRを有効・無効を取得・設定できます
	eyeTextureHeight	VRデバイスの描画されるテクスチャーの高さを取得できます
	eyeTextureWidth	VRデバイスの描画されるテクスチャーの幅を取得できます
	loadedDeviceName	現在使用しているVRデバイスの名称を取得できます
XRDevice	isPresent	正常にVRデバイスが検出され、正しく動作しているかを取得できます
	model	現在使用されているVRデバイスのモデル名を取得できます
	refreshRate	レンダリングの更新レートを取得できます
InputTracking	GetLocalPosition	トラッキング空間をローカル座標に落とし込んだ「左目・右目・両眼の間・頭」の位置を取得できます
	GetLocalRotation	トラッキング空間をローカル座標に落とし込んだ「左目・右目・両眼の間・頭」の方向を取得できます
	Recenter	ヘッドマウントディスプレイの位置と方向を中心にリセットします

Chapter 9

ゲームのコンテンツを増やそう

　ここまでで必要最低限の機能を持ったVRシューティングゲームができ上がりました。この章では応用編として、ゲームの見栄えを良くしたり、少しバリエーションを増やしてゲームを拡張してみましょう。
　今まで作成したVRシューティングゲームを改良していく中で、ここまでで触れてこなかったUnityの機能についても説明していきます。

この章で学ぶことまとめ
・UIのアニメーション
・「DOTween」アセットの紹介
・シーン扱い方と登録方法
・経路探索とナビゲーション

Chapter 9　ゲームのコンテンツを増やそう

9-1 アニメーションをつけてみよう

本節では今まで作成したVRシューティングゲームのキャラクターやUIに動きをつけていきます。その中で、キャラクターの動きのつけ方の説明や、アニメーションを簡単に作成できるアセットの紹介を行っていきます。

9-1-1 敵キャラクターにアニメーションを付けてみよう

今出ている敵キャラクターにアニメーションを付けてみましょう。

● アニメーションを設定してみよう

ここでは、すでにあるアニメーションデータを敵キャラクターへ設定します。

1 プレハブの選択

プロジェクトウィンドウで「Assets/VRShooting/Prefabs/ZomBear」を選択します。

2 「AnimationController」の設定

プロジェクトウィンドウで「Assets/VRShooting/_Complete-Game/Animation/EnemyAnimatorController」を [Animator] コンポーネントのController プロパティへドラッグ＆ドロップで設定します (図9.1)。

図9.1 ▶ アニメーションコントローラーの設定

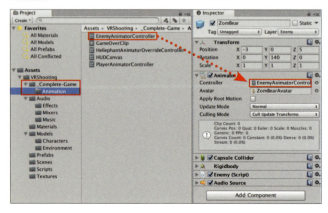

実行して、ZomBearが動いていることを確認してみましょう（図9.2）。

図9.2 ▶ ZomBearのアニメーション

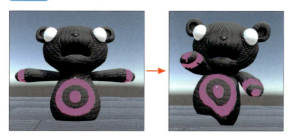

● アニメーション制御

　Unityでは、キャラクターのアニメーションを制御するために、Mecanimとよばれるアニメーションシステムがあります。

　この機能は、単純なアニメーションの再生だけでなく、「アニメーションのフロー制御」、「2つのアニメーションの補間」、「アニメーションの部分再生」、「ヒューマノイドアニメーションのリターゲティング」、「GUIによる視覚的な設定」など多機能なシステムになっています。

　本書では、基本的な使い方だけを説明します。本書以上の詳しい使い方は、Unityのアニメーションマニュアルを参考にしてください。

　それでは、先ほどのプロジェクトウィンドウで「Assets/VRShooting/_Complete-Game/Animation/EnemyAnimatorController」をダブルクリックしてみましょう。図9.3のようなアニメーターウィンドウが開かれます。このアニメーターウインドウで「アニメーションステートマシン（Animation State Machine）」を使用することにより複雑なアニメーションの制御を行えます。

図9.3 ▶ Animatorウインドウ

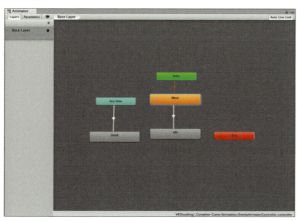

Chapter 9　ゲームのコンテンツを増やそう

　アニメーターウィンドウの「Move」ステートを選択し、インスペクターウィンドウを見てみましょう（図9.4）。
　インスペクターウィンドウ上には、「Motion」プロパティがあり、そこには、アニメーションクリップとして「Move」が設定されています。
　アニメーションクリップはUnityが管理するアニメーションの最小単位のデータで、このクリップをさまざまな方法で編集して組み合わせることにより、
多様なアニメーションを生成することができます。
　アニメーションクリップは、MayaやBlenderなどの外部のツールを使用して作成されたアニメーションデータをFBXデータ[注1]としてUnityへインポートする形で作成するのが一般的です。

注1　FBXとは、Autodesk社が権利を所有している各ツール間でデザインデータを相互運用できるように提唱された汎用フォーマットです。

図9.4　▶「Move」Stateを選択

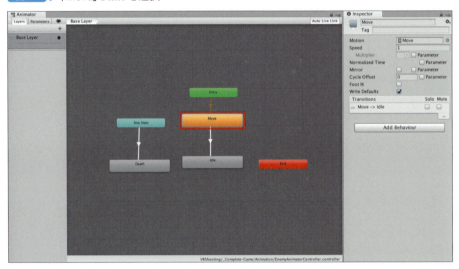

　次に、プロジェクトウインドウで「Assets/VRShooting/Models/Characters/Zombunny」を選択して、インスペクターを見ましょう。上部のタブを「Animation」に切り替えてください（図9.5）。
　中央付近に表示された「Clips」プロパティの一番上に設定されている「Move」というのが、先ほどの「Move」アニメーションクリップにあたります。これ以外に、「Idle」、「Death」が設定されていますが、先ほどのアニメーターウィンドウを確認すると「Idle」、「Death」ステートがあり、このデータを参照するように設定されています。

320

9-1 アニメーションをつけてみよう

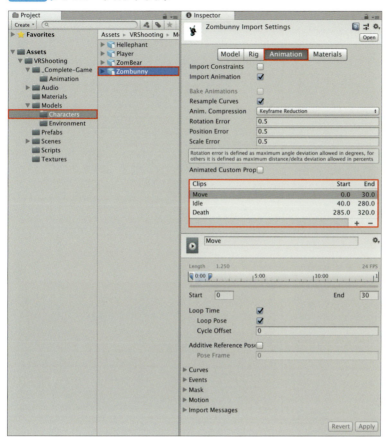

図9.5 ▶ アニメーションクリップ

　このように、外部ツールで作成したアニメーションをFBXデータとしてUnityへインポートすることによりアニメーションクリップとして登録することができます。そのアニメーションクリップをアニメーションコントローラーへステートとして配置を行うことにより、アニメーションを簡単に再生することができます。

9-1-2 UIを動かしてみよう

　ここでは、アセットストアから「DOTween」というアニメーションを簡単に行えるプラグインをインポートして、UIにアニメーションをつけてみましょう。

● 「DOTween」を取り込んでみよう

　まず、「5-2-3 アセットストアを使ってみよう」で行ったようにアセットストアから「DOTween」をインポートしてみましょう。

321

Chapter 9　ゲームのコンテンツを増やそう

1 Asset Storeを開く

メニューバーから [Window] → [Asset Store] を選択します。

2 「DOTween」の検索

アセットストアウインドウの検索ボックスに「DOTween」と入力して検索します（図9.6）。

図9.6 ▶ アセットストア

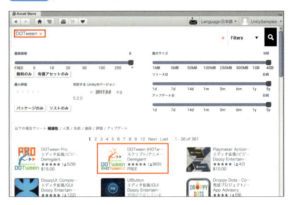

3 「DOTween」のダウンロード

「DOTween」の無料版がありますのでそれを選択して、ダウンロードを行います（図9.7）。「DOTween Pro」がありますので、間違えないようにしてください。

4 「DOTween」のインポート

ダウンロードが完了すると、完成プロジェクトのインポートに関する確認が表示されるので、「インポート」を選択します。

図9.7 ▶ 「DOTween」のインポート

5 「DOTween」の設定

メニュー上の [Tools] → [Demigiant] → [DOTween Utility Panel] を選択し、図9.8のダイアログを表示し、[Setup DOTween...] ボタンを押し、設定を行います。

図9.8 ▶ 「DOTween」のセットアップ

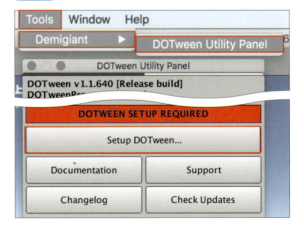

これで、「DOTween」が使えるようになりました。このアセットを使って、UIにアニメーションをつけていきましょう。

●「Game Over」をフェードで表示してみよう

まずは、「GameOver」ゲームオブジェクトへ設定するスクリプトを作成しましょう。

プロジェクトウィンドウの「Assets/VRShooting/Scripts」に「CanvasGroupFade」スクリプトを作成して、以下のように編集します。

```
1  using System.Collections;
2  using System.Collections.Generic;
3  using UnityEngine;
4  using DG.Tweening;
5
6  [RequireComponent(typeof(CanvasGroup))]
7  public class CanvasGroupFade : MonoBehaviour
8  {
9      void Start()
10     {
11         // CanvasGroupの取得
12         var canvasGroup = GetComponent<CanvasGroup>();
13
14         // CanvasGroupをFade アニメーションをさせる
15         canvasGroup.DOFade(1.0f, 1.0f).SetEase(Ease.InOutQuart).
                SetLoops(2, LoopType.Yoyo);
16     }
17 }
```

先ほどインポートを行った「DOTween」をスクリプトで使用できるようにusing DG.Tweening;を追加しています。

必要コンポーネントとして、以下のようにCanvasGroupを定義しています。

```
6  [RequireComponent(typeof(CanvasGroup))]
```

このCanvasGroupが実際にフェードを行うコンポーネントです。このCanvasGroupコンポーネントのAlphaパラメータを「DOTween」を使用して、アニメーションさせています。

```
14  // CanvasGroupをFadeアニメーションをさせる
15  canvasGroup.DOFade(1.0f, 1.0f).SetEase(Ease.InOutQuart).SetLoops(2,
    LoopType.Yoyo);
```

「DOTween」は、Unity標準の各コンポーネントを拡張して、アニメーションを簡単に設定できるようになっています。また、設定したいパラメータをメソッドチェーン（メソッド呼び出しをつなげる形で呼び出すこと）で行うことができます。DOFade関数は、引数に、変更する値の最終値とそれまでに掛かる時間を設定できます。

SetEase関数は、パラメータをどのようなカーブで変更を行うかを設定できます。ここでは、図9.9のカーブであるInOutQuartを使用しています。それ以外にもカーブの設定はいろいろと用意されています。

図9.9 ▶ SetEaseのカーブ

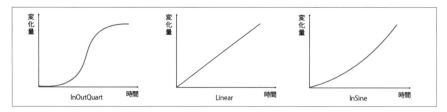

SetLoops関数では、ループの設定を行うことができ、ループ回数とループの方法を設定できます。ここでは、2回目のループを逆再生するLoopType.Yoyoというループ方法を指定し、「初期値→最終値→初期値」と変化するヨーヨーのような動きを設定しています。

このように、「DOTween」を使用することにより、簡単にアニメーションを設定できます。今回は、フリー版を使用していますので、エディター上で設定することは出来ませんが、プロ版（有料）を使用するとエディター上で設定することができ、スクリプトを作成しなくてもアニメーションを設定できます。

● 「Game Over」を設定してみよう

それでは、スクリプトを「GameOver」ゲームオブジェクトへ設定して、実行してみましょう。

1 「GameOver」の選択

ヒエラルキーウィンドウ上で「Canvas/GameOver」を選択します。

2 「GameOver」の設定

プロジェクトウィンドウで「Assets/VRShooting/Scripts/CanvasGroupFade」をインスペクターへドラッグ＆ドロップし、自動的に設定された「CanvasGroup」コンポーネントのAlphaプロパティの値を0に設定します（図9.10）。

図9.10 ▶ CanvasGroupFadeの設定

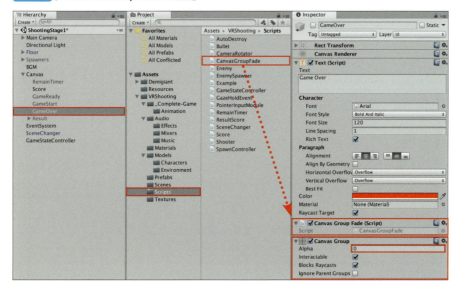

実行し「Game Over」の文字が浮かび上がって消えることを確認しておきましょう。

●「Game Start」を横から流れてくるようにしてみよう

次は、「GameStart」ゲームオブジェクトへ設定するスクリプトを作成しましょう。プロジェクトウィンドウの「Assets/VRShooting/Scripts」に「SlideInOut」スクリプトを作成して、以下のように編集します。

```
1  using System.Collections;
2  using System.Collections.Generic;
3  using UnityEngine;
4  using DG.Tweening;
5
6  [RequireComponent(typeof(RectTransform))]
7  public class SlideInOut : MonoBehaviour
8  {
9      void Start()
10     {
```

```
11        // rectTranformコンポーネント取得
12        var rectTranform = GetComponent<RectTransform>();
13
14        // DOTweenのシーケンスを作成
15        var sequence = DOTween.Sequence();
16
17        // 画面右からスライドインさせる
18        sequence.Append(rectTranform.DOMoveX(0.0f, 1.0f));
19
20        // 画面左へスライドアウトさせる
21        sequence.Append(rectTranform.DOMoveX(-1400.0f, 0.8f));
22    }
23 }
```

先ほどと同じように「DOTween」を使用するためにusing DG.Tweening;を設定します。

今度は、RectTransformコンポーネントのPositionプロパティを変化させます。「DOTween」には、複数のアニメーションを管理することができる機能「Sequence」があります。これを使用することにより、アニメーションを複数続けて再生したり、同時に再生したりすることができます。表9.1に「Sequence」の一部の関数・イベント関数を紹介します。

表9.1 ▶ Sequenceの関数・イベント関数

関数および イベント関数	説明
Append	一番最後にアニメーションを追加します
Insert	指定秒数を待ってから、アニメーションを追加します
Join	一番最後に追加されたアニメーションと同時に再生するアニメーションを追加します
AppendInterval	指定秒数の間、アニメーションを待機させます
OnComplete	すべてのアニメーションの再生が終わると呼び出される。ループ時は呼び出しされない
OnStepComplete	アニメーションの再生が終わると呼び出される。

```
17   // 画面右からスライドインさせる
18   sequence.Append(rectTranform.DOMoveX(0.0f, 1.0f));
19
20   // 画面左へスライドアウトさせる
21   sequence.Append(rectTranform.DOMoveX(-1400.0f, 0.8f));
```

DOMoveX関数は、引数に、変更する値の最終値とそれまでに掛かる時間を設定できます。今回の場合、PoistionのXを初期位置から0の位置までを1秒で移動を行い、その後、Xの値を-1400まで、0.8秒で移動を行っています。

● 「Game Start」を設定してみよう

それでは、スクリプトを「GameStart」ゲームオブジェクトへ設定して、実行してみましょう。

1 「GameStart」の選択

ヒエラルキーウィンドウ上で「Canvas/GameStart」を選択します。

2 「SlideInOut」コンポーネントの付与

プロジェクトウィンドウで「Assets/VRShooting/Scripts/SlideInOut」をインスペクターへドラッグ＆ドロップで設定します（図9.11）。

図9.11 ▶ SlideInOutの設定

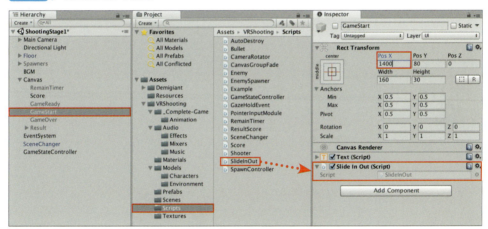

3 「GameStart」のパラメータ設定

「RectTransform」コンポーネントのPos Xプロパティの値を1400に設定します。

実行を行い、「Game Start」の文字が右端から出現し、左端へ消えることを確認しておきましょう。

9-1-3 「DOTween」の拡張関数

これまでに紹介した、DOFade関数やDOMoveX関数以外にも「DOTween」には、さまざま拡張関数が用意されています。

表9.2によく使う関数の一部を紹介します（各コンポーネントによって使用できる関数が違いますので、その点は注意してください）。

表9.2 ▶ DOTweenの関数

関数	説明
DOMove	Position のパラメータのアニメーションを設定できます
DOLocalMove	LoaclPosition のパラメータのアニメーションを設定できます
DORotate	Rotation のパラメータのアニメーションを設定できます
DOScale	Scale のパラメータのアニメーションを設定できます
DOColor	Light や Material などの Color のパラメータのアニメーションを設定できます
DOFade	Color の Alpha や AudioSouce の volume などのアニメーションを設定できます

●「CanvasGroup」コンポーネント

先ほどの「CanvasGroupFade」スクリプトで使用した「CanvasGroup」コンポーネントは、各UI要素をグループ化して、グループ全体に特定の機能の影響を与えることができます。この「CanvasGroup」コンポーネントのパラメータを変更することにより、グループ全体の不透明度を一括で変更を行ったり、グループ全体のUIの入力をできないように設定できます（図9.12、表9.3）。

図9.12 ▶「CanvasGroup」コンポーネント

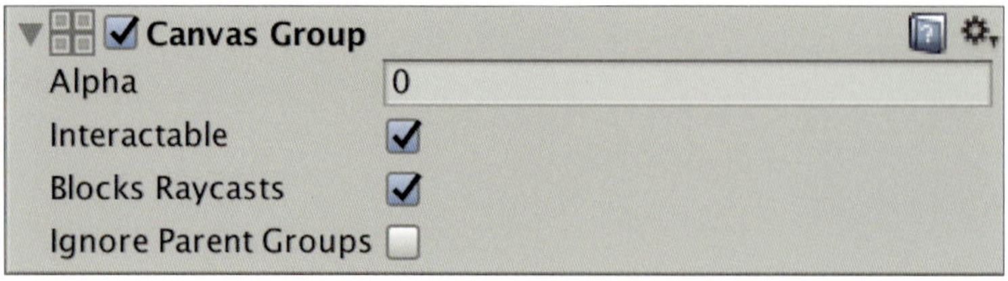

表9.3 ▶「CanvasGroup」コンポーネントのプロパティ

プロパティ	説明
Alpha	このグループのUI要素の不透明度の設定を行います。この値は、各UI要素の不透明度と乗算されます
Interactable	このグループのコンポーネントが入力を受け付けるかどうかの設定ができます
Block Raycasts	このグループをRaycastの対象とするかどうかを設定することができます
Ignore Parent Groups	このグループがヒエラルキーの親の「CanvasGroup」の影響を受けるかどうかの設定ができます

Chapter 9　ゲームのコンテンツを増やそう

タイトルとステージ選択の表示を作ってみよう

本節では今まで作成したシューティングゲームのタイトルのシーンとステージ選択のシーンを追加していきます。その中でUnityでの複数のシーンの扱い方やそれぞれのシーンへ遷移させる方法を説明していきます。

9-2-1 複数のステージを選択できるようにしてみよう

　今までは、実行を行うとすぐにシューティングゲームが実行されていましたが、ここでは、通常のゲームのようにタイトル画面でゲームを開始し、遊びたいステージを選択して、シューティングゲームで遊ぶメニューを作ってみましょう（図9.13）。

図9.13　ゲームのメニュー遷移

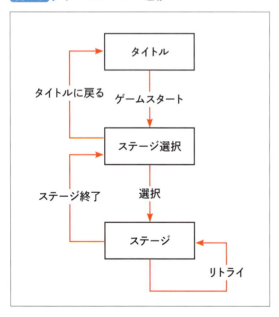

9-2-2 タイトル画面を作ってみよう

　それでは、タイトル画面を作成していきましょう。手順が多いですが、今までに行ってきたことを思い出しながら作成していきましょう。

9-2 タイトルとステージ選択の表示を作ってみよう

● 新規シーンの作成してみよう

まずは、新規シーンの作成を行いましょう。

1 シーンの作成

メニューバーから [File] → [New Scene] を選択して、新しいシーンに切り替えます。もしこのときにセーブを促されるダイアログが出た場合、前のシーンをセーブしておきましょう（図9.14）。

図9.14 ▶ 保存されていないシーンのセーブ確認ダイアログ

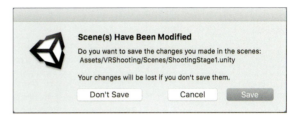

2 新規シーンの保存

メニューバーから [File] → [Save Scenes] を選択して、「Assets/VRShooting/Scenes/Title」として保存しておきます。

● CanvasとUIパーツの配置してみよう

それでは次に、必要なUIパーツを配置していきます。

1 「Text」の作成

ヒエラルキーウィンドウ上で何も選択していない状態で、右クリックメニューの [UI] → [Text] を選択します。

2 「Button」の作成

ヒエラルキーウィンドウ上で作成された「Canvas」を選択し、右クリックメニューの [UI] → [Button] を選択します。同じ操作をもう一度行い、「Button」を2つ作成します（図9.15）。

図9.15 ▶ ボタンを2つ作成した時のヒエラルキーウィンドウ

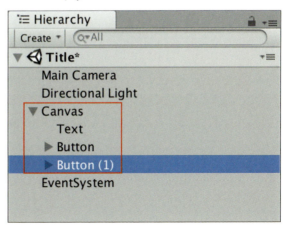

3 「Canvas」のコンポーネントの設定

ヒエラルキーウィンドウ上の「Canvas」を選択し、インスペクターウィンドウ上で図9.16のように、「Canvas」コンポーネントと「RectTransform」コンポーネントを設定します。

図9.16 ▶「Canvas」のコンポーネントの設定

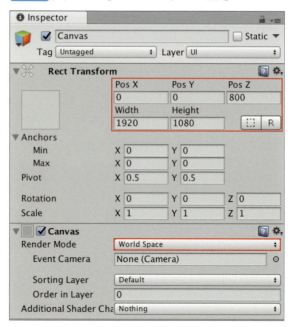

4 「Text」のコンポーネントの設定

ヒエラルキーウィンドウ上の「Canvas/Text」を選択し、インスペクターウィンドウ上で図9.17のように、「RectTransform」コンポーネントと「Text」コンポーネントを設定します。

図9.17 ▶「Text」のコンポーネントの設定

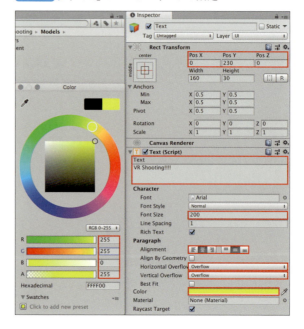

5 「Outline」のコンポーネントの追加

インスペクタウィンドウ上のAdd Componentボタンを押して検索ウィンドウに「Outline」と入力し、「Outline」コンポーネントを選択して追加します（図9.18）。

図9.18 ▶「Outline」のコンポーネントの追加

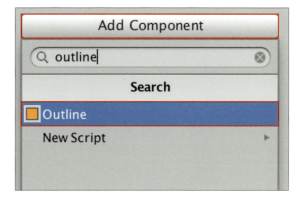

6 「Outline」のコンポーネントの設定

「Outline」コンポーネントを図9.19のように設定します。

図9.19 ▶「Outline」のコンポーネントの設定

7 「StartButton」の設定

ヒエラルキーウィンドウ上で作成された「Button」を選択し、インスペクターウィンドウ上で図9.20のように、「RectTransform」コンポーネントと「Button」コンポーネントを設定します。また、その子供の「Text」を選択し、図9.21のように「Text」コンポーネントを設定します。

Chapter 9　ゲームのコンテンツを増やそう

図9.20 ▶ 「Button」のコンポーネントの設定

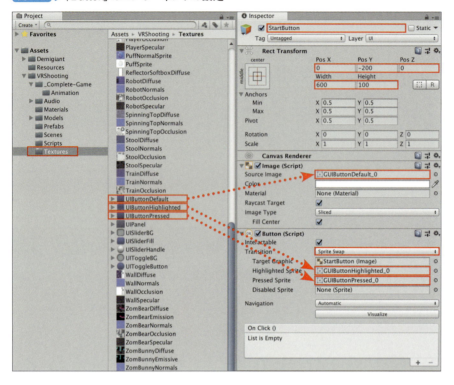

図9.21 ▶ 「Button」の子供の「Text」のコンポーネントの設定

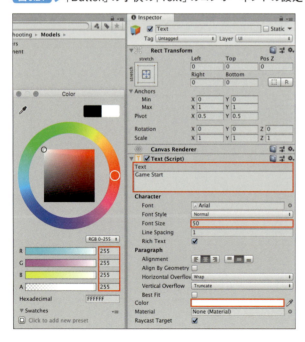

8 「QuitButton」の設定

ヒエラルキーウィンドウ上で作成された「Button(1)」を選択し、インスペクターウィンドウ上で図9.22のように、「RectTransform」コンポーネントと「Button」コンポーネントを設定します。また、その子供の「Text」を選択し、図9.23のように「Text」コンポーネントを設定します。

図9.22 ▶ 「Button(1)」のコンポーネントの設定

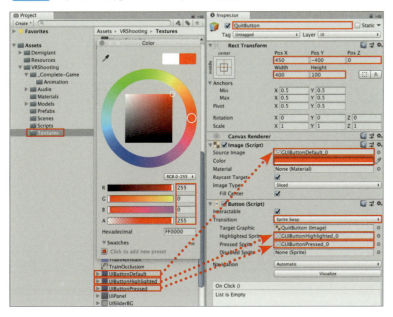

図9.23 ▶ 「Button(1)」の子供の「Text」のコンポーネントの設定

9 「CameraRotator」コンポーネントの付与

プロジェクトウィンドウの「Assets/VRShooting/Scripts/CameraRotator」をヒエラルキーウィンドウ上の「Main Camera」にドラッグ＆ドロップして「CameraRotator」コンポーネントを付与します。

10 ポインタの作成

「8-2-1 ポインタを表示してみよう」を参考にポインタを作成します。

11 「PointerInputModule」コンポーネントの付与

プロジェクトウィンドウの「Assets/VRShooting/Scripts/PointerInputModule」をヒエラルキーウィンドウ上の「EventSystem」にドラッグ＆ドロップして「PointerInputModule」コンポーネントを付与します。

● ボタンを機能させてみよう

ここでは、ボタンでシーンの遷移を行うために「7-4 スタートと結果の表示を作ってみよう」で作成した「SceneChanger」スクリプトを以下のように修正を行います。

```
1  using System.Collections;
2  using System.Collections.Generic;
3  using UnityEngine;
4  using UnityEngine.SceneManagement;
5
6  public class SceneChanger : MonoBehaviour
7  {
8      public void LoadScene(string sceneName)
9      {
10         // 指定されたシーンをロードする
11         SceneManager.LoadScene(sceneName);
12     }
13
14     public void QuitGame()
15     {
16         // アプリケーションの終了
17         Application.Quit();
18     }
19
20     public void ReloadScene()
21     {
22         // 現在のシーンを取得
```

```
23            var scene = SceneManager.GetActiveScene();
24
25            // 現在のシーンを再ロードする
26            SceneManager.LoadScene(scene.name);
27        }
28    }
```

　LoadScene関数を追加して、エディタ上で指定されたシーン名のシーンをロードできるようにしています。QuitGame関数は、アプリケーションの終了を呼び出して、アプリを終了させます。
　それでは、シーンにSceneChangerスクリプトを配置して、ボタンのOnClickに設定してみましょう。

1 「SceneChanger」の作成

プロジェクトウインドウ上の「Assets/VRShooting/prefabs/SceneChanger」をヒエラルキーウインドウ上へドラッグ＆ドロップします。

2 名前の変更

ヒエラルキーウインドウ上で「Button」を選択し、インスペクターウインドウ上でゲームオブジェクト名を「StartButton」へ変更します。

3 イベントの追加

インスペクターウインドウ上で[Button]のOn Click()の＋ボタンを押し、イベントを追加します。

4 イベントの設定

追加したイベントにヒエラルキーウインドウ上の「SceneChanger」をドラッグ＆ドロップし、[No Function]を選択して、[SceneChanger] → [LoadScene (string)]を選択します（図9.24）。

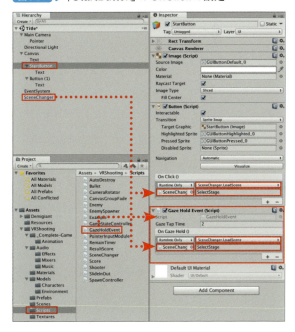

図9.24 ▶「StartButton」のOnClickの設定

5 シーンの遷移先の設定

図9.24のように、読み込むシーン名SelectStageをエディタ上で設定します。

6 ポインタのイベントの設定

ポインタでも入力できるように、プロジェクトウインドウ上の「Assets/VRShooting/Scripts/GazeHoldEvent」スクリプトをインスペクターウインドウ上の「StartButton」上にドラッグ＆ドロップし、手順 3 〜 5 と同様に設定します。

7 名前の変更

ヒエラルキーウインドウ上で「Button (1)」を選択し、インスペクターウインドウ上でゲームオブジェクト名を「QuitButton」へ変更します。

8 イベントの追加

インスペクターウインドウ上で[Button]のOn Click()の＋ボタンを押し、イベントを追加します。

9 イベントの設定

追加したイベントにヒエラルキーウインドウ上の「SceneChanger」をドラッグ＆ドロップし、[No Function]を選択して、[SceneChanger] → [QuitGame]を選択します（図9.25）。

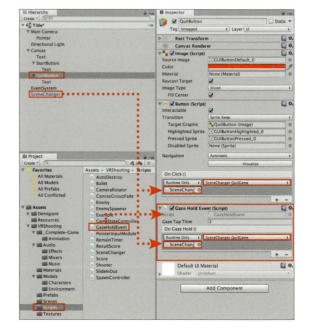

図9.25 ▶ 「QuitButton」のOnClickの設定

9-2 タイトルとステージ選択の表示を作ってみよう

10 ポインタのイベントの設定

ポインタでも入力できるように、プロジェクトウインドウ上の「Assets/VRShooting/Scripts/GazeHoldEvent」スクリプトをインスペクターウインドウ上の「QuitButton」上にドラッグ＆ドロップし、手順 8、9 と同様に設定します。

● キャラクターをおいてみよう

キャラクターをおいて、タイトル画面の見栄えをよくしてみましょう。また、カメラの設定を変更して、画面を見やすくしてみましょう。

1 プレハブの配置

プロジェクトウインドウの「Assets/VRShooting/Models/Characters」内の「Player」「ZomBear」「Zombunny」をヒエラルキーウィンドウ上へドラッグ＆ドロップします（図9.26）。

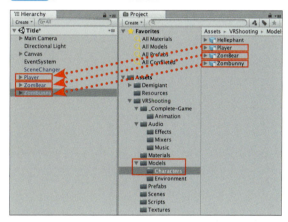

図9.26 ▶ キャラクターを配置

2 コントローラの設定

ヒエラルキーウインドウ上で「Player」を選択、インスペクタウィンドウ上で、「Transform」コンポーネントの[Rotation Y]を図9.27のように設定します。プロジェクトウインドウ上の「Assets/VRShooting/_Complete-Game/Animation/PlayerAnimationController」を「Animation」コンポーネントの[Controller]プロパティへドラッグ＆ドロップします。

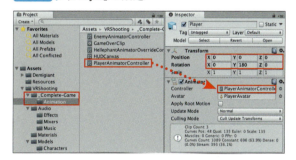

図9.27 ▶ 「Player」の設定

339

3 敵のコントローラーの設定

「ZomBear」「Zombunny」の設定を手順 2 と同様に、図9.28と図9.29のように設定を行います。ただし、PlayerAnimationControllerではなく、EnemyAnimationControllerをドラッグ＆ドロップします。

図9.28 ▶「ZomBear」の設定

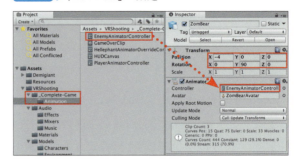

4 カメラの設定

ヒエラルキーウィンドウ上で「Main Camera」を選択、[Clear Flags] プロパティをSolid Colorへ設定し、[Color] プロパティを図9.30のように設定します。

図9.29 ▶「Zombunny」の設定

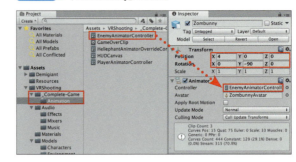

5 コンポーネントの付与

プロジェクトウィンドウの「Assets/VRShooting/Scripts/CameraRotator」をヒエラルキーウィンドウ上の「Main Camera」にドラッグ＆ドロップして「CameraRotator」コンポーネントを付与します。

図9.30 ▶「Main Camera」の設定

● 実行してみよう

それでは、実行してみましょう。キャラクターがアニメーションを行うのが確認できると思います。ここまでの設定を行った場合、図9.31のような画面になります。この時点では、ボタンを押しても何も起こりません。次のステージ選択画面のシーンを作成することにより動作するようになります。シーンを保存して、次のステージ選択画面へ進みましょう。

図9.31 ▶ ゲームビュー上の表示

9-2-3 ステージ選択画面を作ってみよう

ここでは、ステージ選択画面の作成を行っていきます。先ほどのタイトル画面と同様の手順が多く出てきますので、わからなくなった場合は、前節を参考にしてください。

● シーンの作成と必要なゲームオブジェクトの配置してみよう

まずは、必要なゲームオブジェクトを一気に作成していきます。

1 新しいシーンの作成

メニューバーから [File] → [New Scene] を選択して、新しいシーンに切り替えメニューバーから [File] → [Save Scenes] を選択して、「Assets/VRShooting/Scenes/SelectStage」として保存します。

2 「Text」の作成

ヒエラルキーウィンドウ上で何も選択していない状態で、右クリックメニューの [UI] → [Text] を選択します。

3 ゲームオブジェクトの作成

ヒエラルキーウィンドウ上で作成された「Canvas」を選択し、右クリックメニューの [Create Empty] を選択します。

4 「Button」の選択

ヒエラルキーウィンドウ上で作成された「Canvas/GameObject」を選択し、右クリックメニューの [UI] → [Button] を選択します。

5 「Button」の作成

ヒエラルキーウィンドウ上の「Canvas」を選択し、右クリックメニューの [UI] → [Button] を選択します。

6 「SceneChanger」の作成

ヒエラルキーウィンドウ上に、プロジェクトウインドウ上の「Assets/VR Shooting/Prefabs/SceneChanger」をドラッグ＆ドロップします。

図9.32 ▶ 手順 6 までのヒエラルキーウィンドウの状態

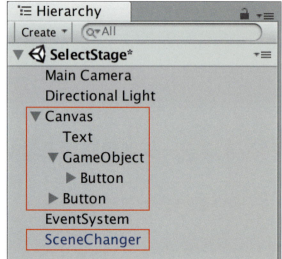

● 各ゲームオブジェクトの設定してみよう

ここでは、先ほど作成したゲームオブジェクトの設定を順番に行っていきます。「9-2-2 タイトル画面を作ってみよう」と同じパラメータを使用しているものがありますので、前ページの図を参考にしてください。

1 カメラの設定

ヒエラルキーウィンドウ上の「Main Camera」を選択し、図9.30のように設定を行います。

2 コンポーネントの付与

プロジェクトウィンドウの「Assets/VRShooting/Scripts/CameraRotator」をヒエラルキーウィンドウ上の「Main Camera」にドラッグ＆ドロップして「CameraRotator」コンポーネントを付与します。

3 ポインタの作成

「8-2-1 ポインタを表示してみよう」を参考に、ポインタを作成します。

4 コンポーネントの付与

プロジェクトウィンドウの「Assets/VRShooting/Scripts/PointerInputModule」をヒエラルキーウィンドウ上の「EventSystem」にドラッグ＆ドロップして「PointerInputModule」コンポーネントを付与します。

5 「Canvas」の設定

ヒエラルキーウィンドウ上の「Canvas」を選択し、図9.16のように設定を行います。

6 「Text」のパラメータ設定

ヒエラルキーウィンドウ上の「Canvas/Text」を選択しゲームオブジェクト名を「SelectStage」に変更します。さらにインスペクター上のAdd Componentボタンから「Outline」コンポーネントを追加し、図9.33のように「RectTransform」コンポーネントと「Text／Outline」コンポーネントを設定します。

図9.33 ▶「Text」のパラメータの設定

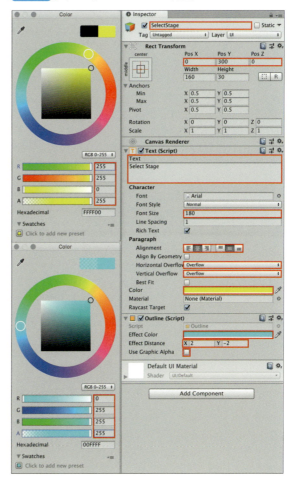

Chapter 9　ゲームのコンテンツを増やそう

7　「GameObject」のパラメータ設定

ヒエラルキーウィンドウ上の「Canvas/GameObject」を選択しゲームオブジェクト名を「Stage」に変更します。さらにインスペクター上のAdd Componentボタンから「Vertical Layout Group」コンポーネントを追加し、図9.34のように「RectTransform」コンポーネントと「Vertical Layout Group」コンポーネントを設定します。

図9.34 ▶ 「Canvas/GameObject」のパラメータ設定

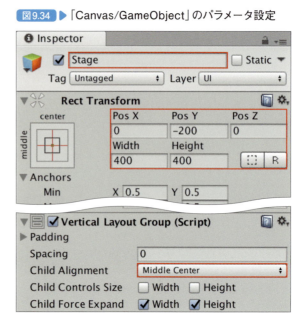

8　「Button」のパラメータ設定

ヒエラルキーウィンドウ上の「Canvas/Stage/Button」を選択し、プロジェクトウインドウ上の「Assets/VRShooting/Scripts/GazeHoldEvent」スクリプトをインスペクターウインドウ上にドラッグ＆ドロップして「GazeHoldEvent」コンポーネントを追加し、図9.35のように「RectTransform」コンポーネントと「Image／Button」コンポーネントを設定します。

図9.35 ▶ 「Canvas/Stage/Button」のコンポーネントの設定

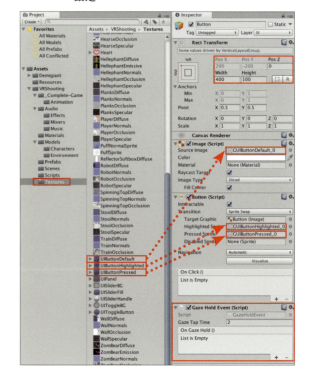

9-2 タイトルとステージ選択の表示を作ってみよう

9 イベントの追加・設定

「Button」コンポーネントと「GazeHold Event」コンポーネントのOn Click()/On Gaze Hold()の＋ボタンを押し、イベントを図9.36のように追加・設定をします。

図9.36 ▶「Canvas/Stage/Button」のOn Click()パラメータの設定

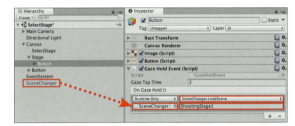

10 「Text」のパラメータ設定

ヒエラルキーウィンドウ上の「Canvas/Stage/Button/Text」を選択し、図9.37のように「Text」コンポーネントを設定します。

図9.37 ▶「Canvas/SelectStage/Button/Text」のコンポーネントの設定

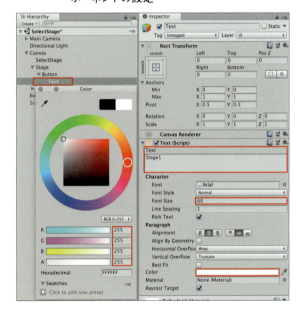

345

Chapter 9　ゲームのコンテンツを増やそう

11　「Button」のパラメータ設定

ヒエラルキーウィンドウ上の「Canvas/Button」を選択し、プロジェクトウィンドウ上の「Assets/VRShooting/Scripts/GazeHoldEvent」スクリプトをインスペクターウィンドウ上にドラッグ＆ドロップして「GazeHoldEvent」コンポーネントを追加し、図9.38のように「RectTransform」コンポーネントと「Image」コンポーネント、「Button」コンポーネントを設定します。

図9.38 ▶「Canvas/Button」のコンポーネントの設定

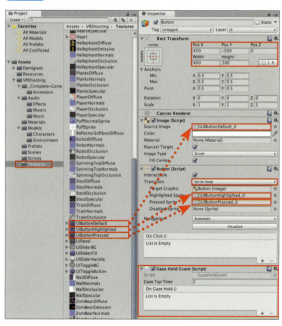

12　イベントの追加・設定

「Button」コンポーネントと「GazeHoldEvent」コンポーネントのOn Click()/On Gaze Hold()の＋ボタンを押し、イベントを図9.39のように追加・設定をします。

図9.39 ▶「Canvas/Button」のOn Click()パラメータの設定

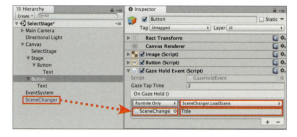

13 「Text」のパラメータ設定

ヒエラルキーウィンドウ上の「Canvas/Button/Text」を選択し、図9.40のように「Text」コンポーネントを設定します。

図9.40 ▶ 「Canvas/Button/Text」のコンポーネントの設定

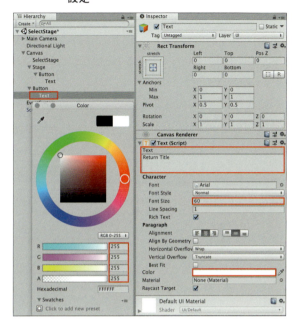

9-2-4 リザルト表示にステージ終了ボタンを追加してみよう

今までのリザルト画面にはリトライボタンしかありませんでしたが、ステージ選択へ戻るための終了ボタンを追加してみましょう。

● ステージ終了ボタンを作ろう

ここでは、ShootingStage1のシーンを開いて、ボタンを複製します。

1 シーンを開く

プロジェクトウィンドウ上の「Assets/VRShooting/Scenes/ShootingStage1」をダブルクリックでシーンを開きます。

347

2 アクティブ化

ヒエラルキーウィンドウの「Canvas/Result」を選択し、ヒエラルキーウィンドウで、ゲームオブジェクトをアクティブ化（チェックボックスをON）します（図9.41）。

図9.41 ▶ 「Canvas/Result」のインスペクターの設定

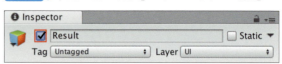

3 ゲームオブジェクトのコピー

ヒエラルキーウィンドウの「Canvas/Result/Retry」を選択し、command+C、command+V（Windowsでは、Ctrl+C、Ctrl+V）を押して、コピー&ペースト行う（図9.42）。

図9.42 ▶ 「Retry」オブジェクトが複製されたヒエラルキーの状態

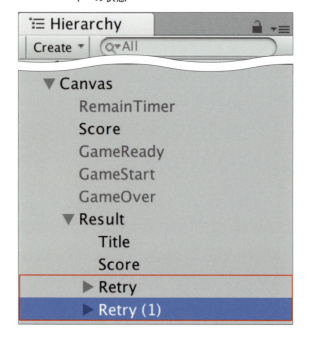

4 パラメータの設定

ヒエラルキーウィンドウの「Canvas/Result/Retry」を選択し、図9.43のように「RectTransform」のパラメータを設定します。

図9.43 ▶ 「Retry」オブジェクトのインスペクターの設定

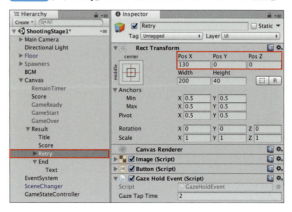

9-2　タイトルとステージ選択の表示を作ってみよう

5　パラメータの設定

複製したヒエラルキーウィンドウの「Canvas/Result/Retry（1）」を選択し、図9.44のようにゲームオブジェクト名を「End」へ変更、「Rect Transform」のパラメータを設定します。

図9.44 ▶「Retry(1)」オブジェクトのインスペクターの設定

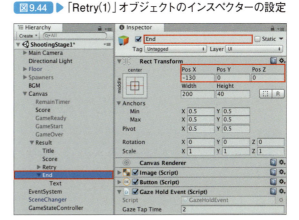

6　イベントの追加・設定

「Button」コンポーネントと「GazeHold Event」コンポーネントのOn Click()のイベントを[Retry]から[LoadScene]へ変更、「SelectStage」を入力します（図9.45）。

図9.45 ▶「Retry(1)」のOn Click()パラメータの変更

7　「Text」のパラメータ設定

ヒエラルキーウィンドウの「Canvas/Result/End/Text」を選択し、インスペクター上の「Text」コンポーネントの[Text]パラメータを「End」と入力します（図9.46）。

図9.46 ▶「Canvas/Result/End/Text」オブジェクトのインスペクターの設定

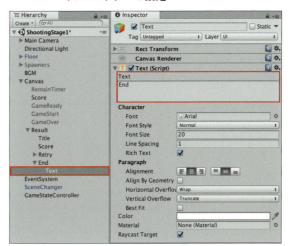

349

8 非アクティブ化

ヒエラルキーウィンドウの「Canvas/Result」を選択し、ヒエラルキーウィンドウで、ゲームオブジェクトを非アクティブ化（チェックボックスをOFF）します。

9-2-5 シーンを登録してみよう

Unityで複数のシーンを扱う場合には、Build Settingsへ登録が必要です。早速登録の設定を行い、動作確認してみましょう。

1 Build Settingsを開く

メニューバーから[File]->[Build Settings]を選択して、Build Settingsウィンドウを開きます。

2 Scenes In Buildへシーンの登録

プロジェクトウインドウ上の「Assets/VRShooting/Scenes/」の3つのファイル（Title、SelectStage、ShootingStage1）を選択し、Build SettingsウィンドウのScenes In Buildへドラッグ＆ドロップします（図9.47）。

図9.47 ▶ Build Settingsの設定

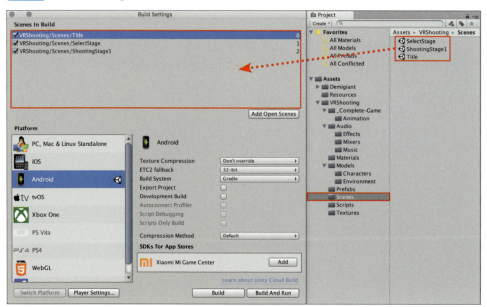

3 順序の変更

Scenes In Buildの登録の並びをドラッグ＆ドロップで図9.47のようにします。

ここに登録された一番上のシーンが、アプリを起動したときに最初に実行されるシーンになります。

● 動作確認をしてみよう

プロジェクトウィンドウ上の「Assets/VRShooting/Scenes/Title」をダブルクリックして、シーンを開いて実行してみましょう。

それぞれのシーンのポインタを動かしてボタンの上に合わせ、順番に画面が変わっていくことが確認できれば正しく動いています。

コラム スクリプトでシーンを扱う

Unityでは、「SceneChanger」スクリプトでも扱っていたように、スクリプトからシーンを扱うために「SceneManager」クラスが用意されています。この「SceneManager」クラスで、シーンの切り替えや複数のシーンの読み込みを行えます。表9.Aに「SceneManager」クラスでよく使う関数を紹介します。

また、シーンは、ゲームオブジェクトの管理やリソースの管理に大きく結びついています。そのため、シーンの読み込み・破棄時には、いろいろな処理が行われていて、動作が重くなったり、画面の更新が行われないなどいろいろな問題が起こることが多いので注意をしましょう。

表9.A ▶「SceneManager」クラスの関数

関数名	説明
GetActiveScene	現在アクティブなシーンを取得します
LoadScene	シーンを新しく読み込んだり、追加で読み込みます
LoadSceneAsync	非同期でシーンを新しく読み込んだり、追加で読み込みます
UnloadSceneAsync	読み込まれているシーンを破棄します

Chapter 9　ゲームのコンテンツを増やそう

9-3 敵の種類を増やしてみよう

本節では敵の種類を3つに増やして、それぞれの敵は体力や得点を個別に設定できるようにし、移動する敵も作成してみることにします。その中で新しいステージの追加とキャラクターの経路探索について説明します。

9-3-1 敵キャラクターを増やしてみよう

　ここでは、「ZomBear」以外のキャラクターとして、体力が高い「Hellephant」と移動を行う「Zombunny」を作成していきましょう。

● 「Hellephant」のプレハブを作ってみよう

　まずは、「Hellephant」のプレハブを作成してみましょう。第6章3節で行ったことを復習しながらやっていきましょう。

1 「Hellephant」の作成

プロジェクトウィンドウの「Assets/VRShooting/Models/Characters/Hellephant」をヒエラルキーウィンドウにドラッグ＆ドロップします。

2 パラメータの設定

インスペクターウィンドウでAdd Componentボタンから「Sphere Collider」コンポーネントと「Rigidbody」コンポーネント、「Audio Source」コンポーネントを付与し、図9.48のようにパラメータを設定します。

図9.48 ▶「Hellephant」のパラメータ設定

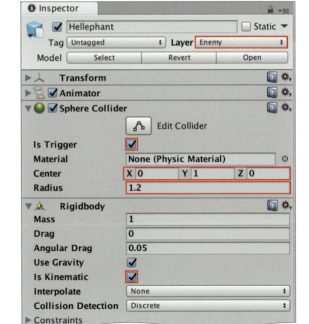

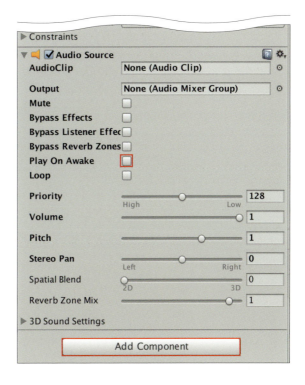

3 コントローラの設定

プロジェクトウインドウの「Assets/VRShooting/_Complete-Game/Animations/HellephantAnimatorOverrideController」を「Animator」コンポーネントの [Controller] プロパティへドラッグ＆ドロップで設定します（図9.49）。

図9.49 ▶「Hellephant」のアニメーション設定

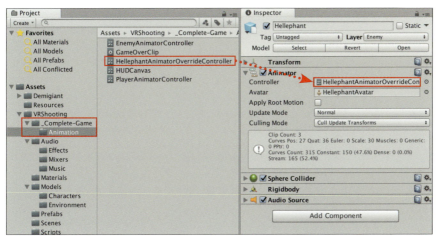

Chapter 9 ゲームのコンテンツを増やそう

4 「Enemy」コンポーネントの付与・設定

プロジェクトウインドウの「Assets/VRShooting/Scripts/Enemy」をインスペクタウィンドウにドラッグ＆ドロップし、図9.50のように設定します。

図9.50 ▶「Hellephant」のEnemyコンポーネントの設定

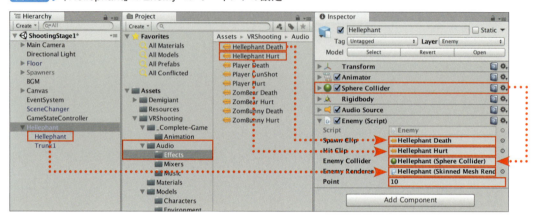

5 プレハブ化

ヒエラルキー上で配置された「Hellephant」ゲームオブジェクトをプロジェクトウインドウの「Assets/VRShooting/Prefabs」にドラッグ＆ドロップしてプレハブ化し、ヒエラルキー上の「Hellephant」を削除します。

● 敵に体力をつけてみよう

ここでは、敵の体力を設定できるように、「Enemy」スクリプトを以下のように修正します。

```
1  using System.Collections;
2  using System.Collections.Generic;
3  using UnityEngine;
4  
5  public class Enemy : MonoBehaviour
6  {
7      [SerializeField] AudioClip spawnClip;   // 出現時のAudioClip
8      [SerializeField] AudioClip hitClip;     // 弾命中時のAudioClip
9  
10     // 倒された際に無効化するためにコライダーとレンダラーを持っておく
11     [SerializeField] Collider enemyCollider; // コライダー
12     [SerializeField] Renderer enemyRenderer; // レンダラー
13  
14     AudioSource audioSource;                // 再生に使用するAudioSource
```

```
15
16      [SerializeField] int point = 1;        // 倒したときのスコアポイント
17      Score score;                           // スコア
18
19      [SerializeField] int hp = 1;           // 敵のヒットポイント
20
21      void Start()
22      {
23          // AudioSourceコンポーネントを取得しておく
24          audioSource = GetComponent<AudioSource>();
25
26          // 出現時の音を再生
27          audioSource.PlayOneShot(spawnClip);
28
29          // ゲームオブジェクトを検索
30          var gameObj = GameObject.FindWithTag("Score");
31
32          // gameObjに含まれるScoreコンポーネントを取得
33          score = gameObj.GetComponent<Score>();
34      }
35
36      // OnHitBulletメッセージから呼び出されることを想定
37      void OnHitBullet()
38      {
39          // 弾命中時の音を再生
40          audioSource.PlayOneShot(hitClip);
41
42          // HP減算
43          --hp;
44
45          // HPが0になったら死亡
46          if (hp <= 0)
47          {
48              // 死亡時処理
49              GoDown();
50          }
51      }
52
53      // 死亡時処理
54      void GoDown()
55      {
56          // スコアを加算
57          score.AddScore(point);
58
59          // 当たり判定と表示を消す
60          enemyCollider.enabled = false;
61          enemyRenderer.enabled = false;
62
```

```
63            // 自身のゲームオブジェクトを一定時間後に破棄
64            Destroy(gameObject, 1f);
65        }
66  }
```

敵の体力をエディタ上で設定できるように以下のようにhp変数を追加しています。

```
19  [SerializeField] int hp = 1;          // 敵のヒットポイント
```

OnHitBullet関数で、弾が当たるごとに体力を減算して、体力が0以下になると死亡時の処理が行われるように修正しています。

```
42      // HP 減算
43      --hp;
44
45      // HPが0になったら死亡
46      if (hp <= 0)
47      {
48          // 死亡時処理
49          GoDown();
50      }
```

　プロジェクトウインドウの「Assets/VRShooting/Prefabs/Hellephant」を選択し、インスペクターウィンドウの「Enemy」コンポーネントの図9.51のようにHpを設定します。これで、敵に弾が当たっても体力があるうちは、死なないようになりました。

9-3　敵の種類を増やしてみよう

図9.51 ▶「Hellephant」のEnemyコンポーネント設定

● 「Zombunny」のプレハブを作ってみよう

それでは、「Hellephant」のプレハブを作成したときと同じように、「Zombunny」のプレハブを作成してみましょう。

1 「Zombunny」の作成

プロジェクトウインドウの「Assets/VRShooting/Models/Characters/Zombunny」をヒエラルキーウィンドウにドラッグ＆ドロップします。

2 コンポーネントの付与

インスペクターウィンドウでAdd Componentボタンから「Capsule Collider」コンポーネントと「Rigidbody」コンポーネント、「Audio Source」コンポーネントを付与します。

3 コントローラの設定

プロジェクトウインドウの「Assets/VRShooting/_Complete-Game/Animations/Enemy AnimatorController」を「Animator」コンポーネントの [Controller] プロパティへドラッグ＆ドロップで設定します。

4 「Enemy」コンポーネントの付与

プロジェクトウインドウの「Assets/VRShooting/Scripts/Enemy」をインスペクタウィンドウにドラッグ＆ドロップします。

357

Chapter 9 ゲームのコンテンツを増やそう

5 「Zombunny」のパラメータ設定

図9.52のように各コンポーネントの設定を行います。

6 プレハブ化

ヒエラルキー上で配置された「Zombunny」ゲームオブジェクトをプロジェクトウインドウの「Assets/VRShooting/Prefabs」にドラッグ＆ドロップしてプレハブ化します。

図9.52 ▶「Zombunny」のパラメータ設定

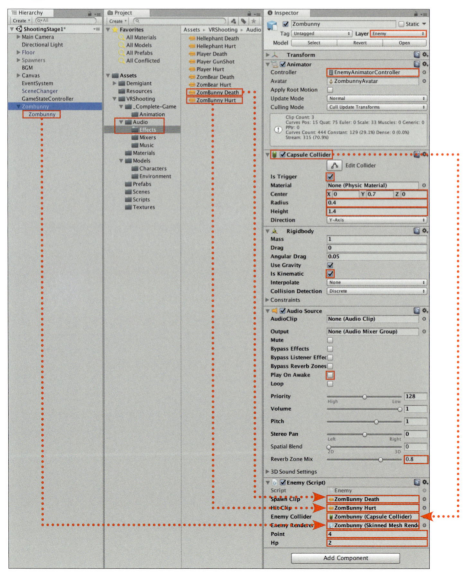

● 「Zombunny」を歩かせてみよう

ここでは、Unityのナビゲーション機能を使用して、「Zombunny」を歩かせてみましょう。まずは、設定を行ってみましょう。

1 ナビゲーションウィンドウを開く

メニューバーの[Window]→[Navigation]を選択して、ナビゲーションウィンドウを開きます（図9.53）。

図9.53 ▶ [Navigation]メニュー

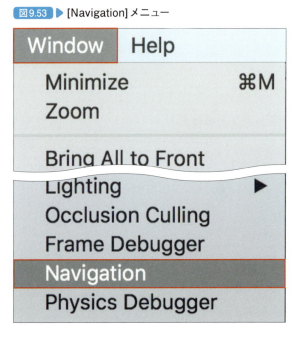

2 Agentsの設定

ナビゲーションウィンドウの[Agents]タブを選択し、図9.54のように設定を行います。

図9.54 ▶ 「Agents」のパラメータ設定

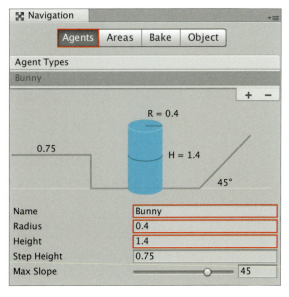

3 「Object」のパラメータ設定

ナビゲーションウィンドウの[Object]タブを選択、Scene Filterの[Mesh Renderers]を選択、ヒエラルキーウィンドウで[Planks]を選択し、ナビゲーションウィンドウのNavigation Staticのチェックボックスを ONにします（図9.55）。

図9.55 ▶「Object」のパラメータ設定

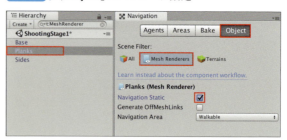

4 Bakeの実行

ナビゲーションウィンドウの[Bake]タブを選択し、[Bake]ボタンを押します（図9.56）。

図9.56 ▶「Bake」のパラメータ設定

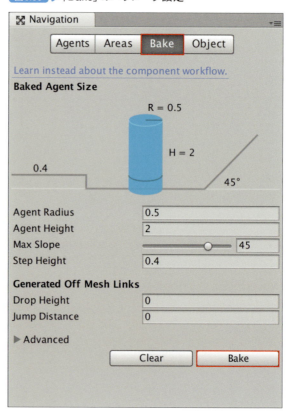

5 Scene Filterのクリア

ナビゲーションウィンドウの[Object]タブを選択、Scene Filterの[All]を選択して、ヒエラルキーウィンドウを通常に戻します。

6 パラメータの設定

ヒエラルキーウィンドウの「Zombunny」ゲームオブジェクトを選択し、インスペクターのAdd Componentから「Nav Mesh Agent」コンポーネントを付与し、[Speed]プロパティを1に設定します（図9.57）。

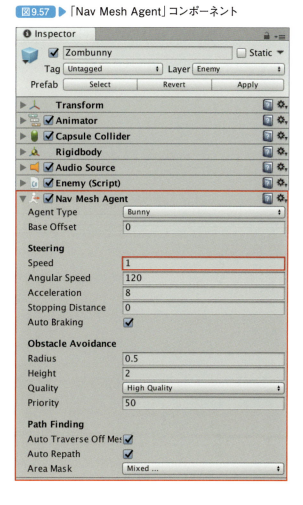

図9.57 ▶「Nav Mesh Agent」コンポーネント

●「Zombunny」の移動先を決めよう

ここでは、「Zombunny」の移動先を決めるための「MoveAgent」スクリプトを作成してみましょう。「Assets/VRShooting/Scripts」に「MoveAgent」スクリプトを作成して、以下のように編集します。

```
1  using System.Collections;
2  using System.Collections.Generic;
3  using UnityEngine;
4  using UnityEngine.AI;
5
6  [RequireComponent(typeof(NavMeshAgent))]
7  public class MoveAgent : MonoBehaviour
```

```
 8  {
 9      NavMeshAgent agent;        // ナビメッシュエージェント
10
11      void Start()
12      {
13          // ナビメッシュエージェントを取得
14          agent = GetComponent<NavMeshAgent>();
15
16          // 次の地点へ移動
17          GotoNextPoint();
18      }
19
20      void Update()
21      {
22          // 目的地付近に到着したかどうか？
23          if (agent.remainingDistance < 0.5f)
24          {
25              // 次の地点へ移動
26              GotoNextPoint();
27          }
28      }
29
30      void GotoNextPoint()
31      {
32          // 床の移動地点をランダムで作成
33          var nextPoint = new Vector3( Random.Range(-20.0f, 20.0f), 0.0f,
             Random.Range(-20.0f, 20.0f));
34
35          // ナビメッシュエージェントへ目的地を設定
36          agent.SetDestination(nextPoint);
37      }
38  }
```

　Start関数で、「NavMeshAgent」コンポーネントを取得して、agent変数に保存し、GotoNextPoint関数を呼び出して、最初の目的地を決めています。

　Update関数で、NavMeshAgentを持つゲームオブジェクトが、目的地までの距離が0.5m以内になると次の移動先となる新しい目的地を決めています。

　GotoNextPoint関数では、[Planks] ゲームオブジェクトのサイズであるX座標（-20.0〜20.0）とZ座標（-20.0〜20.0）の範囲からランダムで目的地を決めて、agent.SetDestination関数で、「NavMeshAgent」コンポーネントの新しい目的地を設定し、移動経路を再計算させています。

　それでは、コンポーネントの付与とプレハブの保存を行いましょう。

9-3 敵の種類を増やしてみよう

1 プレハブの変更を保存

作成した「MoveAgent」スクリプトを「Zombunny」ゲームオブジェクトへドラッグ＆ドロップを行い、付与します。Prefabの[Apply]ボタンを押して、「Zombunny」の変更を保存します（図9.58）。

図9.58 ▶「MoveAgent」コンポーネントの付与

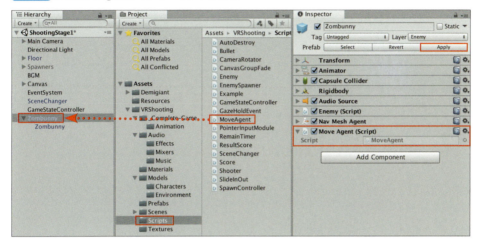

この状態で一度、実行を行い、「Zombunny」が動き回るか確認をしましょう。

9-3-2 ナビゲーションシステム

　ここでは、「Zombunny」で使用しているナビゲーションについてもう少し詳しく説明を行います。移動を行うゲームを作成する場合には、有効な機能ですので、是非、覚えておいてください。今回作成しているVRシューティングゲームでは、複雑な経路を移動することがありませんが、この機能を使うことにより、階層があるビルの中や川や塀を跳び越えることなど複雑な移動を簡単に制御できます。

● ナビゲーションシステムの構成要素

　Unityのナビゲーションシステムには、表9.4に示す4つの重要な要素があります。これらを使用することにより、経路探索を行い、オブジェクトを地形に沿って移動させることができます（図9.59）。

表9.4 ▶ ナビゲーションシステムの構成要素

機能	英語名	説明
ナビメッシュ	NavMesh	移動可能な領域を表すデータ、メッシュ情報を元に自動的に作成されます。この情報をもとにパスを検索して経路を導きます
ナビメッシュエージェント	NavMesh Agent	エージェントが付与されているゲームオブジェクトは、ナビメッシュを使用して、移動を行うことができます。互いのエージェントを認識して、ぶつからないようによけることや、後述のナビメッシュ障害物を避けたり、動かすことができます
オフメッシュリンク	Off-Mesh Link	ナビメッシュでは、到達できない経路を設定できます。崖のジャンプや川の飛び越えなどは、この機能を使うことにより、パスとして設定することで移動ができるようになります
ナビメッシュ障害物	NavMesh Obstacle	一時的に移動できない領域を作成できます。樽や壁などをこの機能で作成を行い障害物としてエージェントに認識させることができます。障害物がある場合は、それを迂回するルートを選ぶように動き、障害物がなくなるとそこを通るルートを選ぶようにすることができます。

図9.59 ▶ ナビゲーションシステムの構成要素

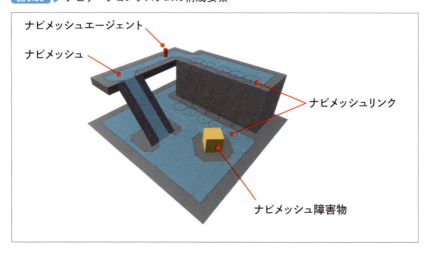

● ナビメッシュの作成方法

「Zombunny」を歩かせてみようで行ったナビゲーションウィンドウでナビメッシュを作成できます。

先ほどの図9.55で行ったナビゲーションウィンドウの[Object]タブとヒエラルキーウィンドウを使用した方法と、インスペクターのStaticのプルダウンを使用した登録方法があります（図9.60）。

このようにして、天井や床・階段・障害物などの移動に関係するメッシュをもったゲームオブジェクトの登録を行います。

図9.60 ▶ インスペクターからの登録

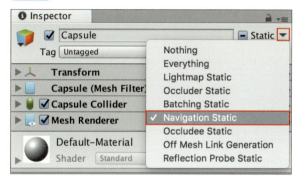

そして、図9.56のように、[Bake]タブで、キャラクターが移動できる条件の設定を行い、ナビメッシュをベイク（事前に移動可能な範囲を計算してデータ化を行う処理）します。表9.5にベイク時の移動条件をまとめておきます。

表9.5 ▶ ナビゲーションシステムの構成要素

プロパティ名	説明
Agent Radius	エージェントの中心が壁などにどのぐらいの距離まで近づけるかを設定します
Agent Height	エージェントの一番高い部分がどこまでの高さをすり抜けることができるかを設定します
Max Slope	エージェントがどの角度までの坂を上れるかを設定します
Step Height	エージェントが上がれる段差の高さがどれくらいの高さなのかを設定できます

このベイクを行い、作成されたナビメッシュは、シーンビュー上で、ナビゲーションウィンドウを表示している状態で、図9.59のような青いメッシュの上にオーバーレイで表示されます。

● **ナビメッシュエージェントの作成方法**

「Zombunny」を歩かせてみようで行ったゲームオブジェクトに「NavMesh Agent」コンポーネントを付与することにより作成することができます。この「NavMesh Agent」コンポーネン

トは、経路探索とキャラクターの移動の両方の処理を行います。このため、「MoveAgent」スクリプトで行ったように、目的地を指定するだけでキャラクターは移動を行うことができます。表9.6に「NavMesh Agent」コンポーネントのよく使用するプロパティの説明を示します。

表9.6 ▶「NavMesh Agent」コンポーネントのプロパティ

プロパティ名	説明
Radius	エージェントの中心が壁などにどのぐらいの距離まで近づけるかを設定します
Height	エージェントの一番高い部分がどこまでの高さに入れるかを設定します
Speed	最高速度を設定します（メートル／秒）
Angular Speed	回転速度を設定します（度／秒）
Acceleration	最高加速度を設定します（メートル／秒の2乗）
Stopping distance	目的地がこの距離以内になった場合に停止します
Auto Braking	目的地に到着時、減速します

● ナビメッシュ障害物の作成方法

まず、ナビメッシュ障害物を作成してみましょう。

1　ゲームオブジェクトの作成

ヒエラルキーウィンドウで[Main Camera]ゲームオブジェクトを選択し、右クリックメニューから[Create Empty]を選択します。

2　コンポーネントの付与

インスペクターウィンドウでAdd Componentボタンから「Nav Mesh Obstacle」コンポーネントを付与します。

3　パラメータの設定

図9.61のように各コンポーネントのパラメータを設定します。

図9.61 ▶「CannotMove」ゲームオブジェクトのパラメータの設定

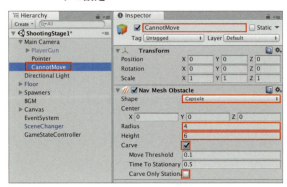

4 Bakeの実行

図9.56で示したナビゲーションウィンドウの[Bake]タブを選択し、[Bake]ボタンを押します。

どうでしょうか、ナビメッシュ障害物である「CanMove」ゲームオブジェクトを設置した部分がナビメッシュから削除されました (図9.62)。

図9.62 ▶ ベイク後のシーンビュー

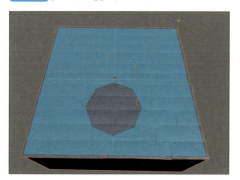

このように、「Nav Mesh Obstacle」コンポーネントを使うことで、ナビメッシュに影響を与えることができます。「Nav Mesh Obstacle」コンポーネントは、設定によりいろいろと条件を変更することができるので、表9.7にまとめておきます。

表9.7 ▶ 「Nav Mesh Obstacle」コンポーネントのプロパティ

プロパティ名	説明
Shape	障害物の形状を設定します。Box と Capsule の2種類を指定できます
Center	トランスフォームの位置に対する相対的な位置を設定します
Size	Box の大きさを設定します
Radius	Capsule の半径を指定します
Height	Capsule の高さを設定します
Carve	ON になっていると障害物がナビメッシュに影響を与えます

一度、実行を行い、「Zombunny」が移動できない領域に入らずに、縁に沿って移動していることを確認しましょう。その後、ヒエラルキーウィンドウで、「Zombunny」ゲームオブジェクトを削除しておきましょう。

● ナビメッシュのデータ

ナビメッシュを作成すると、シーンファイルと同じフォルダー内に、シーンと同名のフォルダーが作成されます。このフォルダー内にはナビメッシュのデータが保存されているので、間違って消さないよう注意しましょう（図9.63）。

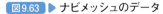
ナビメッシュのデータ

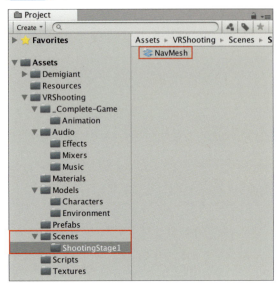

9-3-3 出現する敵をランダムにしてみよう

ここまでに作成された「ZomBear」「Hellephant」「Zombunny」をランダムに出現するようにしてみましょう。まずは、敵の出現を行っている「EnemySpawner」スクリプトを以下のように修正します。

```
1  using System.Collections;
2  using System.Collections.Generic;
3  using UnityEngine;
4
5  public class EnemySpawner : MonoBehaviour
6  {
7      [SerializeField] Enemy[] enemyPrefabs; // 出現させる敵のプレハブ
8
9      Enemy enemy; // 出現中の敵を保持
10
11     // 敵を発生させる
```

```
12      public void Spawn()
13      {
14          // 出現中でなければ敵を出現させる
15          if (enemy == null)
16          {
17              // 登録されている敵のPrefabから1つをランダムで選ぶ
18              var index = Random.Range(0, enemyPrefabs.Length);
19
20              // 選んだ敵のインスタンスを作成
21              enemy = Instantiate(enemyPrefabs[index], transform.
    position, transform.rotation);
22          }
23      }
24  }
```

　出現させる敵のプレハブを複数持てるように配列に変更を行い、エディターで登録できるように変更します。

　Spawn関数をその配列の中から、一つをランダムで選択するように変更します。これで、「EnemySpawner」コンポーネントに登録された敵のプレハブの中から敵1体がランダムで出現するようになり、エディタから出現する敵を設定することができます（図9.64）。この設定を使い、ステージが進むごとに出現する敵を増やしてみましょう。

図9.64 ▶「EnemySpawner」コンポーネント

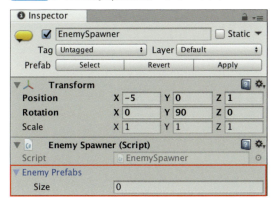

9-3-4 ステージを増やしてみよう

　ここでは、3つのステージの作成を行い、以下のようにそれぞれのステージの設定を行っていきます。

Chapter 9　ゲームのコンテンツを増やそう

・ステージ1…「ZomBear」を出現させる
・ステージ2…「ZomBear」「Hellephant」をランダムで出現させる
・ステージ3…「ZomBear」「Hellephant」「Zombunny」をランダムで出現させる

まずは、ステージを増やす前に、プレハブ化していないゲームオブジェクトをプレハブ化してみましょう（図9.65）。

ここでプレハブ化を行ったことは、覚えておいてください。プレハブ化することによって、すべてのステージに配置されたゲームオブジェクトに設定を反映したい際に、プレハブの値を変更するだけでそれを実現できるようになります。これは次節で実際に確認できます。

1 「Main Camera」のプレハブ化

ヒエラルキーウィンドウで「Main Camera」を選択し、プロジェクトウィンドウで「Assets/VRShooting/Prefabs」へドラッグ＆ドロップします。

2 「Canvas」のプレハブ化

ヒエラルキーウィンドウで「Canvas」を選択し、プロジェクトウィンドウで「Assets/VRShooting/Prefabs」へドラッグ＆ドロップします。

3 「Floor」のプレハブ化

ヒエラルキーウィンドウで「Floor」を選択し、プロジェクトウィンドウで「Assets/VRShooting/Prefabs」へドラッグ＆ドロップします。

図9.65 ▶ ゲームオブジェクトのプレハブ化

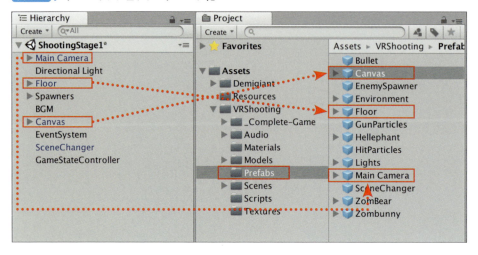

それでは、先ほど修正を行った「EnemySpawner」コンポーネントの設定を行いましょう。

1 パラメータの設定

ヒエラルキーウィンドウで「Spawner/EnemySpawner」を選択、Enemy Prefabsの[Size]プロパティを3に設定を行います。

2 「EnemySpawner」のプレハブの保存

プロジェクトウィンドウで「Assets/VRShooting/Prefabs」を選択し、図9.66のようにドラッグ＆ドロップで3つの敵のプレハブを登録し、右上のApplyボタンを押して、プレハブを保存します。

図9.66 ▶「EnemySpawner」コンポーネントの設定

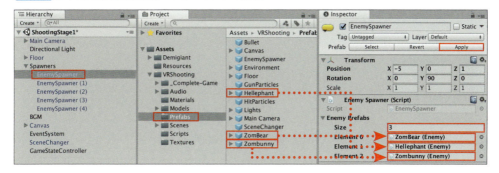

3 シーンの保存

メニューバーの[File]→[Save Scenes As]を選択して、[Assets/VRShooting/Scenes]へShootingStage3として保存します。

4 Bakeの実行

ナビゲーションウィンドウの[Bake]タブでベイクを行います。

5 ShootingStage2の作成

同様に、手順 3 を行い、ShootingStage2として保存し、手順 4 を行います。

Chapter 9 ゲームのコンテンツを増やそう

6 パラメータの変更とシーンの保存

ヒエラルキーウィンドウで「Spawner/EnemySpawner」から「Spawner/EnemySpawner（4）」を複数選択、Enemy Prefabsの[Size]プロパティを2に設定を行い、シーンを保存します（図9.67）。

図9.67 ▶ 「EnemySpawner」コンポーネントの複数同時設定

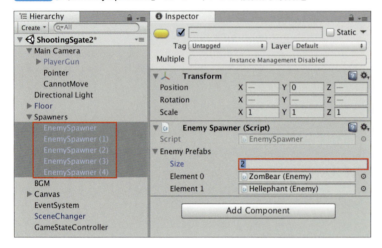

7 ShootingStage1のパラメータの変更とシーンの保存

プロジェクトウィンドウの「Assets/VRShooting/Scenes」のShootingStage1を開き、手順 6 と同様に、Enemy Prefabsの[Size]プロパティを1に設定を行い、シーンを保存します。

手順 6 、 7 のように、複数のゲームオブジェクトを選択し、インスペクターウィンドウでパラメータを変更することで、すべてのゲームオブジェクトのパラメータを同時に変更できます。

9-3-5 ステージ選択に登録してみよう

ここまで、3つのステージができました。前節で作成したステージ選択に追加を行いましょう。

1 SelectStageのシーンを開く

プロジェクトウィンドウの「Assets/VRShooting/Scenes」のSelectStageを開きます。

372

9-3 敵の種類を増やしてみよう

2 「Button」のコピー

ヒエラルキーウィンドウで「Canvas/Stage/Button」を選択し、コピー＆ペーストを2回行い、「Button」ゲームオブジェクトを2つ複製します（図9.68）。

図9.68 ▶ 「Canvas/Stage/Button」の複製

3 イベントの変更

ヒエラルキーウィンドウで「Canvas/Stage/Button（1）」を選択し、「Button」コンポーネントと「GazeHoldEvent」コンポーネントのOn Click()プロパティをShootingStage2に変更します（図9.69）。

図9.69 ▶ On Click()プロパティの変更

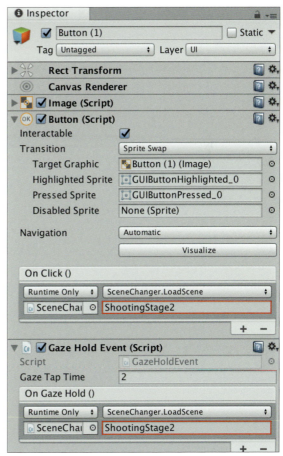

4 「Text」の変更

「Canvas/Stage/Button（1）/Text」の「Text」コンポーネントの[Text]プロパティをStage 2と変更します。

5 「Text」の変更

同様に「Canvas/Stage/Button（2）」を手順 3 、 4 を行い、ShootingStage3・Stage 3と変更します。

373

Chapter 9　ゲームのコンテンツを増やそう

6　Scenes In Buildへ登録

前節のシーンを登録してみようで行ったように、SetSelectStage2・SetSelectStage3を
Build SettingsウィンドウのScenes In Buildへ登録を行います。

9-3-6　動作確認をしてみよう

8-3の通りにビルドを行い、VRゴーグルで確認してみましょう。タイトルが表示されて、
ステージ選択を行い、ゲームができることを確認できれば正しく動いています（図9.70）。

図9.70 ▶ VRゴーグルでの確認

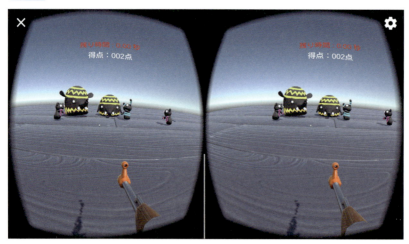

シーンを装飾してみよう

この節で今まで作成してきたVRシューティングゲームの作成は終了します。そこで、最後にもう少し装飾してみましょう。その中で、複数のカメラの使用や得点表示の作成を行いながら今までのことを復習していきましょう。

9-4-1 壁をおいてみよう

床しかない背景に、壁を追加してみましょう。

1 ShootingStage1シーンを開く

プロジェクトウィンドウの「Assets/VRShooting/Scenes/ShootingStage1」をダブルクリックで開きます。

2 「Wall」の作成

プロジェクトウィンドウの「Assets/VRShooting/Models/Environment/Wall」をヒエラルキーウィンドウの「Floor」へドラッグ＆ドロップを2回行います（図9.71）。

図9.71 ▶ 「Wall」の追加

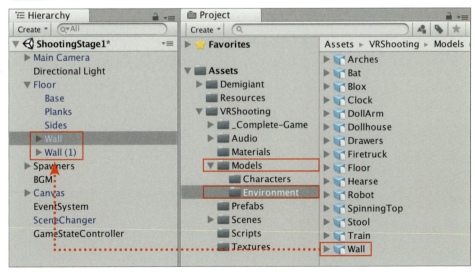

3 パラメータの設定

ヒエラルキーウィンドウで「Floor/Wall (1)」を選択し、図9.72のように設定します。

図9.72 ▶ 「Wall(1)」のパラメータ設定

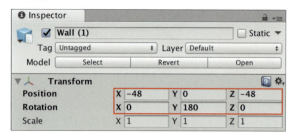

4 プレハブの変更を保存

ヒエラルキーウィンドウで「Floor」を選択し、[Apply]ボタンを押します(図9.73)。

図9.73 ▶ 「Floor」プレハブの変更の保存

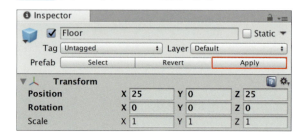

　この状態でシーンを保存して、ShootingStage2シーンを開いてみましょう。どうでしょうか？　ShootingStage2シーンでも壁が置かれているのが確認できたはずです。
　このように、プレハブは、複数のシーンで共有しているデータの変更を共有することができます。複数のシーンで使用するデータはプレハブ化を行うようにして、一括で変更できるようにするとスムーズに制作を行えます。

9-4-2 UIのカメラを追加してみよう

　先ほど、壁を追加してみましたが、何か違和感がないでしょうか。エディターで実行を行ってみるとすぐにわかるかと思います(図9.74)。

図9.74 ▶ 実行画面

UIの表示がなくなっていることがわかるでしょうか。わかりやすいように「Floor/Wall」を非表示にした状態を図9.75に示します。

図9.75 ▶ 「Floor/Wall」を非表示にした実行画面

このように、壁を追加したことにより、UIの表示が壁の奥側に表示されてしまい、見えなくなっています。このような場合に、これまでに説明を行っていたレイヤーとカメラをうまく使って、描画の順番を制御します。

それでは、実際にやってみましょう。

1 「Camera」の作成

ヒエラルキーウィンドウの「Main Camera」を選択し、右クリックメニューで「Camera」を選択します。

2 コンポーネントの削除

作成された「Main Camera/Camera」を選択し、インスペクターウィンドウでシーンに複数必要のないコンポーネントである「Flare Layer」コンポーネント、「Audio Listener」コンポーネントの歯車をクリックし、Remove Componentを選択して削除します（図9.76）。

図9.76 ▶ コンポーネントの削除

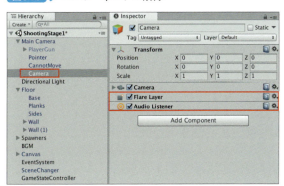

Chapter 9　ゲームのコンテンツを増やそう

3　Cameraのパラメータ設定

「Camera」コンポーネントの[Clear Flags]プロパティをDepth only、Culling MaskプロパティをUIだけにし、TagとLayerを図9.77のように設定します。

図9.77 ▶ 「Main Camera/Camera」のパラメータ設定

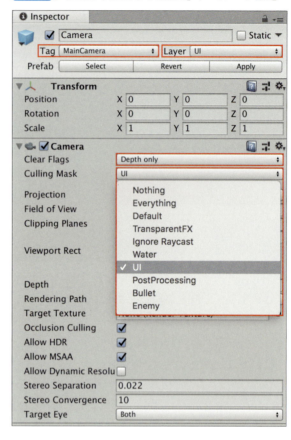

4　Layerの設定

ヒエラルキーウィンドウの「Main Camera/Pointer」を選択し、LayerをUIに設定し、ヒエラルキーウィンドウ上で「Main Camera/Camera」の子供に移動させます（図9.78）。

図9.78 ▶ 「Main Camera/Pointer」のLayerの設定

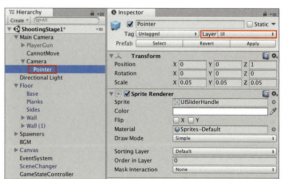

378

5 プレハブの変更を保存

ヒエラルキーウィンドウの「Main Camera」を選択し、図9.79のように[Culling Mask] プロパティのUIを外し、[Apply] ボタンを押して、プレハブの変更を保存します。

図9.79 ▶「Main Camera」のCameraコンポーネントの設定

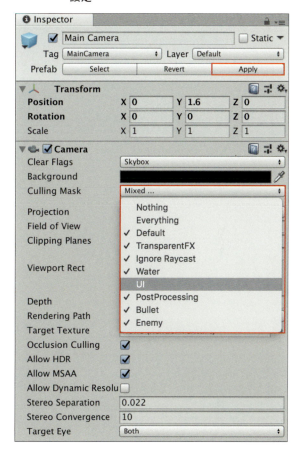

　これで、レイヤーがUIのグループは、「Main Camera/Camera」で描画されるようになります。この設定を行っているのが、「Camera」コンポーネントの [Culling Mask] プロパティで、このプロパティでチェックが付いているレイヤーがそのカメラで描画をされます。

　また、「Main Camera」と「Main Camera/Camera」の「Camera」コンポーネントの [Depth] プロパティを確認してみてください。「Main Camera」では、-1で「Main Camera/Camera」では、0が設定されています。この [Depth] プロパティは、カメラの描画順番を設定でき、小さい値ほど、描画が先に行われます。そのため、今回の場合、UIレイヤー以外のすべてもオブジェクト→UIレイヤーの順番で描画が行われます。

　実行して、壁より手前にUIが表示されることを確認しておきましょう。

9-4-3 文字に影をつけてみよう

「9-3 敵の種類を増やしてみよう」で行ったoutlineコンポーネントと同じく、shadowコンポーネントは、UIのTextコンポーネントやImageコンポーネントなどに対して、影をつけることができます。shadowコンポーネントは、テキストの影に使用することが多く、文字を見えやすくするために有効な手段です（図9.80）。

図9.80 ▶ テキストの影(左：影無し 右：影あり)

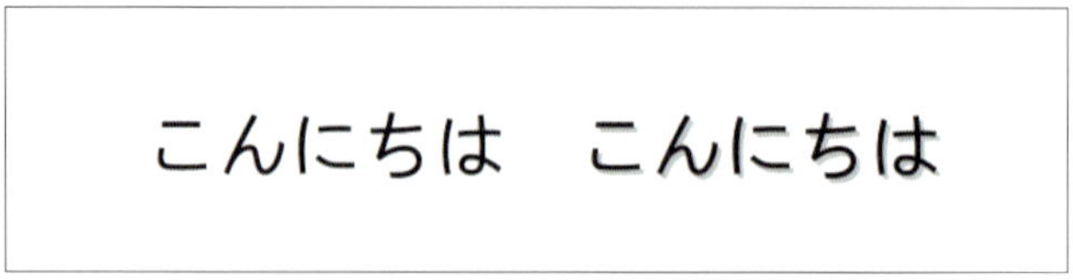

こんにちは　こんにちは

VRシューティングゲームでも、壁をおいたことにより、少し見にくくなった得点表示と残り時間表示に影をつけてみましょう。

1 オブジェクトの選択

ヒエラルキーウィンドウで「Canvas/RemainTimer」「Canvas/Score」の2つを選択します。

2 コンポーネントの付与

インスペクターのAdd Componentボタンから「shadow」コンポーネントを付与します。

3 パラメータの設定

「shadow」コンポーネントの設定を図9.81のように設定します。

4 プレハブの変更を保存

ヒエラルキーウィンドウで「Canvas」を選択し、[Apply]ボタンを押して、プレハブの変更を保存します。

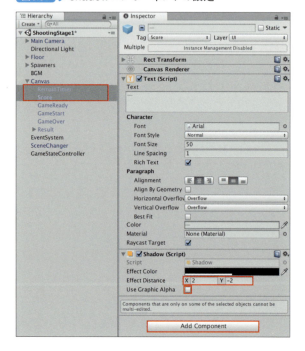

図9.81 ▶ shadowコンポーネントの設定

9-4-4 得点を表示してみよう

敵を倒したとき、何点入ったのかをわかりやすくするために、3D Textや「DOTween」アニメーションを使用して、得点を表示するようにしてみましょう。

● アニメーションを作ってみよう

ここでは、「DOTween」アニメーションを使用して、テキストが表示されて、上に上がりながら消えていくアニメーションを作成してみましょう。プロジェクトウィンドウの「Assets/VRShooting/Scripts」に「PopupText」スクリプトを作成して、以下のように編集します。

```csharp
using System.Collections;
using System.Collections.Generic;
using UnityEngine;
using DG.Tweening;

[RequireComponent(typeof(TextMesh))]
public class PopupText : MonoBehaviour
{
    void Start()
    {
        // TextMeshを取得
        var textMesh = GetComponent<TextMesh>();

        // DOTweenのシーケンスを作成
        var sequence = DOTween.Sequence();

        // 最初に拡大表示する
        sequence.Append(transform.DOScale(0.3f, 0.2f));

        // 次に上へ移動させる
        sequence.Append(transform.DOMoveY(3.0f, 0.3f).SetRelative());

        // 現在の色を取得
        var color = textMesh.color;

        // アルファ値を0に指定して文字を透明にする
        color.a = 0.0f;

        // 上に移動と同時に半透明にして消えるようにする
        sequence.Join(DOTween.To(() => textMesh.color,
        c => textMesh.color = c, color, 0.3f).SetEase(Ease.InOutQuart));

        // すべてのアニメーションが終わったら、自分自身を削除する
        sequence.OnComplete(() => Destroy(gameObject));
```

```
34      }
35  }
```

　Start関数で「DOTween」のアニメーションを設定しています。これまでに学習してきたDOTweenのシーケンスを用いて、順番にアニメーションを実行しています。

```
23      // 現在の色を取得
24      var color = textMesh.color;
25
26      // アルファ値を0に指定して文字を透明にする
27      color.a = 0.0f;
28
29      // 上に移動と同時に半透明にして消えるようにする
30      sequence.Join(DOTween.To(() => textMesh.color, c => textMesh.color =
        c, color, 0.3f).SetEase(Ease.InOutQuart));
```

　TextMeshコンポーネントを取得して、0.3秒でカラーのアルファ値を0に行うようにして、表示を徐々に消えるようにしています。このアニメーションは、sequence.Join関数を使用しているため、この一つ前に登録を行った上へ移動させるアニメーションと同時に再生されます。
　sequence.OnComplete関数は、すべてのアニメーションの再生が終了されると呼び出され、この場合、このコンポーネントが付いているゲームオブジェクトを破棄するようになり、自動消滅を行うようになっています。

● カメラの方向を向くようにしてみよう
　ここでは、ビルボード（看板）と呼ばれる、必ずカメラの正面を向くようにゲームオブジェクトを回転させるスクリプトを作成してみましょう。
　プロジェクトウィンドウの「Assets/VRShooting/Scripts」に「BillBoard」スクリプトを作成して、以下のように編集します。

```
1   using System.Collections;
2   using System.Collections.Generic;
3   using UnityEngine;
4
5   public class BillBoard : MonoBehaviour
6   {
7       void Update()
```

```
     8      {
     9          transform.forward = GameObject.Find("Main Camera").
   GetComponent<Camera>().transform.forward;
    10      }
    11  }
```

update関数で、カメラの正面向きとこのコンポーネントがつけられたゲームオブジェクトが同じ方向を向くように設定しています。

● **ポップアップするテキストを作ってみよう**

ここでは、3D Textコンポーネントと今まで作成したスクリプトを使用して、ポップアップするテキストを作成してみましょう。

1 「3D Text」の作成

ヒエラルキーウィンドウで何も選択していない状態で、右クリックメニューで [3D Objects] → [3D Text] を選択します（図9.82）。

図9.82 ▶ 3D Textゲームオブジェクトの作成

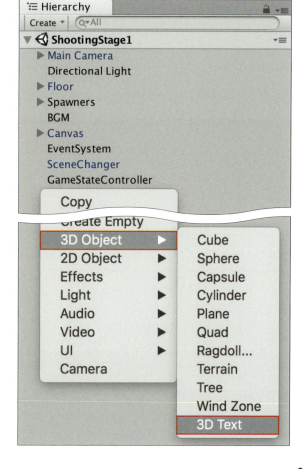

Chapter 9 ゲームのコンテンツを増やそう

2 パラメータの設定

ヒエラルキーウィンドウで「New Text」を選択し、ゲームオブジェクト名を「PopupText」へ変更し、図9.83のように設定します。ここでは、「Text Mesh」コンポーネントの [Color] パラメータは自由に設定してみてください。

3 コンポーネントの付与

プロジェクトウインドウの「Assets/VRShooting/Scripts/BillBoard」「Assets/VRShooting/Scripts/PopupText」を選択し、ヒエラルキーウィンドウの「PopupText」へドラッグ＆ドロップをします。

図9.83 ▶「PopupText」ゲームオブジェクトの設定

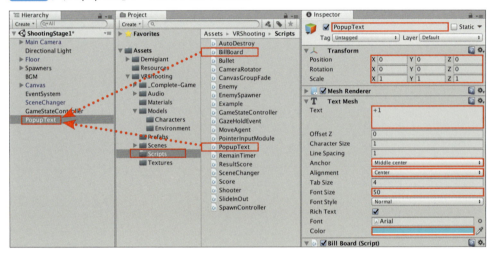

4 プレハブ化

ヒエラルキーウィンドウで「PopupText」ゲームオブジェクトをプロジェクトウィンドウの「Assets/VRShooting/Prefabs」へドラッグ＆ドロップしてプレハブ化を行い、ヒエラルキーウィンドウから「PopupText」ゲームオブジェクトを削除します。

　ここで使用した「Text Mesh」コンポーネントは、今まで使用してきた「Text」コンポーネントと違い3D空間上にテキストを表示させることができるコンポーネントです。

● 敵が死亡したときにポップアップするテキストを表示してみよう

　ここでは、「Enemy」スクリプトを修正して、死亡したときに、ポップアップするテキストが表示されるように「Enemy」スクリプトを以下のように修正します。

```csharp
using System.Collections;
using System.Collections.Generic;
using UnityEngine;

[RequireComponent(typeof(AudioSource))]
public class Enemy : MonoBehaviour
{
    [SerializeField] AudioClip spawnClip; // 出現時のAudioClip
    [SerializeField] AudioClip hitClip;   // 弾命中時のAudioClip

    // 倒された際に無効化するためにコライダーとレンダラーを持っておく
    [SerializeField] Collider enemyCollider; // コライダー
    [SerializeField] Renderer enemyRenderer; // レンダラー

    AudioSource audioSource;                 // 再生に使用するAudioSource

    [SerializeField] int point = 1;     // 倒したときのスコアポイント
    Score score;                        // スコア

    [SerializeField] int hp = 1;        // 敵のヒットポイント

    [SerializeField] GameObject popupTextPrefab;    // 得点表示用Prefab

    void Start()
    {
        // AudioSourceコンポーネントを取得しておく
        audioSource = GetComponent<AudioSource>();

        // 出現時の音を再生
        audioSource.PlayOneShot(spawnClip);

        // ゲームオブジェクトを検索
        var gameObj = GameObject.FindWithTag("Score");

        // gameObjに含まれるScoreコンポーネントを取得
        score = gameObj.GetComponent<Score>();
    }

    // OnHitBulletメッセージから呼び出されることを想定
    void OnHitBullet()
    {
        // 弾命中時の音を再生
        audioSource.PlayOneShot(hitClip);

        // HP 減算
        --hp;

        // HPが0になったら死亡
```

```
49          if (hp <= 0)
50          {
51              // 死亡時処理
52              GoDown();
53          }
54      }
55
56      // 死亡時処理
57      void GoDown()
58      {
59          // スコアを加算
60          score.AddScore(point);
61
62          // ポップアップテキストの作成
63          CreatePopupText();
64
65          // 当たり判定と表示を消す
66          enemyCollider.enabled = false;
67          enemyRenderer.enabled = false;
68
69          // 自身のゲームオブジェクトを一定時間後に破棄
70          Destroy(gameObject, 1f);
71      }
72
73      // ポップアップテキストの作成
74      void CreatePopupText()
75      {
76          // ポップアップテキストのインスタンス作成
77          var text = Instantiate(popupTextPrefab, transform.position, Quaternion.identity);
78
79          // ポップアップテキストのテキスト変更
80          text.GetComponent<TextMesh>().text = string.Format("+{0}", point);
81      }
82  }
```

　先ほど作成したプレハブの参照を保持する変数の追加と死亡時の処理GoDown関数で、CreatePopupText関数の呼び出しを追加しました。

　CreatePopupText関数では、先ほどのプレハブのインスタンスを自分の位置で作成を行い、そのインスタンスに含まれる「TextMesh」コンポーネントの[Text]プロパティを自分の得点に変更しています。

1 プレハブの複数選択

プロジェクトウインドウの「Assets/VRShooting/Prefabs」に含まれる「ZomBear」「Hellephant」「Zombunny」を複数選択します。

2 パラメータの設定

プロジェクトウインドウの「Assets/VRShooting/Prefabs/PopUpText」をインスペクターウインドウの「Enemy」コンポーネントの [Popup Text Prefab] プロパティへドラッグ＆ドロップします（図9.84）。

図9.84 ▶ 各プレハブのEnemyコンポーネントの設定

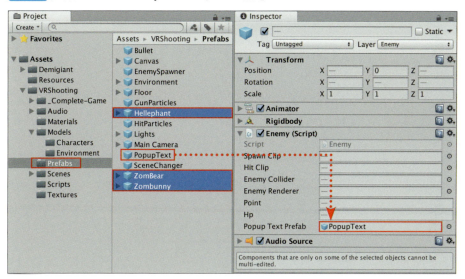

9-4-5 動作確認をしてみよう

「8-1 VRで確認してみよう」の通りにビルドを行い、VRゴーグルで確認してみましょう。敵を倒すと得点が表示されることが確認できれば正しく動いています（図9.85）。

図9.85 ▶ VRゴーグルでの確認

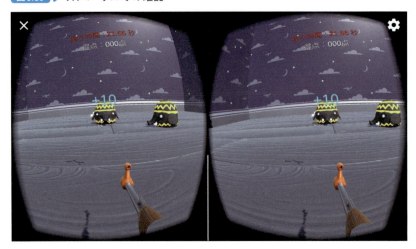

● VRシューティングゲームの完成

　これで、VRシューティングゲームの作成は終了します。今まで作成を行ったスクリプトやUnityのコンポーネントを使うことにより、皆さん自身で、もっと見栄えをよくしてみてください。

　また、皆さんは、ここまでの説明で、UnityでVRのアプリを作成できるようになっています。是非、新しいゲームやアプリの作成を行ってみてください。

Chapter 10

全天球プラネタリウムを作ろう

　これまでに学習を行ってきたUnityの機能を使用して、VRシューティングゲームとは別のアプリを作成してみましょう。プラネタリウムのような星空の表示を行い、視線の先に浮かぶ星座を表示するようにしてみましょう。

　この章では、今まで学習してきたUnityの機能と、まだ紹介していないUnityの機能に触れていきます。 ここまでの章をまだ、学習していない方は、前章までを学習してからこの章を読むことをおすすめします。

この章で学ぶことまとめ
・今までの章の復習
・テキストの扱い方
・シェーダの設定方法
・線の描画方法

10-1 全天球プラネタリウムを考えてみよう

本節では、これから作成する全天球プラネタリウムアプリとはどのようなものかを説明します。その中で、全天球プラネタリウムアプリを作る上でどのような機能が必要になるのかと星座を表示するためにどのようなデータが必要になるかを考えてみましょう。

10-1-1 プラネタリウムについて

　小学校の理科の授業で星座を学んだときに体験学習で見たことがあるかもしれませんが、プラネタリウムとは、投影機と呼ばれる機械やプロジェクターから発せられた光を半球型の曲面スクリーンなどに映し出すことにより星の映像や動きを再現するものを指します。

　大がかりなものとしては、名古屋市科学館（世界最大のプラネタリウム）など全国に常設されている施設などがあり、小型のものは、家庭で楽しめるような小型の機械や自作できるようなクラフトキットなどが販売されています（図10.1、10.2）。

図10.1 ▶ 名古屋市科学館「ブラザーアース」

図10-2 ▶ セガトイズ「HOMESTAR Classic」

10-1-2 どのようなアプリにするか考えてみよう

　ここでは、これから作成する全天球プラネタリウムアプリをどのようなものにするかを考えていきましょう。

　まず、プラネタリウムとして、最低限必要な機能を考えてみましょう。

・星を表示する機能
・星座の名前を表示する機能
・星座の星を結ぶ線を表示する機能

　この3つの機能を作成すれば、最低限のプラネタリウムアプリを作ることができます。これだけであれば簡単に作成できそうな感じがしないでしょうか。

　しかも、先ほど説明を行った施設などのプラネタリウムは、基本的に球の上部半分の部分しか星や星座は映し出されませんが、今回作成するアプリは、スマートフォンVRの利点を生かし、全方位の星や星座を見ることができます。

　これらの機能から必要なデータが何かを考えてみましょう。

・星のデータ
・星座の名前データ
・星座の星を結ぶ線のデータ

　上記のデータが必要なことは、すぐにわかると思います。これらのデータの準備の仕方や星・星座のデータの扱い方などを次節で説明を行っていきます。

Chapter 10　全天球プラネタリウムを作ろう

10-2 必要なデータをあつめてみよう

本節では、前節で考えた必要なデータを集める方法とそのデータがどのようなものなのかを説明します。その中で、全天球プラネタリウムアプリで扱うデータを詳しく説明を行い、プログラムを作成するときに戸惑わないようにします。

10-2-1 星のデータを集めてみよう

　星のデータは、普段気にすることがありませんので、どこにあるかは、皆さん知らないと思われますが、国立天文台（NAOJ）の天文データセンター（ADC：https://www.adc.nao.ac.jp/）や米国航空宇宙局（NASA）の高エネルギー天体物理学研究データセンター（HEASARC：http://heasarc.gsfc.nasa.gov）などで、学術研究に使用されるデータが公開されています。

　しかし、このようなデータは、本来、学術研究のために使用される膨大なデータで、今回作成する全天球プラネタリウムアプリで扱うデータとしては、不向きです。そのため、今回のアプリでは、先ほど紹介したウェブサイトから星座などのデータを抜き出し、すでにまとめていただいている「Astro Commons」（http://astronomy.webcrow.jp/）のデータを使用して作成を行っていきます（図10.3）。

図10-3 ▶ Astro Commons

● 星座のデータを集めよう

まずは、星座のデータを集めてみましょう。「Astro Commons」の「星座」の「星座名」と「星座位置」のデータをダウンロードしましょう（図10.4）。

図10-4 ▶ 星座データ

星座
各星座の名称・位置・線データと星座別の星図です。
星座名
星座位置
星座線
星座境界線
春の星座
夏の星座
秋の星座
冬の星座
南天の星座

1 星座名データの入手

「星座」の「星座名」をクリックして、「星座名」のページを表示して、「Download UTF8 constellation_name_utf8.csv(89 Records)」を右クリックをして、[constellation_name_utf8.csv]ファイルとして保存してください（図10.5）。

図10.5 ▶ 星座名のデータ

2 星座位置データの入手

前のページに戻り、「星座」の「星座位置」をクリックして、「星座位置」のページを表示して、「Download position.csv(89 Records)」を右クリックをして、[position.csv]ファイルとして保存してください（図10.6）。

図10.6 ▶ 星座位置のデータ

Chapter 10　全天球プラネタリウムを作ろう

● ヒッパルコス星表のデータを集めよう

　ヒッパルコス星表（略称、HIP）とは、1988年に欧州宇宙機関（ESA）が打ち上げた人工衛星「ヒッパルコス」が観測したデータを元に作られた星のデータです。

　「Astro Commons」の「恒星」の「ヒッパルコス星表」をクリックして、ページを表示してください（図10.7）。

図10-7 ▶ ヒッパルコス星表のデータ

　この「ヒッパルコス星表」のページに記載されている以下のデータをダウンロードしましょう。

1　基礎データの入手

基礎データ」の「Download hip_lite_major.csv(3215 Records)」を右クリックをして、[hip_lite_major.csv]ファイルとして保存してください（図10.8）。

図10.8 ▶ 基礎データ

2　星座線恒星データの入手

「星座線恒星データ」の「Download hip_constellation_line_star.csv(690 Records)」を右クリックをして、[hip_constellation_line_star.csv]ファイルとして保存してください（図10.9）。

図10.9 ▶ 星座線恒星データ

3　星座線データの入手

「星座線データ」の「Download hip_constellation_line.csv(673 Records)」を右クリックをして、[hip_constellation_line.csv]ファイルとして保存してください（図10.10）。

図10.10 ▶ 星座線データ

10-2-2 星のデータを見てみよう

　今回使用するデータは、天文学や天体物理学に基づいたデータになりますが、なるべく難しい知識や計算などを理解せずとも、この全天球プラネタリウムアプリを作成できるようにしています。

　それでは、ダウンロードしたデータを使用する上で最低限必要な知識を説明していきます（もし、ここの内容がわからない場合は、読み飛ばしてください。内容が理解できなくても、アプリは作成できるようになっています）。

● 天球と赤道座標系について

　地球が丸い球状になっていることは皆さんご存じでしょう。その球を無限に拡大した仮想の球を天球と呼び、見かけ上、その球上にすべての星があると仮定を行っています。地球に、北極・南極があるのと同じく、その天球にも、天の北極と天の南極があります。また、地球の場所を示すときに使われる緯度（0度が赤道）・経度（0度がグリニッジ天文台）と同じく天球にも赤緯（0度が天の赤道）・赤経（0時が春分点）があります。

　赤緯は、赤道を0度として天の北極に向けて＋90度の角度で表し、天の南極に向けて－90度の角度で表されます。

　赤経は、春分点と呼ばれる基準点を0時として、東回りに24時間（＝0時）を360度として、角度を時間で表しています（1時間は、15度になります）。

　また、地球は北極と南極を結んだ地軸と呼ばれる軸を中心に自転を行っています。この角度は、太陽を回る公転面と比べて、約23．4度傾いています。そのため、太陽は、天球の赤道上を移動するのではなく、赤道より約23．4度傾いた位置を回ります。これを黄道と呼び、太陽が天球を動く位置を表します。先ほどから出ている春分点は、この天の赤道と黄道が交わる点で、天の赤道より黄道が上になる点を春分点と呼び、天の赤道より黄道が下になる点を秋分点と呼びます（図10.11）。

図10-11 ▶ 天球と赤道座標系

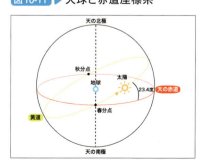

Chapter 10 全天球プラネタリウムを作ろう

● 等級とスペクトル分類について

等級とは、天体の明るさを表す単位で、等級が小さいほど、明るい星です。また、0以下のマイナスの数値で表されることもあります。また、実際には、等級は、星と地球との距離や、肉眼での観測などにより、計測値が大きく変わります。そのため、今回使用しているデータは、視等級と呼ばれる地球上から肉眼で観測した場合の等級を基準にしています。

また、スペクトル分類とは、恒星を分類する一つの方法であり、恒星の表面温度や化学組成により、恒星の色を分類することができます（スペクトルとは、電磁波などを成分ごとに分解して、その成分ごとにグラフ化したものを指し、恒星の場合、その恒星が放射している電磁波を捉えて分類しているものを指します）。

● ダウンロードしたデータを見てみよう

先ほど、ダウンロードしたデータは、すべて「CSV」と呼ばれるフォーマットになっています。この「CSV」フォーマットは、1つのデータが、「,（カンマ）」で区切られた複数の項目からなり、1つの行で1つのデータを表します。

それぞれのデータは、表10.1～10.5のように決められた項目ごとにデータが並べられています。

表10.1 ▶「星座名」のCSVデータ

星座ID	星座略称	英語学名	日本語名
整数（1～89）	文字列	文字列	文字列
1	And	Andromeda	アンドロメダ
2	Ant	Antlia	ポンプ
3	Aps	Apus	ふうちょう

表10.2 ▶「星座位置」のCSVデータ

星座ID	赤経（時）	赤経（分）	赤緯（度）
整数（1～89）	整数（0～23）	整数（0～59）	整数（-90～+90）
1	0	40	38
2	10	0	-35
3	16	0	-76

表10.3 ▶「基礎データ」のCSVデータ

HIP 番号	赤経（時）	赤経（分）	赤経（秒）	赤緯（符号）	赤緯（度）	赤緯（分）	赤緯（秒）	視等級（等級）
整数（1～120416）	整数（0～23）	整数（0～59）	小数	符号（0:マイナス1:プラス）	整数（0～90）	整数（0～59）	小数	小数
88	0	1	4.6	0	48	48	35.5	5.71
122	0	1	35.85	0	77	3	55.1	4.78
145	0	1	49.44	0	3	1	38.9	5.13

表10.4 ▶「星座線恒星データ」のCSVデータ

HIP 番号	赤経（時）	赤経（分）	赤経（秒）	赤緯（度）	赤緯（分）	赤緯（秒）	視等級（等級）
整数（1～120416）	整数（0～23）	整数（0～59）	小数	整数（0～90）	整数（0～59）	小数	小数
677	0	8	23.17	29	5	27.00	2.07
746	0	9	10.09	59	9	0.80	2.28
765	0	9	24.54	-45	44	49.20	3.88

年周視差（ミリ秒角）	赤経方向固有運動（ミリ秒角/年）	赤緯方向固有運動（ミリ秒角/年）	B-V 色指数	V-I 色指数	スペクトル分類
小数	小数	小数	小数	小数	文字列
33.60	135.68	-162.95	-0.038	-0.100	B9p
59.89	523.39	-180.42	0.380	0.400	F2III-IV
23.28	122.15	-180.13	1.013	1.000	K0III

表10.5 ▶「星座線データ」のCSVデータ

星座略称	HIP 番号（開始点）	HIP 番号（終了点）
文字列	整数（1～120416）	整数（1～120416）
And	677	3092
And	3092	5447
And	9640	5447

Chapter 10 　全天球プラネタリウムを作ろう

10-3 星をおいてみよう

本章では、今まで学んできたプロジェクトの作成方法・スクリプトの作り方・プレハブの作り方を復習します。もしわからないことが出てきた場合には、これまでの章を再度学習することをおすすめします。また、新しくテキストアセットとシェーダーについて説明を行っていきます。

10-3-1 プロジェクトを作ってみよう

まずは、VRシューティングゲームと同様にプロジェクトを作成して、シーンを保存してみましょう。ここまでの内容がわからない場合は、「3章 Unityに触れてみよう」を参照してください。

1 プロジェクトの作成

Unityを起動し、プロジェクト選択ウィンドウのNEWボタンを押して、プロジェクト名に「Constellation」と入力して新規プロジェクトを作成します（図10.12）。

図10.12 ▶ プロジェクトの作成

2 シーンの保存

「Assets」フォルダーの下に「Scenes」フォルダーを作成して、「Constellation」の名前でシーンを保存します（図10.13）。

図10.13 ▶ シーンの保存

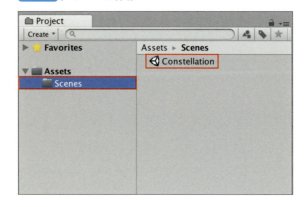

398

10-3-2 ダウンロードしたデータをインポートしてみよう

前節でダウンロードした5つのファイルをUnityにインポートしてみましょう。

1 フォルダーの作成

プロジェクトウィンドウ上の「Assets」フォルダの下に「Data」フォルダーを作成します（図10.14）。

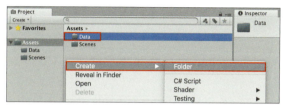

図10.14 ▶「Data」フォルダーの作成

2 データのインポート

Finder（Windowsではエクスプローラー）でダウンロードした5つのcsvファイルを選択し、プロジェクトウィンドウの「Data」フォルダーへ、ドラッグ＆ドロップします（図10.15）。

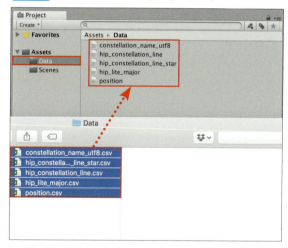

図10.15 ▶ ダウンロードデータのインポート

3 スクリプトの作成

プロジェクトウィンドウ上の「Assets」フォルダの下に「Scripts」フォルダーを作成し、「ConstellationViewer」という名前でスクリプトを作成します（図10.16）。

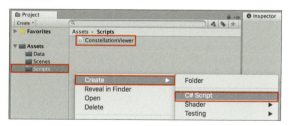

図10.16 ▶ スクリプトの作成

4 ゲームオブジェクトの作成

ヒエラルキーウィンドウ上で何も選択していない状態で、右クリックメニューの[Create Empty]から「ConstellationViewer」という名前で新しくゲームオブジェクトを作成し（図10.17①）、先ほど作成した「ConstellationViewer」スクリプトをドラッグ＆ドロップします（図10.17②）。

図10.17① ▶ ゲームオブジェクトの作成

図10.17② ▶ ゲームオブジェクトの作成

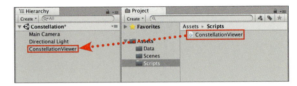

5 「ConstellationViewer」スクリプトの編集

「ConstellationViewer」スクリプトを開き、リスト10.1のように書き換えます。

リスト10.1 ▶ 「ConstellationViewer」スクリプト

```
1   using System.Collections;
2   using System.Collections.Generic;
3   using UnityEngine;
4
5   public class ConstellationViewer : MonoBehaviour
6   {
7       // 星座CSVデータ
8       [SerializeField]
9       TextAsset starDataCSV;
10      [SerializeField]
11      TextAsset starMajorDataCSV;
12      [SerializeField]
13      TextAsset constellationNameDataCSV;
```

```
14      [SerializeField]
15      TextAsset constellationPositionDataCSV;
16      [SerializeField]
17      TextAsset constellationLineDataCSV;
18  }
```

6 データの参照

ヒエラルキーウィンドウ上で「ConstellationViewer」ゲームオブジェクトを選択し、プロジェクトウィンドウの「Data」フォルダー内にあるCSVデータをインスペクターウィンドウ上の「ConstellationViewer」コンポーネントへドラッグ＆ドロップします（図10.18）。

図10.18 ▶ シーンの保存

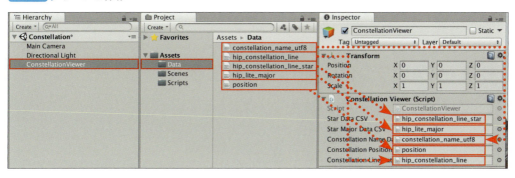

Unityでは、Unity以外で作成されたデータをプロジェクトウィンドウに登録することにより、Unity内で使用することができるようになります。もし、ここまでの内容がわからない場合は、「5章 ゲーム開発を始めよう」「6章 弾を撃って敵を倒そう」を参照してください。

● TextAsset

TestAssetは、テキストファイルをゲーム内で簡単に扱うためのクラスです。また、バイナリデータを格納することもできます。スクリプトから「TextAsset」のデータを扱う際には、表10.6に示すプロパティを用いて取得できます。

Unityでは、先ほどプロジェクトウィンドウにインポートしたCSVファイルのようなテキストファイルは、「TextAsset」として扱われ、[text]プロパティを参照するだけで、テキストを取得できます。また、CSVファイル以外にも同様に「TextAsset」として扱われる拡張子を以下へまとめておきます。

- .txt
- .html/.htm
- .xml
- .json
- .csv
- .yaml
- .fnt
- .bytes

表10.6 ▶ TextAssetのプロパティ

プロパティ	説明
text	文字列としてテキストデータを取得できます（読み込みのみ）
bytes	バイナリー配列としてテキストデータを取得できます（読み込みのみ）

10-3-3 星のプレハブを作ってみよう

それでは、Sphereを使用して、星を作ってみましょう。

1 星の作成

ヒエラルキーウィンドウ上で何も選択していない状態で、右クリックメニューの [Create Empty] から「Star」という名前で新しくゲームオブジェクトを作成し、その子供に [3D Object] → [Sphere] を選択し球を作成します（図10.19）。

図10.19 ▶ 星の作成

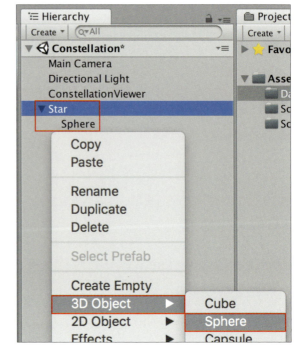

2 ゲームオブジェクトのプレハブ化

プロジェクトウインドウ上の「Assets」フォルダの下に「Prefabs」フォルダーを作成し、「Star」ゲームオブジェクトをそのフォルダーへドラッグ＆ドロップします（図10.20）。

図10.20 ▶ 「Star」ゲームオブジェクトのプレハブ化

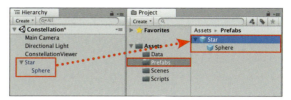

3 フォルダの作成

プロジェクトウインドウ上の「Assets」フォルダの下に「Materials」フォルダーを作成します。

4 マテリアルの作成

プロジェクトウインドウ上の「Assets/Materials」フォルダーで、右クリックメニューより [Create] → [Material] を選択し、「Star」という名前でマテリアルを作成します（図10.21）。

図10.21 ▶ 「Star」マテリアルの作成

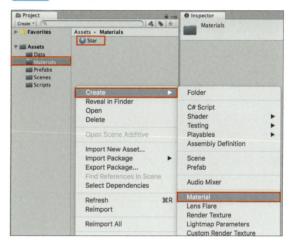

5 プロパティの変更

プロジェクトウインドウ上の「Assets/Materials/Star」を選択し、インスペクタウィンドウ上で「Star」マテリアルの「Shader」プロパティを [Unlit] → [Color] へ変更を行います（図10.22）。

図10.22 ▶ 「Star」マテリアルの「Shader」プロパティを変更

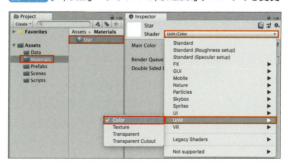

Chapter 10 全天球プラネタリウムを作ろう

6 マテリアルの変更

ヒエラルキーウィンドウ上で「Star/Sphere」を選択し、プロジェクトウインドウ上の「Assets/Materials/Star」をインスペクターウィンドウ上の「Mesh Renderer」コンポーネントの[Materials]プロパティへドラッグ＆ドロップします（図10.23）。

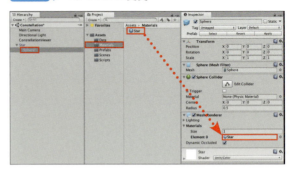

図10.23 ▶ マテリアルの変更

7 プレハブの変更

インスペクターウィンドウ上の[Apply]ボタンを押し、プレハブの変更を保存します。

　本来、ここで、プレハブ化したヒエラルキーウィンドウ上の「Star」ゲームオブジェクトは削除するのですが、マテリアルの説明で必要なため残しています。マテリアルの説明を読んだ後に削除してください。もし、ここまでの内容がわからない場合は、「5章 ゲーム開発を始めよう」「6章 弾を撃って敵を倒そう」を参照してください。

● マテリアルとシェーダーについて

　「5-2-4 インポートしたアセットの中身を見てみよう」で軽く説明を行ったマテリアルですが、ここでもう少し詳しく説明を行います。

　マテリアルとは、シェーダーと密接に関わりシェーダーの種類により様々な表現を行うことができます。

　Unityでは、マテリアルに設定されているシェーダーは、基本的に「Standard」シェーダーが設定され、このシェーダーのパラメータや使用するテクスチャを変更することにより、汎用的にオブジェクトの描画表現を行えます。しかし、汎用的であるために描画コストが高く、今回の星座アプリでは、星を多く描画するため、「Standard」シェーダーでは行うことができません。

　そのため、「Unlit/Color」シェーダーを使用します（図10.24①）。この「Unlit/Color」シェーダーは、ライティングなし（Unlighting）・色（Color）のみ反映するというシェーダになります。「Standard」シェーダーより描画コストが低くなります（図10.24②）。プロジェクトウインドウ上の「Assets/Materials/Star」を選択し、インスペクタウィンドウ上で「Star」マテリアルのMain Colorプロパティの色を変更してみてください。シーンビューやゲームビュー上で設定した色になることがわかると思います。

404

図10.24① ▶ 2つのシェーダーのパラメータ

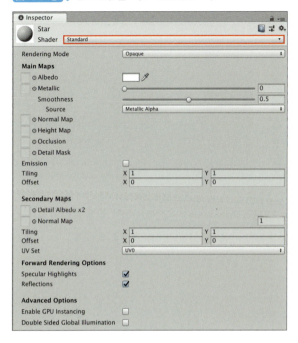

図10.24② ▶ Shaderの設定

　また、図10.25に示すように、右に「Standard」シェーダーを設定したマテリアルの [Sphere] と左に「Unlit/Color」シェーダーを設定したマテリアルの [Sphere] を並べて、ライトをON・OFFしたときのゲームビューの状態です。右の [Sphere]（「Standard」シェーダー）は、ライトの状態により色が変わっていますが、左の [Sphere]（「Unlit/Color」シェーダー）は、どちらも同じ色で描画されていることがわかると思います。

図10.25 ▶ ライトON/OFF時の2つのシェーダーの描画の違い
　　　　（右：「Standard」シェーダー　左：「Unlit/Color」シェーダー）

 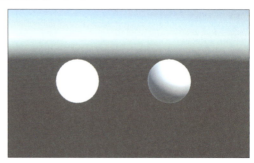

　このように、シェーダーによってライトの影響を受けないようにしたり、色を変更したりなど、様々なレンダリング方法を取ることができます。また、Unityに用意されているシェーダー以外にも、自分で作成することも可能です。次章では簡単なシェーダーの作成も行います。

コラム　Unityのシェーダーのソースコード

　Unityに標準で用意されているシェーダーは、ビルトインシェーダーと呼ばれ、実は、ソースコードも公開されています。

　Unityをダウンロードを行ったページの追加ダウンロードの項目にあり、ソースコードもダウンロードすることができます。興味のある方は、ここからダウンロードを行って、是非、ソースコードをご覧ください。

図10.A ▶ ビルトインシェーダーのダウンロード

10-4 星座を表示してみよう

ここでは、CSVデータの読み込みとデータの整理を行いながら、星と星座名・星座線の描画を行います。その中で、新しく学ぶLineRendererコンポーネントやこれまでに学習を行ったTextMeshコンポーネントの復習をしていきましょう。

10-4-1 CSVデータを読み込んでみよう

前節でTextAssetとして登録したCSVデータをプログラムで使えるように読み込んでみましょう。まずは、5つのCSVデータをプログラム上で保存するためのクラスを作りましょう。

● CSVデータの基本となるクラスを作ってみよう

プロジェクトウィンドウの「Assets/Scripts」に「CsvData」スクリプトを作成して、以下のように編集します。

```
1  public abstract class CsvData
2  {
3      // 読み込んだCSVデータの登録
4      public abstract void SetData(string[] data);
5  
6      // 赤経を角度に変換
7      public float RightAscensionToDegree(int hour, int min = 0,
                                           float sec = 0.0f)
8      {
9          var h = 360.0f / 24.0f;    // 1時間の角度
10         var m = h / 60.0f;         // 1分の角度
11         var s = m / 60.0f;         // 1秒の角度
12 
13         return (h * hour + m * min + s * sec) * -1.0f;
14     }
15 
16     // 赤緯を角度に変換
17     public float DeclinationToDegree(int deg, int min = 0,
                                          float sec = 0.0f)
18     {
19         var plusMinus = 1.0f;
20         if (deg < 0.0f)
21         {
```

```
22              plusMinus = -1.0f;
23              deg *= -1;
24          }
25          return DeclinationToDegree(plusMinus, deg, min, sec);
26      }
27
28      // 赤緯を角度に変換
29      public float DeclinationToDegree(float plusMinus, int deg,
                                            int min = 0, float sec = 0.0f)
30      {
31          return (deg * plusMinus + min / 60.0f * plusMinus + sec / (60.0f
    * 60.0f) * plusMinus) * -1.0f;
32      }
33  }
```

CsvDataクラスは、abstractの指定を行い各CSVデータを扱う継承クラスを作成することを前提にしています。

また、SetData関数は、それぞれのCSVのデータに即した形にするために、継承先のクラスで実装を行うようにしています。

RightAscensionToDegree関数は、赤経を角度に戻す関数です。赤経は、24時間を360度として扱うため、それぞれ、1時間の角度・1分の角度・1秒の角度を求めてから角度を求めています。

DeclinationToDegree関数は、度分秒の角度を度の角度へ変換を行っています。度(deg)の符号により、それぞれの分(min)・秒(sec)の符号が決まります。

RightAscensionToDegree関数・DeclinationToDegree関数内で、パラメータに-1.0を掛け合わせている箇所があります。この処理は、Unityの座標系と天球の座標系を合わせるために行っています。今回は、難しい説明を省くために座標系の話を行いません。もし座標系に興味をお持ちの方は、座標系・座標変換などで調べてください。

● それぞれのCSVデータのクラスを作ってみよう

■ StarDataスクリプトの作成

プロジェクトウィンドウの「Assets/Scripts」に「StarData」スクリプトを作成して、以下のように編集します。

```
1  public class StarData : CsvData
2  {
3      public int Hip { get; set; }                    // HIP番号
4      public float RightAscension { get; set; }       // 赤経
```

```
 5      public float Declination { get; set; }         // 赤緯
 6      public float ApparentMagnitude { get; set; }    // 視等級
 7      public string ColorType;                        // 色
 8      public bool UseConstellation;                   // 星座で使用される星か
 9
10      public override void SetData(string[] data)
11      {
12          Hip = int.Parse(data[0]);
13          RightAscension = RightAscensionToDegree(int.Parse(data[1]),
                          int.Parse(data[2]), float.Parse(data[3]));
14          Declination = DeclinationToDegree(int.Parse(data[4]), int.
                      Parse(data[5]), float.Parse(data[6]));
15          ApparentMagnitude = float.Parse(data[7]);
16          ColorType = data[13].Substring(0, 1);
17      }
18  }
```

StarDataクラスは、CsvDataクラスを継承しています。

SetData関数で、hip_constellation_line_starファイルの1行のデータが渡されてきますので、それぞれ、想定されるデータへ変換を行い、各メンバー変数に格納しています。データ形式や並んでいる順番は、表10.4のCSVデータを確認してください。

■ StarMajorDataスクリプトの作成

次に、プロジェクトウィンドウの「Assets/Scripts」に「StarMajorData」スクリプトを作成して、以下のように編集します。

```
 1  public class StarMajorData : StarData
 2  {
 3      public override void SetData(string[] data)
 4      {
 5          Hip = int.Parse(data[0]);
 6          RightAscension = RightAscensionToDegree(int.Parse(data[1]),
                          int.Parse(data[2]), float.Parse(data[3]));
 7          var plusMinus = -1.0f;
 8          if (data[4] == "1")
 9          {
10              plusMinus = 1.0f;
11          }
12          Declination = DeclinationToDegree(plusMinus, int.
                      Parse(data[5]), int.Parse(data[6]), float.
                      Parse(data[7]));
13          ApparentMagnitude = float.Parse(data[8]);
```

```
14            ColorType = "A";      // データがないため白に固定
15        }
16 }
```

StarMajorDataクラスは、先ほどと同じく星のデータであるため、StarDataクラスを継承しています。ただし、読み込むCSVファイルが違うためにSetData関数は、hip_lite_majorファイルに対応した関数になっています。

データ形式や並んでいる順番は、表10.3のCSVデータを確認してください。

■ ConstellationNameDataスクリプトの作成

続いて、プロジェクトウィンドウの「Assets/Scripts」に「ConstellationNameData」スクリプトを作成して、以下のように編集します。

```
1  public class ConstellationNameData : CsvData
2  {
3      public int Id { get; set; }              // 星座ID
4      public string Summary { get; set; }      // 略称
5      public string Name { get; set; }         // 英語名
6      public string JapaneseName { get; set; }// 日本語名
7
8      public override void SetData(string[] data)
9      {
10         Id = int.Parse(data[0]);
11         Summary = data[1];
12         Name = data[2];
13         JapaneseName = data[3];
14     }
15 }
```

ConstellationNameDataクラスは、CsvDataクラスを継承しています。

SetData関数で、constellation_name_utf8ファイルの1行のデータが渡されてきますので、それぞれ、想定されるデータへ変換を行い、各メンバー変数に格納しています。データ形式や並んでいる順番は、表10.1のCSVデータを確認してください。

■ ConstellationPositionDataスクリプトの作成

プロジェクトウィンドウの「Assets/Scripts」に「ConstellationPositionData」スクリプトを作成して、以下のように編集します。

```csharp
public class ConstellationPositionData : CsvData
{
    public int Id { get; set; }                    // 星座ID
    public float RightAscension { get; set; }      // 赤経
    public float Declination { get; set; }         // 赤緯

    public override void SetData(string[] data)
    {
        Id = int.Parse(data[0]);
        RightAscension = RightAscensionToDegree(int.Parse(data[1]),
                            int.Parse(data[2]));
        Declination = DeclinationToDegree(int.Parse(data[3]));
    }
}
```

ConstellationPositionDataクラスは、CsvDataクラスを継承しています。

SetData関数で、positionファイルの1行のデータが渡されてきますので、それぞれ、想定されるデータへ変換を行い、各メンバー変数に格納しています。データ形式や並んでいる順番は、表10.2のCSVデータを確認してください。

■ ConstellationLineDataスクリプトの作成

最後に、プロジェクトウィンドウの「Assets/Scripts」に「ConstellationLineData」スクリプトを作成して、以下のように編集します。

```csharp
public class ConstellationLineData : CsvData
{
    public string Name { get; set; }      // 星座名
    public int StartHip { get; set; }     // 線分開始HIP番号
    public int EndHip { get; set; }       // 線分終了HIP番号

    public override void SetData(string[] data)
    {
        Name = data[0];
        StartHip = int.Parse(data[1]);
        EndHip = int.Parse(data[2]);
    }
}
```

ConstellationLineDataクラスは、CsvDataクラスを継承しています。

SetData関数で、hip_constellation_lineファイルの1行のデータが渡されてきますので、それぞれ、想定されるデータへ変換を行い、各メンバー変数に格納しています。データ形式や

並んでいる順番は、表10.5のCSVデータを確認してください。

● CSVデータの読み込む処理を作ってみよう

それでは、今まで、作成したクラスにデータを読み込むクラスを作成してみましょう。プロジェクトウィンドウの「Assets/Scripts」に「CsvLoader」スクリプトを作成して、以下のように編集します。

```csharp
using System.Collections.Generic;
using System.IO;
using UnityEngine;

public class CsvLoader<TCsvData> where TCsvData : CsvData, new()
{
    // TextAssetデータの読み込み
    public static List<TCsvData> LoadData(TextAsset csvText)
    {
        var data = new List<TCsvData>();                    // リストの作成
        var reader = new StringReader(csvText.text);        // 文字列読み込み

        // 1行ずつデータの最後まで処理を行う
        while (reader.Peek() > -1)
        {
            // 1行読み込み
            var line = reader.ReadLine();
            // データ作成
            var csvData = new TCsvData();
            // ,で区切ったデータの配列を作成してデータを登録する
            csvData.SetData(line.Split(','));
            // リストに登録
            data.Add(csvData);
        }
        return data;
    }
}
```

CsvLoaderクラスは、ジェネリッククラスとして、CsvDataクラスを継承したクラスで使用することができるようになっています。

LoadData関数は、「TextAsset」コンポーネントを渡すことにより、1行づつCSVデータを読み込み、データクラスを作成し、そのデータをリストとして返します。

● データを読み込もう

アプリの起動時にデータを読み込むように「ConstellationViewer」スクリプトを以下のように修正します。

```
using System.Collections.Generic;
using UnityEngine;

public class ConstellationViewer : MonoBehaviour
{
    // 星座CSVデータ
    [SerializeField]
    TextAsset starDataCSV;
    [SerializeField]
    TextAsset starMajorDataCSV;
    [SerializeField]
    TextAsset constellationNameDataCSV;
    [SerializeField]
    TextAsset constellationPositionDataCSV;
    [SerializeField]
    TextAsset constellationLineDataCSV;

    // 星座データ
    List<StarData> starData;
    List<StarMajorData> starMajorData;
    List<ConstellationNameData> constellationNameData;
    List<ConstellationPositionData> constellationPositionData;
    List<ConstellationLineData> constellationLineData;

    void Start()
    {
        // CSV データの読み込み
        LoadCSV();
    }

    // CSV データの読み込み
    void LoadCSV()
    {
        starData = CsvLoader<StarData>.LoadData(starDataCSV);
        starMajorData = CsvLoader<StarMajorData>.LoadData(starMajorDataCSV);
        constellationNameData = CsvLoader<ConstellationNameData>.LoadData(constellationNameDataCSV);
        constellationPositionData = CsvLoader<ConstellationPositionData>.LoadData(constellationPositionDataCSV);
        constellationLineData = CsvLoader<ConstellationLineData>.LoadData(constellationLineDataCSV);
    }
}
```

今まで作成を行った各データクラスに「TextAsset」コンポーネントを渡し、データを読み込んでいます。読み込んだデータは、星座のリストデータとして、ConstellationViewerクラスのメンバーとして保持しています。

10-4-2 星座のデータを整理してみよう

ここまでで、CSVデータを読み込み、プログラム上で扱えるようになりましたが、このままでは、5つのデータがあるだけで、意味のあるデータになっていません。

そこで、5つのデータを星座のデータとして、整理を行い、描画を行うときに簡単に扱えるようにしてみましょう。

■ ConstellationDataスクリプトの作成

プロジェクトウィンドウの「Assets/Scripts」に「ConstellationData」スクリプトを作成して、以下のように編集します。

```
1  using System.Collections.Generic;
2
3  public class ConstellationData
4  {
5      public ConstellationNameData Name;           // 星座名のデータ
6      public ConstellationPositionData Position;   // 星座位置のデータ
7      public List<StarData> Stars;                 // 星のデータ
8      public List<ConstellationLineData> Lines;    // 星座線のデータ
9  }
```

ConstellationDataクラスは、星座のデータとして各種データを保持するだけのクラスです。

■ ConstellationViewerスクリプトの作成

続いて、「ConstellationViewer」スクリプトを以下のように修正します。

```
1  using System.Collections.Generic;
2  using System.Linq;
3  using UnityEngine;
4
5  public class ConstellationViewer : MonoBehaviour
6  {
7      // 星座CSVデータ
```

```csharp
 8        [SerializeField]
 9        TextAsset starDataCSV;
10        [SerializeField]
11        TextAsset starMajorDataCSV;
12        [SerializeField]
13        TextAsset constellationNameDataCSV;
14        [SerializeField]
15        TextAsset constellationPositionDataCSV;
16        [SerializeField]
17        TextAsset constellationLineDataCSV;
18
19        // 星座データ
20        List<StarData> starData;
21        List<StarMajorData> starMajorData;
22        List<ConstellationNameData> constellationNameData;
23        List<ConstellationPositionData> constellationPositionData;
24        List<ConstellationLineData> constellationLineData;
25
26        // 整理を行った星座のデータ
27        List<ConstellationData> constellationData;
28
29        void Start()
30        {
31            // CSV データの読み込み
32            LoadCSV();
33
34            // 星座データの整理
35            ArrangementData();
36        }
37
38        // CSV データの読み込み
39        void LoadCSV()
40        {
41            starData = CsvLoader<StarData>.LoadData(starDataCSV);
42            starMajorData = CsvLoader<StarMajorData>.LoadData(starMajorDataCSV);
43            constellationNameData = CsvLoader<ConstellationNameData>.LoadData(constellationNameDataCSV);
44            constellationPositionData = CsvLoader<ConstellationPositionData>.LoadData(constellationPositionDataCSV);
45            constellationLineData = CsvLoader<ConstellationLineData>.LoadData(constellationLineDataCSV);
46        }
47
48        // 星座データの整理
49        void ArrangementData()
50        {
51            // 星データを統合
52            MergeStarData();
```

```csharp
            constellationData = new List<ConstellationData>();

            // 星座名から星座に必要なデータを収集
            foreach (var name in constellationNameData)
            {
                constellationData.Add(CollectConstellationData(name));
            }

            // 星座に使われていない星の収集
            var data = new ConstellationData();
            data.Stars = starData.Where(s => s.UseConstellation == false).ToList();
            constellationData.Add(data);
        }

        // 星データを統合
        void MergeStarData()
        {
            // 今回使用する必要な星を判別する
            foreach (var star in starMajorData)
            {
                // 同じデータがあるか？
                var data = starData.FirstOrDefault(s => star.Hip == s.Hip);
                if (data != null)
                {
                    // 同じデータがあった場合、位置データを更新する
                    data.RightAscension = star.RightAscension;
                    data.Declination = star.Declination;
                }
                else
                {
                    // 同じデータがない場合、5等星より明るいのであれば、リストに追加する
                    if (star.ApparentMagnitude <= 5.0f)
                    {
                        starData.Add(star);
                    }
                }
            }
        }

        // 星座データの収集
        ConstellationData CollectConstellationData(ConstellationNameData name)
        {
            var data = new ConstellationData();

```

```
 98            // 星座の名前登録
 99            data.Name = name;
100
101            // 星座IDが同じものを登録
102            data.Position = constellationPositionData.FirstOrDefault(s =>
    name.Id == s.Id);
103
104            // 星座の略称が同じものを登録
105            data.Lines = constellationLineData.Where(s => name.Summary ==
    s.Name).ToList();
106
107            // 星座線が使用している星を登録
108            data.Stars = new List<StarData>();
109            foreach (var line in data.Lines)
110            {
111                var start = starData.FirstOrDefault(s => s.Hip == line.
    StartHip);
112                data.Stars.Add(start);
113                var end = starData.FirstOrDefault(s => s.Hip == line.
    EndHip);
114                data.Stars.Add(end);
115
116                // 星座で使用される星
117                start.UseConstellation = end.UseConstellation = true;
118            }
119
120            return data;
121        }
122    }
```

ConstellationViewerクラスにデータを整理・抽出するために3つの関数を追加しました。

ArrangementData関数で、まず、MergeStarData関数を呼び出し、[starMajorData]メンバー変数に登録されている星のデータの中で、5等星より明るい星を[starData]メンバー変数へ登録しています。また、すでに、[starData]メンバー変数に登録されている星のデータがあった場合、赤緯・赤経の情報を更新しています。これは、hip_constellation_line_starファイルの位置情報に合わせるために行っています。

続いて、[constellationNameData]メンバー変数のリストから星座名でconstellationData関数を呼び出し、星座を描画するために必要な名前・星座の位置・星座を構成する星・星座線を抽出しています。

最後に、星座で使用されていない5等星以上の星を収集しています。これは、星座で使われている星以外にも星の描画を行うためにここで集めています。

10-4-3 星座を描画してみよう

ようやく、星座を描画するための準備が整いました。もう少しで、星座を描画することができますので、頑張っていきましょう。

まず、星座名と星座線を表示するためのプレハブを用意していきましょう。

● 星座名のプレハブを作ってみよう

それでは、「Text Mesh」コンポーネントを使用して、星座名のプレハブを作ってみましょう。

1 「Name」の作成

ヒエラルキーウィンドウ上で何も選択していない状態で、右クリックメニューの [Create Empty] から「Name」という名前で新しくゲームオブジェクトを作成し、その子供に [3D Object] → [3D Text] を選択しテキストを作成します。

2 コンポーネントの設定

インスペクターウィンドウ上で、図10.26のように「Text Mesh」コンポーネントの各プロパティを設定します。

図10.26 ▶ 星座名のプレハブの作成

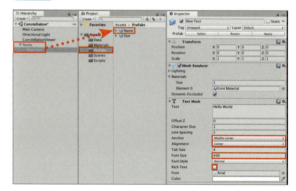

3 「Name」のプレハブ化

ヒエラルキーウィンドウ上の「Name」ゲームオブジェクトをプロジェクトウィンドウ上の「Assets/Prefabs」フォルダへドラッグ＆ドロップします。

4 「Name」の削除

ヒエラルキーウィンドウ上の「Name」ゲームオブジェクトを削除します。

● 星座線のプレハブを作ってみよう

次に、「Line Renderer」コンポーネントを使用して、星座線のプレハブを作ってみましょう。

1 「Line」の作成

ヒエラルキーウィンドウ上で何も選択していない状態で、右クリックメニューの [Create Empty] から「Line」という名前で新しくゲームオブジェクトを作成します。

2 コンポーネントの付与

インスペクターウィンドウ上で、[Add Component] ボタンから「Line Renderer」コンポーネントを検索し、付与します（図10.27）。

図10.27 ▶ LineRenderer コンポーネントの付与

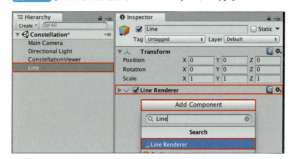

3 マテリアルの作成

プロジェクトウィンドウ上の「Assets/Materials」フォルダーで、右クリックメニューより [Create] → [Material] を選択し、「Line」という名前でマテリアルを作成します。

4 シェーダーの設定

プロジェクトウィンドウ上の「Assets/Materials/Line」を選択し、インスペクタウィンドウ上で「Line」マテリアルの「Shader」プロパティを [Unlit] → [Color] へ変更を行います（図10.28）。

図10.28 ▶ 「Line」マテリアルの作成

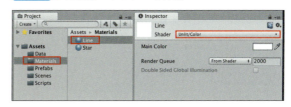

5 コンポーネントの設定

ヒエラルキーウィンドウ上で「Line」ゲームオブジェクトを選択し、インスペクターウィンドウ上で図10.29のようにプロパティを設定します。

図10.29 ▶ 「LineRenderer」コンポーネントの設定

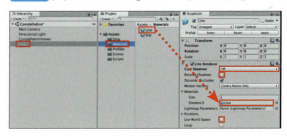

6 「Line」のプレハブ化

ヒエラルキーウィンドウ上の「Line」ゲームオブジェクトをプロジェクトウィンドウ上の「Assets/Prefabs」フォルダへドラッグ＆ドロップします（図10.30）。

図10.30 ▶ 星座線のプレハブの作成

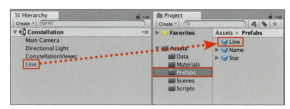

7 「Line」の削除

ヒエラルキーウィンドウ上の「Line」ゲームオブジェクトを削除します。

● Line Renderer コンポーネント

　この「Line Renderer」コンポーネントは、3D空間上に直線を簡単に描画ができるコンポーネントです。2つ以上の空間のポイントを指定でき、それぞれのポイントを結ぶように連続して直線を引くことができます。そのため、1つの「Line Renderer」コンポーネントで、複雑な形状の線を描くことができます。

　ただし、2つ以上の線を1つの「Line Renderer」コンポーネントで描画することができないので、2つ描く場合は、2つのゲームオブジェクトを用意して、それぞれ「Line Renderer」コンポーネントを付与する必要があります。

　「Line Renderer」コンポーネントのよく使用するプロパティを表10.7に示します。

表10.7 ▶ 「Line Renderer」コンポーネントのプロパティ

プロパティ	説明
positionCount	線を引くポイントの数
startWidth	始点の直線の幅
endWidth	終点の直線の幅
useWorldSpace	線を引くポイントをワールド座標で扱うかどうか
loop	始点と終点を結ぶかどうか

● 星座を描画するクラスを作ってみよう

　星座データのconstellationDataや先ほど作成したプレハブを使用して、星座を描画するクラスを作成しましょう。プロジェクトウィンドウの「Assets/Scripts」に「DrawConstellation」スクリプトを作成して、以下のように編集します。

10-4 星座を表示してみよう

```csharp
using System.Linq;
using UnityEngine;

public class DrawConstellation : MonoBehaviour
{
    static float SpaceSize = 1500.0f;           // 星座球の半径
    static float StarBaseSize = 8.0f;           // 星の大きさの基準

    [SerializeField]
    GameObject starPrefab;                       // 星のプレハブ
    [SerializeField]
    GameObject linePrefab;                       // 星座線のプレハブ
    [SerializeField]
    GameObject namePrefab;                       // 星座名のプレハブ

    public ConstellationData ConstellationData { get; set; }    // 描画する星座データ

    GameObject linesParent;           // ラインをまとめるゲームオブジェクト

    // ラインをまとめるのゲームオブジェクトのプロパティ
    public GameObject LinesParent { get { return linesParent; } }

    void Start()
    {
        // GameObject の名前を星座名に変更
        if (ConstellationData.Name != null)
        {
            gameObject.name = ConstellationData.Name.Name;
        }

        // データから星座を作成
        CreateConstellation();
    }

    // 星座の作成
    void CreateConstellation()
    {
        // リストから星を作成
        foreach (var star in ConstellationData.Stars)
        {
            // 星の作成
            var starObject = CreateStar(star);
            // 自分の子供に接続
            starObject.transform.SetParent(transform, false);
        }

        if (ConstellationData.Lines != null)
        {
```

Chapter 10 　全天球プラネタリウムを作ろう

```csharp
49              // 星座線の親を作成
50              linesParent = new GameObject("Lines");
51              // 自分の子供に接続
52              linesParent.transform.SetParent(transform, false);
53              var parent = linesParent.transform;
54
55              // リストから星座線を作成
56              foreach (var line in ConstellationData.Lines)
57              {
58                  // 星座線の作成
59                  var lineObject = CreateLine(line);
60                  // 星座線の親の子供に接続
61                  lineObject.transform.SetParent(parent, false);
62              }
63          }
64
65          if (ConstellationData.Name != null)
66          {
67              // 星座名を作成
68              var nameObject = CreateName(ConstellationData.Name,
                                  ConstellationData.Position);
69              // 自分の子供に接続
70              nameObject.transform.SetParent(transform, false);
71          }
72      }
73
74      // 星の作成
75      GameObject CreateStar(StarData starData)
76      {
77          // 星のプレハブからインスタンス作成
78          var star = Instantiate(starPrefab);
79          var starTrans = star.transform;
80
81          // 星の見える方向へ回転させる
82          starTrans.localRotation = Quaternion.Euler(starData.Declination, starData.RightAscension, 0.0f);
83          // 星の名前をHIP番号にする
84          star.name = string.Format("{0}", starData.Hip);
85
86          var child = starTrans.GetChild(0);
87          // 子供の球の位置を天球の位置へ移動させる
88          child.transform.localPosition = new Vector3(0.0f, 0.0f,
                                      SpaceSize);
89
90          // 視等級を星のサイズにする
91          var size = StarBaseSize - starData.ApparentMagnitude;
92          child.transform.localScale = new Vector3(size, size, size);
93
94          // Rendererの取得
```

```csharp
            var meshRanderer = child.GetComponent<Renderer>();
            var color = Color.white;

            // 星のカラータイプにより色を設定する
            switch (starData.ColorType)
            {
                case "O":    // 青
                    color = Color.blue;
                    break;
                case "B":    // 青白
                    color = Color.Lerp(Color.blue, Color.white, 0.5f);
                    break;
                default:
                case "A":    // 白
                    color = Color.white;
                    break;
                case "F":    // 黄白
                    color = Color.Lerp(Color.white, Color.yellow, 0.5f);
                    break;
                case "G":    // 黄
                    color = Color.yellow;
                    break;
                case "K":    // 橙
                    color = new Color(243.0f / 255.0f, 152.0f / 255.0f,
                                      0.0f);
                    break;
                case "M":    // 赤
                    color = new Color(200.0f / 255.0f, 10.0f / 255.0f,
                                      0.0f);
                    break;
            }

            // マテリアルに色を設定する
            meshRanderer.material.SetColor("_Color", color);

            return star;
        }

        // 星座線の作成
        GameObject CreateLine(ConstellationLineData lineData)
        {
            // 始点の星の情報を取得
            var start = GetStar(lineData.StartHip);
            // 終点の星の情報を取得
            var end = GetStar(lineData.EndHip);
            // 星座線のプレハブからインスタンス作成
            var line = Instantiate(linePrefab);
            // LineRendererの取得
            var lineRenderer = line.GetComponent<LineRenderer>();
```

```csharp
142
143            // LineRendererの始点と終点の位置を登録(星の見える方向へ回転させた後、
    天球の位置まで移動をさせる)
144            lineRenderer.SetPosition(0, Quaternion.Euler(start.
    Declination, start.RightAscension, 0.0f) * new Vector3(0.0f, 0.0f,
    SpaceSize));
145            lineRenderer.SetPosition(1, Quaternion.Euler(end.Declination,
    end.RightAscension, 0.0f) * new Vector3(0.0f, 0.0f, SpaceSize));
146
147            return line;
148        }
149
150        // StarDataのデータ検索
151        StarData GetStar(int hip)
152        {
153            // 同じHIP番号を検索
154            return ConstellationData.Stars.FirstOrDefault(s => hip ==
    s.Hip);
155        }
156
157        // 星座名の作成
158        GameObject CreateName(ConstellationNameData nameData,
    ConstellationPositionData positionData)
159        {
160            // 星座名のプレハブからインスタンス作成
161            var text = Instantiate(namePrefab);
162            var textTrans = text.transform;
163
164            // 星の見える方向へ回転させる
165            textTrans.localRotation = Quaternion.Euler(positionData.
    Declination, positionData.RightAscension, 0.0f);
166            text.name = nameData.Name;
167
168            // 子供の3D Textの位置を天球の位置へ移動させる
169            var child = textTrans.GetChild(0);
170            child.transform.localPosition = new Vector3(0.0f, 0.0f,
                SpaceSize);
171
172            // TextMeshを取得して、星座の名前に変更する
173            var textMesh = child.GetComponent<TextMesh>();
174            textMesh.text = string.Format("{0}座", nameData.JapaneseName);
175
176            return text;
177        }
178    }
```

DrawConstellationクラスは、星座を描画するためのクラスです。かなり大きなクラスになりましたが、順番に見ていきましょう。

今までに作成したプレハブを保持するメンバー変数や星座データを保持するメンバー変数を持っています。

また、作成する星座を描画する天球の半径や星の大きさの基準となるサイズを持っています。

Start関数で、ゲームオブジェクトの名前を星座の名前に変更を行い、CreateConstellation関数を呼び出し、星座を構成する各種ゲームオブジェクトを作成しています。

CreateConstellation関数では、[ConstellationData]メンバー変数に設定されたデータを元に、星・星座線・星座名をそれぞれ、CreateStar関数・CreateLine関数・CreateName関数で作成を行っています。

CreateStar関数は、星のプレハブからインスタンスの作成を行い、そのインスタンスのZ軸を星の見える方向へ回転させて、天球の半径である「SpaceSize」の距離分PositionのZを移動させています。

また、星の明るさを星のサイズとすることにより、星の見え方に変化をつけ、マテリアルの色を星の色に変更することで、星の色を再現しています。

CreateLine関数は、星座線のプレハブからインスタンスの作成を行い、星の位置を線分の始点終点として、直線を描画しています。CreateName関数も、星座名のプレハブからインスタンスの作成を行い、textMeshの[Text]プロパティへ星座名を登録しています。この2つの関数もCreateStar関数と同様に、それぞれのインスタンスを天球の位置まで移動をさせています。

● 星座のプレハブを作成してみよう

作成した「DrawConstellation」スクリプトをプレハブとして登録してみましょう。

1 「DrawConstellation」の作成

ヒエラルキーウィンドウ上で何も選択していない状態で、右クリックメニューの[Create Empty]から「DrawConstellation」という名前で新しくゲームオブジェクトを作成します。

2 コンポーネントの付与

プロジェクトウインドウ上の「Assets/Scripts/DrawConstellation」を選択し、ヒエラルキーウィンドウ上の「DrawConstellation」ゲームオブジェクトへドラッグ＆ドロップをします（図10.31）。

図10.31 ▶ DrawConstellationの付与

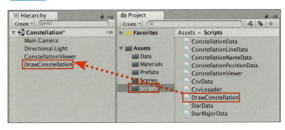

3 「DrawConstellation」の設定

ヒエラルキーウィンドウ上で「DrawConstellation」ゲームオブジェクトを選択し、プロジェクトウィンドウ上の「Assets/Prefabs」フォルダー内の3つのプレハブを図10.32のようにドラッグ＆ドロップして設定します。

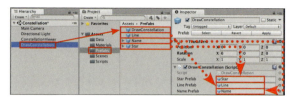

図10.32 ▶「DrawConstellation」のプレハブ化

4 「DrawConstellation」のプレハブ化

ヒエラルキーウィンドウ上の「DrawConstellation」ゲームオブジェクトをプロジェクトウインドウ上の「Assets/Prefabs」フォルダへドラッグ＆ドロップします。

5 「DrawConstellation」の削除

ヒエラルキーウィンドウ上の「DrawConstellation」ゲームオブジェクトを削除します。

● 星座データを渡して描画してみよう

これで最後です。星座を描画してみましょう。「ConstellationViewer」スクリプトを以下のように修正します。

```csharp
using System.Collections.Generic;
using System.Linq;
using UnityEngine;

public class ConstellationViewer : MonoBehaviour
{
    // 星座CSVデータ
    [SerializeField]
    TextAsset starDataCSV;
    [SerializeField]
    TextAsset starMajorDataCSV;
    [SerializeField]
    TextAsset constellationNameDataCSV;
    [SerializeField]
    TextAsset constellationPositionDataCSV;
    [SerializeField]
    TextAsset constellationLineDataCSV;

    [SerializeField]
    GameObject constellationPrefab;          // 星座のプレハブ

```

```csharp
22        // 星座データ
23        List<StarData> starData;
24        List<StarMajorData> starMajorData;
25        List<ConstellationNameData> constellationNameData;
26        List<ConstellationPositionData> constellationPositionData;
27        List<ConstellationLineData> constellationLineData;
28
29        // 整理を行った星座のデータ
30        List<ConstellationData> constellationData;
31
32        void Start()
33        {
34            // CSV データの読み込み
35            LoadCSV();
36
37            // 星座データの整理
38            ArrangementData();
39
40            // 星座の作成
41            CreateConstellation();
42        }
43
44        // CSV データの読み込み
45        void LoadCSV()
46        {
47            starData = CsvLoader<StarData>.LoadData(starDataCSV);
48            starMajorData = CsvLoader<StarMajorData>.LoadData(starMajorDataCSV);
49            constellationNameData = CsvLoader<ConstellationNameData>.LoadData(constellationNameDataCSV);
50            constellationPositionData = CsvLoader<ConstellationPositionData>.LoadData(constellationPositionDataCSV);
51            constellationLineData = CsvLoader<ConstellationLineData>.LoadData(constellationLineDataCSV);
52        }
53
54        // 星座データの整理
55        void ArrangementData()
56        {
57            // 星データを統合
58            MergeStarData();
59
60            constellationData = new List<ConstellationData>();
61
62            // 星座名から星座に必要なデータを収集
63            foreach (var name in constellationNameData)
64            {
65                constellationData.Add(CollectConstellationData(name));
66            }
```

```csharp
            // 星座に使われていない星の収集
            var data = new ConstellationData();
            data.Stars = starData.Where(s => s.UseConstellation == false).ToList();
            constellationData.Add(data);
        }

        // 星データを統合
        void MergeStarData()
        {
            // 今回使用する必要な星を判別する
            foreach (var star in starMajorData)
            {
                // 同じデータがあるか？
                var data = starData.FirstOrDefault(s => star.Hip == s.Hip);
                if (data != null)
                {
                    // 同じデータがあった場合、位置データを更新する
                    data.RightAscension = star.RightAscension;
                    data.Declination = star.Declination;
                }
                else
                {
                    // 同じデータがない場合、5等星より明るいのであれば、
                    リストに追加する
                    if (star.ApparentMagnitude <= 5.0f)
                    {
                        starData.Add(star);
                    }
                }
            }
        }

        // 星座データの収集
        ConstellationData CollectConstellationData(ConstellationNameData name)
        {
            var data = new ConstellationData();

            // 星座の名前登録
            data.Name = name;

            // 星座IDが同じものを登録
            data.Position = constellationPositionData.FirstOrDefault(s => name.Id == s.Id);

            // 星座の略称が同じものを登録
            data.Lines = constellationLineData.Where(s => name.Summary ==
```

```
               s.Name).ToList();
112
113            // 星座線が使用している星を登録
114            data.Stars = new List<StarData>();
115            foreach (var line in data.Lines)
116            {
117                var start = starData.FirstOrDefault(s => s.Hip == line.StartHip);
118                data.Stars.Add(start);
119                var end = starData.FirstOrDefault(s => s.Hip == line.EndHip);
120                data.Stars.Add(end);
121
122                // 星座で使用される星
123                start.UseConstellation = end.UseConstellation = true;
124            }
125
126            return data;
127        }
128
129        // 星座の作成
130        void CreateConstellation()
131        {
132            // 各星座を作成
133            foreach (var data in constellationData)
134            {
135                var constellation = Instantiate(constellationPrefab);
136                var drawConstellation = constellation.GetComponent<DrawConstellation>();
137
138                drawConstellation.ConstellationData = data;
139
140                // 自分の子供にする
141                constellation.transform.SetParent(transform, false);
142            }
143        }
144    }
```

　先ほど作成した星座のプレハブを保持するメンバー変数を追加しました。CreateConstellation関数で、インスタンスの作成を行い、星座のデータをDrawConstellationクラスに渡すことにより描画を行っています。

　それでは、最後の設定を行います。

Chapter 10　全天球プラネタリウムを作ろう

1 「ConstellationViewer」の設定

ヒエラルキーウィンドウ上で、「ConstellationViewer」を選択し、プロジェクトウィンドウ上の「Assets/Prefabs/DrawConstellation」をインスペクター上の「Constellation Prefab」プロパティへドラッグ＆ドロップを行う（図10.33）。

図10.33 ▶ プレハブの登録

2 「Main Camera」の設定

ヒエラルキーウィンドウ上で、「Main Camera」を選択し、図10.34のようにプロパティを設定します。

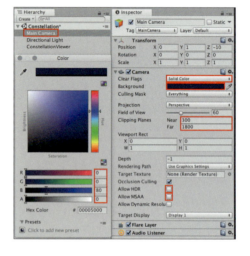

図10.34 ▶ 「Main Camera」の設定

10-4-4 動作を確認してみよう

　エディタ画面上部の再生ボタンを押し、シーンを実行してみましょう。星座が表示されていることが確認できれば、正しく動いています（図10.35）。

図10.35 ▶ 実行画面

430

10-5 スマートフォンへ インストールして見てみよう

ここでは画面中央の星座だけを表示するように変更を行い、黄道や天の赤道の表示を行っていきます。その中で、新しく学ぶ Line Renderer 以外での線の描画方法やこれまでに学習を行ったビルド設定や物理処理の復習をしましょう。

10-5-1 ビルドの設定をしよう

これまで、星座アプリのビルド設定を行っていませんので、スマートフォン用に設定を行います。

1 ビルド設定を開く

メインメニューの [File] → [Build Settings] を選択し、ビルド設定ウィンドウを開きます。

2 シーンの登録

ビルド設定ウィンドウの [Add Open Scens] ボタンを押し、「Scenes/Constellation」を [Scenes In Build] へ登録します（図10.36）。

図10.36  Build Settings の設定

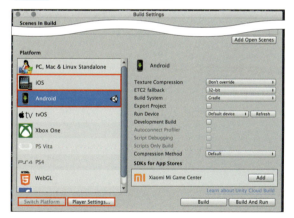

3 プラットフォームの変更

[Platform] から「Android」または「iOS」を選択し、[Switch Platform] ボタンを押します。

4 Player Settings を開く

ビルド設定ウィンドウの [Player Settings] ボタンを押し、インスペクターウィンドウに設定画面を表示します。

Chapter 10 　全天球プラネタリウムを作ろう

5　Player Settingsの設定

プレイヤー設定を図10.37（Android）または図10.38（iOS）のように設定します。

図10.37 ▶ Player Settingsの設定（Android）

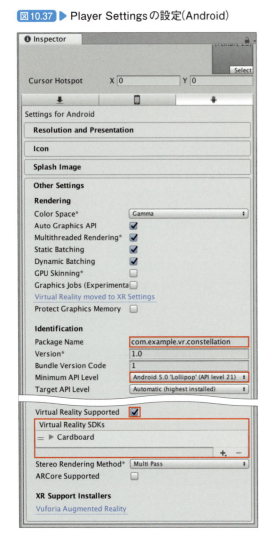

図10.38 ▶ Player Settingsの設定（iOS）

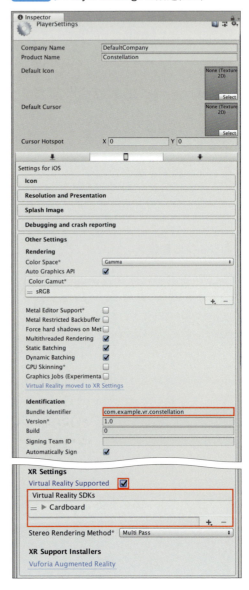

手順 5 まで完了したら、ビルド設定ウィンドウの[Build And Run]を押し、実行してみましょう。

10-5-2 黄道・天の赤道を描いてみよう

星座の表示だけでは、向いている方向がわからないので、黄道や天の赤道を描いてみましょう。

● 円を描画するクラスを作ってみよう

プロジェクトウィンドウの「Assets/Scripts」に「DrawCircle」スクリプトを作成して、以下のように編集します。

```csharp
using UnityEngine;

public class DrawCircle : MonoBehaviour
{
    [SerializeField]
    int lineCount = 100;        // ラインを描く数
    [SerializeField]
    Color color = Color.white;  // ラインの色
    [SerializeField]
    float radius = 1500.0f;     // 円の半径

    Material lineMaterial;      // ラインのマテリアル

    // ラインのマテリアルの作成
    void CreateLineMaterial()
    {
        // 一度だけ作成します
        if (lineMaterial == null)
        {
            // Unityの標準シェーダを取得
            Shader shader = Shader.Find("Hidden/Internal-Colored");
            // マテリアルを作成してシェーダーを設定
            lineMaterial = new Material(shader);
            // このマテリアルをヒエラルキーに表示しない・シーンに保存しない
            lineMaterial.hideFlags = HideFlags.HideAndDontSave;
        }
    }

    // すべてのカメラのシーンの描画後に呼び出される描画関数
    void OnRenderObject()
    {
        // マテリアルの作成
        CreateLineMaterial();

        // マテリアルを設定
        lineMaterial.SetPass(0);
```

Chapter 10　全天球プラネタリウムを作ろう

```
37
38          // 現在のマトリックス情報を保存
39          GL.PushMatrix();
40
41          // 現在のマトリックス情報をゲームオブジェクトのマトリックス情報へ更新
42          GL.MultMatrix(transform.localToWorldMatrix);
43
44          // ラインの描画を開始する
45          GL.Begin(GL.LINES);
46
47          // カラーの設定
48          GL.Color(color);
49
50          // XZ平面に円を描く
51          {
52              // 最初の頂点の位置
53              var startPoint = new Vector3(Mathf.Cos(0.0f) * radius,
                                0.0f, Mathf.Sin(0.0f) * radius);
54              // 1つ前の頂点の位置
55              var oldPoint = startPoint;
56              for (var Li = 0; Li < lineCount; ++Li)
57              {
58                  // 今回の角度
59                  var angleRadian = (float)Li / (float)lineCount * (Mathf.PI * 2.0f);
60                  // 今回の頂点位置
61                  var newPoint = new Vector3(Mathf.Cos(angleRadian) * radius, 0.0f, Mathf.Sin(angleRadian) * radius);
62                  // 前の頂点位置から今回の位置へラインを引く
63                  GL.Vertex(oldPoint);
64                  GL.Vertex(newPoint);
65
66                  // 今回の位置を保存
67                  oldPoint = newPoint;
68              }
69              // 最後の頂点から最初の頂点へラインを引く
70              GL.Vertex(oldPoint);
71              GL.Vertex(startPoint);
72          }
73          // ラインの描画を終了する
74          GL.End();
75
76          // 保存したマトリックス情報へ戻す
77          GL.PopMatrix();
78      }
79 }
```

DrawCircleクラスは、XZ平面にラインを使って円を描画するクラスです。

Unityの低レベル描画処理であるGLクラスを使用してラインを描いています。このGLクラスは、OpenGLと呼ばれるグラフィックスAPIに似たコードの書き方ができます。今回は、このGLクラスの機能に関しては、詳しくは説明しませんが、もし、興味がある場合は、OpenGLの基礎を学習した上で、UnityのGLクラスの機能を学習すると効率よく学べると思われます。

OnRenderObject関数は、カメラがシーンを全て描画した後に呼ばれるイベント関数です。今回の場合は、星座描画したあとに、この関数が呼ばれ、円を描画することになります。この関数以外にレンダリング時に呼び出される関数がありますので、表10.8に代表的なものを示します。

表10.8 ▶ レンダリングのイベント関数

関数	説明
OnPreCull	カメラがカリングを行う前に呼び出されます
OnPreRender	カメラがシーンをレンダリングする前に呼び出されます
OnPostRender	カメラがシーンをレンダリングした後に呼び出されます
OnRenderImage	画面のレンダリングが終わり、画面のイメージに対して処理が可能になったときに呼び出されます

● 円を描いてみよう

「DrawCircle」スクリプトを使用して、黄道（Ecliptic）や天の赤道（CelestialEquator）を描いてみましょう。

1 「Ecliptic」の作成

ヒエラルキーウィンドウ上で何も選択していない状態で、右クリックメニューの[Create Empty]から「Ecliptic」という名前で新しくゲームオブジェクトを作成します。

2 コンポーネントの付与

プロジェクトウィンドウ上の「Assets/Scripts/DrawCircle」を選択し、ヒエラルキーウィンドウ上の「Ecliptic」ゲームオブジェクトへドラッグ＆ドロップをします。

3 「Ecliptic」の設定

インスペクターウィンドウ上で、「DrawCircle」コンポーネントのプロパティを図10.39のように設定します。

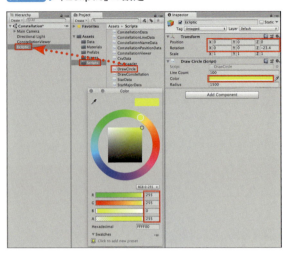

図10.39 ▶「Ecliptic」の設定

4 「CelestialEquator」の作成

ヒエラルキーウィンドウ上で何も選択していない状態で、右クリックメニューの[Create Empty] から「CelestialEquator」という名前で新しくゲームオブジェクトを作成します。

5 コンポーネントの付与

プロジェクトウィンドウ上の「Assets/Scripts/DrawCircle」を選択し、ヒエラルキーウィンドウ上の「CelestialEquator」ゲームオブジェクトへドラッグ＆ドロップをします。

6 「CelestialEquator」の設定

インスペクターウィンドウ上で、「DrawCircle」コンポーネントのプロパティを図10.40のように設定します。

図10.40 ▶「CelestialEquator」の設定

エディタ上で実行を行って、黄道や天の赤道が描かれているか確認します(図10.41)。黄道や天の赤道が表示されて、2つの線が交わる春分点を確認できれば、正しく動いています。

図10.41 ▶ 実行画面

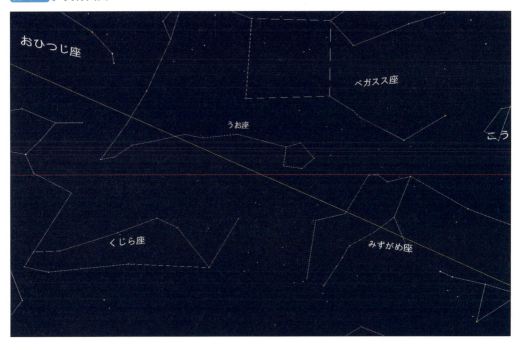

10-5-3 目の前の星座だけ星座線を描いてみよう

このままでは、星座が見にくいので画面の中央の星座だけ星座線を描くようにしてみましょう。

VRシューティングゲームでは、「8章 VRに対応しよう」で行ったように、レイキャストを使用して画面の中心の判定を行っていましたが、今回は、別の方法で画面の中心を判定していきます。

カメラの子供に、コライダーだけをもった球をつけることにより、カメラが向く方向へ自動的に移動することになります。この球と星座名が衝突した場合に星座線を表示するようにします(図10.42)。

Chapter 10 　全天球プラネタリウムを作ろう

図10.42 ▶ 星座名とコライダーの衝突判定イメージ

● コライダーを用意してみよう

　ますは、カメラの子供につけるコライダーと星座名のコライダーを用意し、新しくレイヤーを設定してみましょう。

1 「ViewHit」の作成

ヒエラルキーウィンドウ上で「Main Camera」を選択して、右クリックメニューの[Create Empty]から「ViewHit」という名前で新しくゲームオブジェクトを作成します。

2 「ViewHit」の設定

インスペクターウィンドウ上で、[Add Component]ボタンから「Sphere Collider」コンポーネントと「Rigitbody」コンポーネントを検索・付与し、図10.43のようにプロパティを設定します。

図10.43 ▶ ViewHitの設定

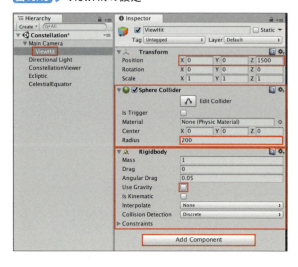

438

3 レイヤーの追加

インスペクターウィンドウ上のLayerから [Add Layer] を選択し、ViewHitと Name の2つのレイヤーを追加します（図10.44）。

図10.44.1 ▶ レイヤーの追加①

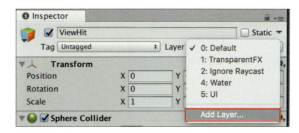

図10.44.2 ▶ レイヤーの追加②

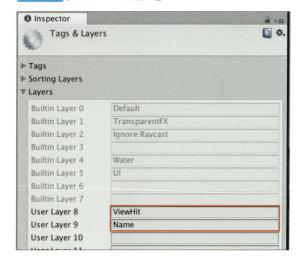

4 レイヤーの設定

ヒエラルキーウィンドウ上で、「ViewHit」を選択し、インスペクターウィンドウ上のLayerから「ViewHit」を設定します（図10.45）。

図10.45 ▶ レイヤーの設定

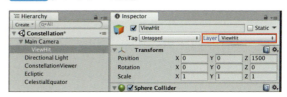

5 星座名プレハブの設定

プロジェクトウインドウ上の「Assets/Prefabs/Name/New Text」を選択し、インスペクターウィンドウ上で、[Add Component] ボタンから「Box Collider」コンポーネントを検索・付与し、図10.46のようにプロパティを設定します。

図10.46 ▶ 星座名プレハブの設定

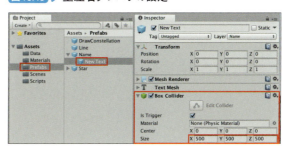

Chapter 10　全天球プラネタリウムを作ろう

6　物理判定の設定

メインメニューの [Edit] → [Project Settings] → [Physics] を選択し、Layer Collision Matrix を図10.47のように設定します。

図10.47 ▶ 物理判定の設定

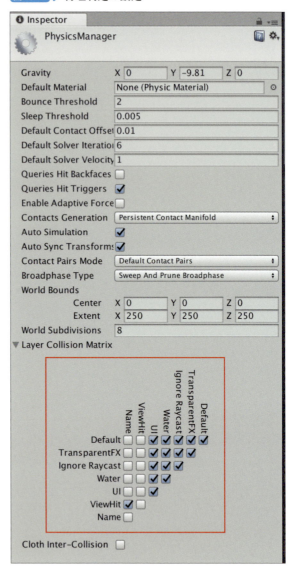

これで、Unityの物理衝突の処理の設定ができました。もし、ここまでの内容がわからない場合は、「6章 弾を撃って敵を倒そう」を参照してください。

● 衝突判定処理を作ってみよう

プロジェクトウィンドウの「Assets/Scripts」に「VisibleConstellationLine」スクリプトを作成して、以下のように編集します。

```csharp
using UnityEngine;

public class VisibleConstellationLine : MonoBehaviour
{
    GameObject lines;    // Linesゲームオブジェクト

    void Start()
    {
        // 親からLinesを検索する
        var constellation = transform.GetComponentInParent<DrawConstellation>();
        lines = constellation.LinesParent;
        // 星座線を非表示にする
        lines.SetActive(false);
    }

    void OnTriggerEnter(Collider other)
    {
        // レイヤーがViewHitかどうか
        if (other.gameObject.layer == LayerMask.NameToLayer("ViewHit"))
        {
            // コライダーに当たったら表示する
            lines.SetActive(true);
        }
    }

    void OnTriggerExit(Collider other)
    {
        // レイヤーがViewHitかどうか
        if (other.gameObject.layer == LayerMask.NameToLayer("ViewHit"))
        {
            // コライダーに当たらなくなったら非表示にする
            lines.SetActive(false);
        }
    }
}
```

VisibleConstellationLineクラスは、先ほど設定した星座線プレハブのコライダーからイベント通知を受けて処理を行います。

Start関数で、DrawConstellationクラスの星座線の親のゲームオブジェクトを取得して、非表示にしています。

「6章 弾を撃って敵を倒そう」で紹介を行ったOnTriggerEnter関数とOnTriggerExit関数は、それぞれ、他のコライダーが接触したときと離れたときに呼び出されます。OnTriggerEnter

関数では、ViewHitコライダーと接触したので、星座線の表示を行い、OnTriggerExit関数では、ViewHitコライダーと離れたので、星座線の非表示を行っています（OnTriggerEnter関数とOnTriggerExit関数の中で、当たったColliderのレイヤー名をチェックしていますが、今回は、Physicsの設定で、ViewHitレイヤーは、Nameレイヤーとしか衝突しないようにしているため必要ありませんが、複数のレイヤーと接触する場合などには、レイヤーやタグなどを使用して当たったものを判定します）。

それでは、このクラスを星座線プレハブへ付与しましょう。

1 プレハブの選択

プロジェクトウインドウ上の「Assets/Prefabs/Name/New Text」を選択します。

2 コンポーネントの付与

プロジェクトウインドウ上の「Assets/Scripts/VisibleConstellationLine」を選択し、インスペクターウィンドウ上の「Text」ゲームオブジェクトへドラッグ＆ドロップをします（図10.48）。

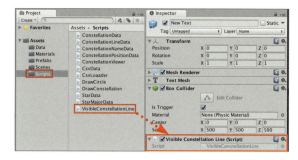

図10.48 ▶ VisibleConstellationLine の付与

10-5-4 スマートフォンで実行してみよう

それでは、ビルド設定ウィンドウの［Build And Run］を押しスマートフォンで実行してみましょう。

画面中央付近の星座線が表示されることが確認できれば、正しく動いています（図10.49）。これで、全天球プラネタリウムアプリの作成は終了です。

図10.49 ▶ スマートフォンで実行した時の画面

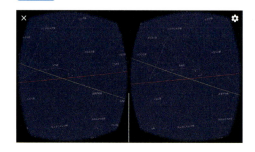

Chapter 11

360度動画を再生してみよう

360度見渡すことができるVR動画再生アプリを作成してみましょう。Unityの動画再生がこんなにも簡単にできるのかと驚くかもしれません。

この章でも、これまで紹介していないUnityの機能に触れていきます。前章と同様に、Unityの基本的な操作方法は、説明を行いません。ここまでの章をまだ、学習していない方は、10章までを学習してからこの章を読むことをおすすめします。

この章で学ぶことまとめ
・Unityでの動画再生方法
・アプリにリソースを含める方法
・自作シェーダの作成方法

Chapter 11　360度動画を再生してみよう

11-1 360度動画再生を考えてみよう

本節では、360度動画とはどういうものか確認して、撮影を行う機材の紹介をします。また、Unityの機能を使用して、簡単に動画を再生させる方法を考えます。

11-1-1　360度動画を見てみよう

　皆さんも一度は見たことがあるかもしれませんが、360度動画とは、特殊な機材や複数のカメラを使用して、すべての方向の映像を1つの動画に納め、再生中にいろいろな方向を見ることができる動画です。

　説明だけでは、わかりづらいと思いますので、一度、見てみましょう。

・360 Videos（図11.1）

　https://www.facebook.com/360vidz

・Youtube バーチャルリアリティチャンネル（図11.2）

　https://www.youtube.com/channel/UCzuqhhs6NWbgTzMuM09WKDQ?gl=JP&hl=ja

　上記、URLの動画をブラウザで再生してみてください。動画の画面をマウスでドラッグしながら動かすことにより、いろいろな方向を見ることができると思います。Facebookや Youtubeなど、いろいろなサイトで360度の動画を見ることができます。

図11.1 ▶ 360 Videos

図11.2 ▶ Youtube バーチャルリアリティチャンネル

444

11-1-2 360度動画の撮影方法

　先ほど皆さんに見て頂いた360度動画を撮影するには、いろいろな方法があります。複数のカメラを使用して、360度の映像を一度に撮影を行い、デジタル処理して1つの映像にする方法や、2つの広角のレンズを用いて、2つの映像を合成する方法などがあります。

　最近では、手軽に撮影できる機材が各社から発売されていて、専用のカメラタイプや携帯電話に取り付けて撮影を行えるアタッチメントなどいろいろと種類があり、その中のいくつかの機材を紹介します。

● GoPro Fusion

　アクションカメラとして、有名な海外発祥のカメラです。スキューバーダイビングやスカイダイビング・スキーなどいろいろなシチュエーションや場所で撮影を行える小型のマイク付きカメラです（図11.3）。

https://shop.gopro.com/APAC/cameras/fusion/CHDHZ-103-master.html

図11.3 ▶ GoPro Fusion

● Insta 360 ONE

　携帯電話に装着することで手軽に360度動画を撮影できるアタッチメントタイプのカメラです（図11.4）。iPhoneのLighting端子に対応しており、Androidで使用する場合は、別途、変換コネクターを装着する必要があります。今回紹介する中で価格が一番安く、手軽に始めるには最適なハードです。

https://www.insta360.com/product/insta360-one

図11.4 ▶ Insta 360 ONE

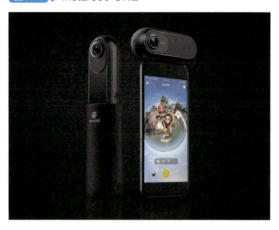

● 360 FLY 4K

　これまで紹介した2つのカメラを使用した方法ではなく、1つのカメラで360度の映像を撮影することができます（図11.5）。ただし、全球の映像を撮影するのではなく、カメラ下部の映像は撮影されません。他のカメラは2つの映像を合わせることで1つの動画にしていますが、1つのカメラで行うため、映像のつなぎ目が不自然ではありません。

https://shop360fly.jp/cameras/360fly4k.html

図11.5 ▶ 360 FLY 4K

11-1-3 360度動画再生を考えてみよう

　Unityで動画を再生する方法は、極めて簡単です。Video Playerコンポーネントを使用するだけで簡単に再生を行うことができます。

● Video Playerコンポーネント

Video Playerコンポーネントは、VideoClipやURLを指定することにより、その参照先の動画の再生を行うことができます（図11.6）。Unityでは、.mp4、.mov、.webm、.wmvの拡張子を持つファイルがVideoClipというアセットとして扱われます。VideoClipをVideo Playerコンポーネントに指定することで動画を再生できます。

Video Playerコンポーネントの基本的なプロパティについて表11.1に示します。

図11.6 ▶ Video Playerコンポーネント

表11.1 ▶ Video Playerコンポーネントのプロパティ

プロパティ	説明
Source	VideoClipを指定するか、URLを指定するかを選ぶことができます。URLでは、file://を使用することによりローカルのファイルを再生対象として扱うことができます
Play On Awake	このコンポーネントが有効になった時点で自動的に再生を開始します
Wait For First Frame	画面表示が行われてから再生を行うか指定できます
Loop	ループ再生を行うか指定します
Playback Speed	再生スピードの指定が行えます

● 動画を写すスクリーンを考えよう

映画を見る場合に写す場所であるスクリーンがあるのと同様に、動画を再生する場合にも写す場所となるスクリーンが必要となります。

今回、360度すべての方向を見ることができるので、通常の映画のような平面のスクリーンではなく、プラネタリウムのような球状のスクリーンが必要になります（図11.7）。今回は、これまで何度か出ていた、[3D Object]の[Sphere]をスクリーンとして代用しましょう。

スクリーンに表示する方法は、Video Playerコンポーネントを使用した場合、テクスチャを使用する・カメラを使用する・レンダラーのマテリアルのテクスチャを使用する3つの方法があります。

Chapter 11 360度動画を再生してみよう

今回は、[Sphere]のレンダラーのマテリアルがありますので、そのマテリアルのテクスチャーを使用する方法で行ってみましょう。

図11.7 ▶ スクリーンのイメージ

● 表示する動画を用意しよう

再生する360度動画としては、自身で機材を使用して撮影したものか、本書で用意した下記URLのサンプルデータを使用することをおすすめします。それ以外のダウンロードしたデータなどを使用する際には著作権などに注意して使用してください。

・サンプルデータ
「https://gihyo.jp/book/2018/978-4-297-10105-3/support」よりダウンロードしたSamples¥Part11¥VRMovie¥Assets¥Resources¥TestMovie.movになります。

それでは、次節で作成を行っていきます。Unityを使用することで簡単に作成できることに驚くかもしれません。これがゲームエンジンを使用する利点といえます。

動画を再生してみよう

本節では前節で考えた Video Player コンポーネントを使用した360度動画再生アプリを作成していきましょう。その中で、自作シェーダーの作成方法を説明します。これまで学習を行ってきた総仕上げになります。

11-2-1 プロジェクトを作ってみよう

まずは、今までと同様にプロジェクトを作成して、シーンを保存してみましょう。

1 新規プロジェクトの作成

Unityを起動し、プロジェクト選択ウィンドウのNEWボタンを押して、プロジェクト名に「VRMovie」と入力して新規プロジェクトを作成します（図11.8）。

図11.8 ▶ プロジェクトの作成

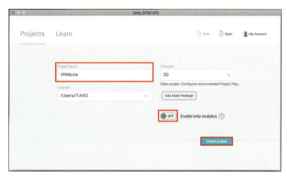

2 シーンの保存

「Assets」フォルダーの下に「Scenes」フォルダーを作成して、「Movie」の名前でシーンを保存します（図11.9）。

図11.9 ▶ シーンの保存

11-2-2 スクリーンを作ってみよう

次に、動画を写すスクリーンを作成してみましょう。

Chapter 11　360度動画を再生してみよう

1　スクリーンの作成

ヒエラルキーウィンドウ上で何も選択していない状態で、右クリックメニューの [3D Object] → [Sphere] から「Screen」という名前でSphereを作成し、インスペクターウィンドウで必要のないSphere Colliderコンポーネントを歯車メニューから削除します（図11.10）。

図11.10 ▶ スクリーンの作成

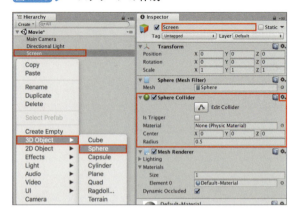

2　マテリアルの作成

プロジェクトウィンドウ上の「Assets」フォルダの下に「Materials」フォルダーを作成し、右クリックメニューから [Create] → [Material] を選択して「ScreenMaterial」という名前でマテリアルを作成します（図11.11）。

図11.11 ▶ マテリアルの作成

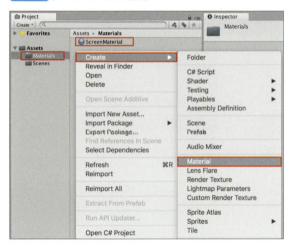

3　スクリーンの設定

ヒエラルキーウィンドウ上で「Screen」ゲームオブジェクトを選択し、インスペクターウィンドウで、「Video Player」コンポーネントを付与し、図11.12のように設定します。

図11.12 ▶ スクリーンの設定

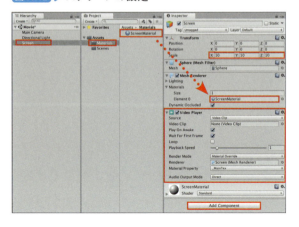

4 カメラの設定

カメラを球の中心に持ってくるためにヒエラルキーウィンドウ上で「Main Camera」ゲームオブジェクトを選択し、インスペクターウィンドウで図11.13のように設定します。

図11.13 ▶ カメラの設定

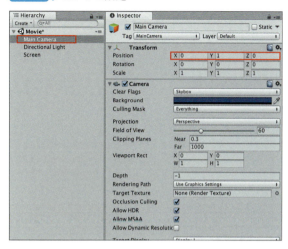

11-2-3 動画を再生してみよう

次に再生する動画をインポートしてみましょう。

1 360度動画の配置

プロジェクトウィンドウ上の「Assets」フォルダの下に「Resources」フォルダーを作成し、FinderからTestMovie.movをドラッグ&ドロップします(図11.14)。

図11.14 ▶ 360度動画の配置

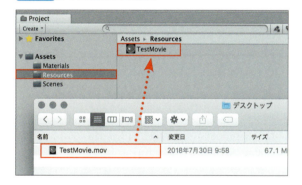

2 360度動画の設定

ヒエラルキーウィンドウ上で「Screen」ゲームオブジェクトを選択し、プロジェクトウィンドウのTestMovieを図11.15のようにドラッグ&ドロップします。

図11.15 ▶ 360度動画の設定

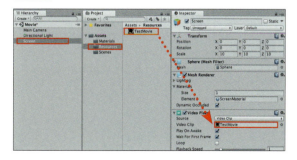

ここで、一度動画を再生してみましょう。

どうでしょうか、シーンビューで球の表面に動画が再生されていることがわかると思います（図11.16）。シーンビューでカメラを操作して、球の中を見てみましょう。何も映っていないことがわかると思います。もちろん、ゲームビューには何も表示されていません。残念ながら、このままでは、スクリーンとして使うことはできません。

図11.16 ▶ 360度動画の再生

11-2-4 スクリーンを反転させてみよう

このままでは、プラネタリウムのように内側の表示が行われません。そこで、シェーダーを使用して、動画の表示を内側に描画するようにしてみましょう。

1 シェーダーの作成

プロジェクトウインドウ上の「Assets」フォルダの下に「Shaders」フォルダーを作成し、右クリックメニューから [Create] → [Shader] → [Unlit Shader] を選択して「ReverseTexture」という名前でシェーダーを作成します（図11.17）。

図11.17 ▶ シェーダーの作成

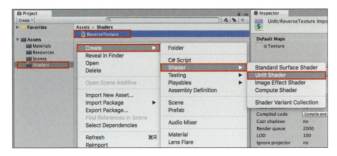

プロジェクトウィンドウの「Assets/Shaders/ReverseTexture」をダブルクリックして、シェーダーを開いてみましょう。

次のように1行だけ追加を行ってみてください（今回は、残念ながらシェーダーの説明は行いません）。

```
1  Shader "Unlit/ReverseTexture"
2  {
3      Properties
4      {
5          _MainTex ("Texture", 2D) = "white" {}
6      }
7      SubShader
8      {
9          Tags { "RenderType"="Opaque" }
10         Cull Front                        // ここを追加
11         LOD 100
12
13         Pass
14         {
15             CGPROGRAM
16 ：以下略
```

Cull Frontの一行だけを追加しました。これは、ポリゴンの表側の面の描画を行わず、裏側の面の描画を行うようにする設定を追加したことになります。

それでは、作成したシェーダーをマテリアルへ設定してみましょう。

1 シェーダーの設定

プロジェクトウィンドウの「Assets/Materials/ScreenMaterial」を選択し、インスペクターウィンドウのShaderプロパティを [Unlit] → [Reverse Texture] へ変更します（図11.18）。

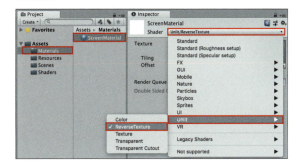

図11.18 ▶ シェーダーの設定

2 描画の反転

このままでは、映像が反転して再生されますので、正しく表示するためにヒエラルキーウィンドウ上で「Main Camera」ゲームオブジェクトを選択し、インスペクターウィンドウで図11.19のように設定します。

図11.19 ▶ 描画の反転

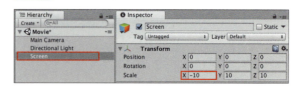

ここで再度、実行してみましょう。

どうでしょうか、今度は、わかりづらいですが、先ほどと違い球の内側に描画されていることがわかると思います（図11.20）。

図11.20 ▶ 360度動画の再生

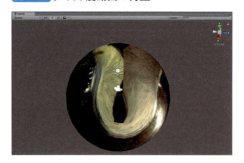

ゲームビューにも、動画が再生されていることがわかると思います。今回は、簡単に行うためにスケール値をマイナスにして、表示を反転させています。スケール値はマイナスの値を設定することで反転表示することができます。また、今回はシェーダーの説明を行わないため、シェーダーで行いませんでしたが、シェーダーでも反転する表示を行うことができます。その場合、以下の部分を変更することで、反転表示することができます。

```
1  v2f vert (appdata v)
2  {
3      v2f o;
4      o.vertex = UnityObjectToClipPos(v.vertex);
5      v.uv.x = 1 - v.uv.x;
6      o.uv = TRANSFORM_TEX(v.uv, _MainTex);
7      UNITY_TRANSFER_FOG(o,o.vertex);
8      return o;
9  }
```

11-2-5 VRで見てみよう

それでは、VRとしてスマートフォンで見てみましょう。これまでと同様にビルド設定を行っていきましょう。

1 ビルド設定を開く

メインメニューの[File]→[Build Settings]を選択し、ビルド設定ウィンドウを開きます。

2 シーンの登録

プロジェクトウィンドウの「Scenes/Movie」をビルド設定ウィンドウの[Scenes In Build]へドラッグ&ドロップします（図11.21）。

図11.21 ▶ Build Settingsの設定

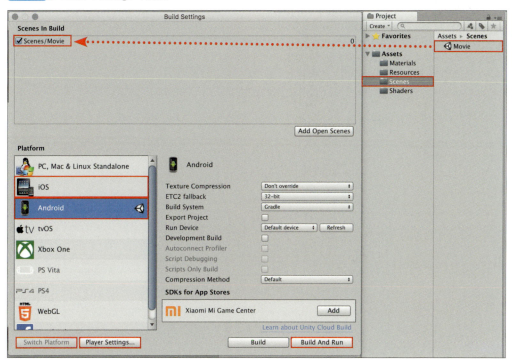

3 プラットフォームの変更

[Platform]から「Android」または「iOS」を選択し、[Switch Platform]ボタンを押します。

Chapter 11　360度動画を再生してみよう

4　Player Settingsを開く

ビルド設定ウィンドウの[Player Settings]ボタンを押し、インスペクターウィンドウに設定画面を表示します。

5　Player Settingsの設定

プレイヤー設定を図11.22（Android）または図11.23（iOS）のように設定します。

図11.22 ▶ Player Settingsの設定（Android）

図11.23 ▶ Player Settingsの設定（iOS）

ビルド設定ウィンドウの[Build And Run]を押し、実行してみましょう。どうでしょうか、スマートフォンで実行ができたでしょうか。

索引

索引

数字

2D描画システム	28
2D表示モード	243
360 FLY 4K	446
360度動画	444
3D Text	381, 383

A

AddForce	183
Additional Shader Channels	241
AddTorque	183
Agent Height	365
Agent Radius	365
Anchor	247
Android	31, 35, 39, 47
Android SDK	47, 112
Android Studio	35, 47, 112
angularDrag	183
angularVelocity	183
API Level	111
Apple ID	67, 123
AR	10
Asset	75
Assets	77
Audio Listener	103, 223
Audio Source	103, 222
AudioClip	103, 141, 221
AudioMixer	141
AutoDestroy	185
Awake	155

B

Bake	367
BGM	141
BoxCollider	99
Build Settings	116, 121, 350
Bundle Identifier	121, 125
Button	253

C

C#	27, 104, 147
Camera	101, 108
CancelInvoke	302
Canvas	238, 254
CanvasGroup	328

Cardboard	111, 129
Collider	99, 158, 189, 194
Collision	195
Component	95
CSV	396

D

Destroy	156, 185
DOTween	321
drag	183
Duration	214

E

enabled	156, 301
Event Camera	240
EventSysytem	302
ExecuteEvents.Execute	307

F

fbx	143
FindWithTag	266
FixedUpdate	155
ForceMode	184
FPS (First Person Shooter)	132, 144

G

Galaxy Gear VR	17
GameObject	94
gameObject	157
GetComponent	156, 258
GL	435
GoDown	266
Google Cardboard	18
Google VR サービス	117
GoPro Fusion	445
GPU (Graphics Processing Unit)	142

I

Image	252
IMGUI	234
Input	155
InputManager	168
Insta 360 ONE	445
Instantiate	156, 177
InvokeRepeating	302
iOS	31, 35, 39, 119

IPointerEnterHandler	308
IPointerExitHandler	307
isKinematic	183

J・K

JavaScript	27, 104
JDK（Java Development Kit）	35, 47
Kinematic Rigidbodyコライダー	196
Kinematic Rigidbodyトリガーコライダー	196

L

LateUpdate	156
Layer Collision Matrix	194
Library	77
Light	102
Line Renderer	419
Looping	214

M

macOS	34, 38, 47
mass	183
Materials	141
Max Slope	365
Mecanim	27, 319
MeshCollider	99
MeshFilter	100
MeshRenderer	101
metaファイル	77
MonoBehaviour	154, 156
MR	10

N

name	156
Nav Mesh Obstacle	364, 367
NavMesh	364
NavMesh Agent	364, 366

O

Oculus Rift	19
Off-MeshLink	364
OnClick	281
OnCollisionEnter	156
OnDestroy	156
OnDisable	301
OnEnable	301
OnPostRender	435
OnPreCull	435
OnPreRender	435
OnRenderImage	435
OnRenderObject	435
OnTriggerEnter	156, 196, 201, 441
OnTriggerExit	196, 441
OnTriggerStay	196
Order in Layer	241
Orthographic	106
Outline	333

P・Q

Packages	77
Perspective	106
Pivot	245
Pixel Perfect	240
Plane Distance	240
Play On Awake	447
Play On Awake	214
Playback Speed	447
PlayerSettings	110, 119
PlayStation VR	20
Position	89
Prefabs	141
ProjectSettings	77
Quaternion	164

R

Raycast	305
RaycastAll	306
Rect Transform	249
Render Camera	240
Render Mode	240
Renderer	101
RequireComponent	181
Rigidbody	99, 158, 182
Rigidbodyコライダー	196
Rigidbodyトリガーコライダー	196
Rotation	89

S

Scale	89
Scene	74
SceneManager	280, 351
Script	104
SDKの設定	112
SE（Sound Effect）	141
SendMessage	156, 201
SerializeField	167, 176

SetActive	157
Shader	27
ShaderLab	142
shadow	380
Shuriken	28, 212
Simulation Space	214
Sort Order	241
Sorting Layer	241
Sorting Layers	241
Source	447
SphereCollider	99
Sprite	252
Standardシェーダー	404
Start	154
Start Lifetime	214
Start Speed	214
Step Height	365
Survival Shooter tutorial	138

T

Target Display	241
Temp	77
TestAsset	401
Text	235, 251
Text Mesh	418
Textures	141
Transform	89, 99, 164
transform	157
Trigger	195

U

uGUI	234
UI	29, 134, 234
Unity	26, 36
Unity Ads	31
Unity Analytics	31
Unity Certification	31
Unity Cloud Build	31
Unity Everyplay	31
Unity IAP	31
Unity ID	44
Unity Multiplayer	31
Unity Performance Reporting	31
Unity2D	28
UnityEvent	310
UnityScript	27
Unlit/Colorシェーダー	404

Update	154
useGravity	183
usingディレクティブ	153

V

Vector3	163
velocity	183
Video Player	447
VideoClip	447
Visual Studio Community 2017	42
Visual Studio for Mac	40
Vox+ Z3	17
VR	10, 132
VRShooting	135
VRゴーグル	13, 129, 294
VR設定	314
VR動画	22

W・X

Wait For First Frame	447
Windows	34, 41, 56
Xcode	34, 69, 119

あ行

アセット	75, 134
アセットストア	30, 137
アニメーション	27, 318
アニメーションクリップ	320
アニメーターウィンドウ	319
アンカー	247
アンカーポイント	247
インスペクターウインドウ	79, 88
ウィンドウレイアウト	83
運動視差	13
エフェクト	28
オフメッシュリンク	364

か行

加算	160
カメラ	101, 165, 376
画面遷移	134
ギズモ	88
球面レンズ	15
クォータニオン	162
グラフィック	29
グローバル座標	92
ゲームエンジン	26
ゲームオブジェクト	94, 191

ゲームビュー	81	ナビメッシュ障害物	364
減算	161	年齢制限	25
黄道	395		
コライダー	188	**は行**	
コンソールウィンドウ	151	パーティクルシステム	29, 212
コンポーネント	95, 147	パーティクルシステムモジュール	214
		パーティクル演出	212
さ行		ヒエラルキーウィンドウ	79, 89
座標系	92	非球面レンズ	15
シーン	74	ヒッパルコス星表	394
シーンギズモ	87	ピボット	245
シーンの管理	280	ビルド	115, 122
シーンの実行	105	ビルボード	382
シーンの停止	105	フォルダ構成	77
シーンビュー	80, 88	プラネタリウム	390
シェーダー	141, 404	輻輳	13
視界	23	物理エンジン	179
視点操作	86	フレーム	154
シューティングゲーム	133	フレームレート	154
春分点	395	プレハブ	141, 191
乗算	161	プレハブ化	173
状態遷移	267	プロジェクト	72
衝突判定	194	プロジェクトウィンドウ	79
スクリプト	27, 147	プロビジョニングプロファイル	123
ステートマシン	284	平行投影	87, 106
スプライト	28	ベクトル	159
静的コライダー	196	ベクトル分類	396
静的トリガーコライダー	196	ヘッドマウントディスプレイ	17
赤緯	395	ポリゴン	100
赤経	395		
赤道座標系	395	**ま行**	
		マテリアル	141, 404
た行		メッシュ	100
タグ	94, 263	メニューバー	82
タグの設定	263		
遅延処理	302	**や・ら行**	
ツールバー	81	酔い	24, 132
テクスチャ	141	ユニティちゃん	32
天球	395	ライト	102
等級	396	両眼視差	13
透視投影	87, 106	レイキャスト	305
		レイヤー	94, 194, 263
な行		ローカル座標	92
ナビゲーションウィンドウ	359		
ナビゲーションシステム	363		
ナビメッシュ	364		
ナビメッシュエージェント	364		

おわりに

　本書を最後まで読んでいただき、ありがとうございます。

　本書では身近にあるスマートフォンを使い、話題のVRアプリを作りながら、ゲームエンジンUnityの機能や使い方を紹介しました。

　本書で紹介したUnityの機能は、ほんの一部に過ぎず、また、ひとえにVRアプリといっても、本書で紹介したスマートフォン向けアプリもあれば、OculusやHTC Viveなど、PC向けのアプリもあります。その上、Unityなどのゲームエンジンの進化、新しいVRデバイスの登場など、環境は日々進化しており、これらの要因により、必要になる技術や知識が増えることもあります。

　しかし、すべての機能を覚えなければならないかというと、そうではありません。技術はやりたいことを実現するための手段でしかありません。大切なのは、自分が何を作りたいかを真剣に考え、それを実現するため、必要な技術から学んでいけば良いのです。

　本書内で作成したサンプルプロジェクトを修正し、新たな機能を追加していくのも良い学習になるでしょう。

　本書をきっかけにゲーム開発・VRアプリに興味を持ち、今後の学習・開発に、ほんのわずかながらでも、お手伝いすることができれば幸いです。

　本書で間違いや、わかりにくい部分があった場合は、本書サポートページのお問い合わせよりフィードバックいただけると助かります。

https://gihyo.jp/book/2018/978-4-297-10105-3/support

著者略歴

河野 修弘（こうののぶひろ）

大阪府出身。ゲームプログラマとして，コナミ・スクウェア・エニックス（コンソールゲーム業界歴10年ほど）からDeNA（ソーシャルゲーム業界歴2年）を経て，株式会社ITAKOを立ち上げる。
日夜，関西人と悟られないよう細心の注意を払いながら東京に潜伏中。
シューティングゲーム（STG）をこよなく愛しているが，動体視力の衰えを感じる今日この頃。

松島 寛樹（まつしまひろき）

1986年生まれ、愛知県出身。
2011年からDeNAで約5年間，国内外に向けたスマートフォンゲームの新規開発や運営に携わり，クライアント／サーバ双方の開発を経験。
現在ITAKOにて，主にUnityを用いたスマートフォンゲームやアプリの開発を行っている。

大嶋 剛直（おおしまたけなお）

ゲーム系専門学校を卒業後，株式会社ランド・ホー！に入社し，様々な家庭用ゲーム機向けタイトルを開発。
その後DeNAで国内外のモバイルゲームの開発・運用の業務を中心に，クライアント開発リードなどを担当。
現在はUnity/UE4のタイトル開発に携わっている。

装丁	●	植竹 裕 (UeDESIGN)
本文デザイン／レイアウト	●	リンクアップ
本文イラスト	●	ちか
編集	●	原田 崇靖
サポートページ	●	https://gihyo.jp/book/

本書の内容に関するご質問は、下記の宛先までFAXまたは書面にてお送りください。お電話によるご質問、および本書に記載されている内容以外のご質問には、一切お答えできません。あらかじめご了承ください。

宛　先：
〒162-0846
東京都新宿区市谷左内町21-13
技術評論社　書籍編集部
『作って学べる　Unity VR アプリ開発入門』質問係
FAX：03-3513-6167

なお、ご質問の際に記載いただいた個人情報は質問の返答以外の目的には使用いたしません。また、質問の返答後は速やかに破棄させていただきます。

作って学べる　Unity VR アプリ開発入門

2018 年 10 月 6 日　初版　第 1 刷発行

著　　者		大嶋剛直／松島寛樹／河野修弘
発 行 者		片岡 巌
発 行 所		株式会社技術評論社
		東京都新宿区市谷左内町21-13
電　　話		03-3513-6150（販売促進部）
		03-3513-6160（書籍編集部）
印刷／製本		港北出版印刷株式会社

定価はカバーに表示してあります。

製本には細心の注意を払っておりますが、万一、乱丁（ページの乱れ）や落丁（ページの抜け）がございましたら、小社販売促進部までお送りください。送料小社負担にてお取替えいたします。

本の一部または全部を著作権法の定める範囲を超え、無断で複写、複製、あるいはファイルに落とすことを禁じます。

©2018　ITAKO

ISBN978-4-297-10105-3　C3055
PRINTED IN JAPAN